目标检测技术及其智慧畜牧业应用研究

李 斌 等 编著

中国农业科学技术出版社

图书在版编目（CIP）数据

目标检测技术及其智慧畜牧业应用研究 / 李斌等编著. -- 北京：中国农业科学技术出版社，2024.12. -- ISBN 978-7-5116-7131-8

Ⅰ. S8-39

中国国家版本馆CIP数据核字第2024PR3191号

责任编辑　史咏竹
责任校对　马广洋
责任印制　姜义伟　王思文

出 版 者	中国农业科学技术出版社
	北京市中关村南大街12号　　邮编：100081
电　　话	（010）82105169（编辑室）　（010）82106624（发行部）
	（010）82109709（读者服务部）
网　　址	https：// castp.caas.cn
经 销 者	各地新华书店
印 刷 者	北京中科印刷有限公司
开　　本	185 mm×260 mm　1/16
印　　张	14.75
字　　数	323千字
版　　次	2024年12月第1版　2024年12月第1次印刷
定　　价	98.00元

◆──── 版权所有·侵权必究 ────◆

《目标检测技术及其智慧畜牧业应用研究》

编著委员会

主 编 著 李 斌

副主编著 郭 浩　米 阳　赵宇亮　王海峰　李宏强

编著人员 朱 君　赵文文　周孟创　贾 楠　李银坤
　　　　　　岳健民　纪宝锋　杨佳慧　吴见欢　刘世锋
　　　　　　雷 杰　朱芷芫　高梓成　孙田园　胡亦虎
　　　　　　杨永强　周先存　许 军　杨建红　王 彦

主要作者简介

李　斌　博士，研究员，博士生导师。现任国家农业智能装备工程技术研究中心畜牧装备部主任，兼任该中心农业太赫兹传感与成像实验室负责人。近年来，主要从事农牧业数字化感知与智能化装备技术研究和应用开发工作。先后承担国家重点研发计划、国家自然科学基金、北京市自然科学基金等项目（课题）25项；以第一或通讯作者公开发表学术论文60篇；取得国家发明专利授权21项，软件著作权登记18项；制定标准2项；出版专著1部；获省部级科技奖4项。

郭　浩　博士，中国农业大学副教授，兼任PCL中国（www.pclcn.org）创始人、2021—2023 IEEE International Workshop on Metrology for Agriculture and Forestry（MetroAgriFor）分会场联合主席、中国图象图形学学会三维视觉专委会（CSIG-3DV）委员、中国计算机学会（CCF）数字农业分会执行委员、Agriculture（ISSN 2077-0472）期刊客座编辑等。主要研究方向为三维点云智能处理及其在智慧农业领域相关应用。主持国家自然科学基金2项；编写《点云配准从入门到精通》等三维视觉和人工智能领域相关教材3部，对于国内三维视觉技术的普及推广意义重大；公开发表论文30余篇；取得国家发明专利授权10项，软件著作权登记7项；提出将三维视觉应用于农业非刚性对象智能感知的理念，同时研发了一系列相关的智能化算法，推动了三维视觉技术在农业领域的智能应用。

米　阳　美国南卡罗来纳大学计算机科学与工程专业博士毕业，现任中国农业大学数据科学与工程系讲师，讲授机器学习、程序设计等课程。近年来，主要研究基于深度学习的图像/视频模式识别算法和动物表型信息智能测定技术。主持国家重点研发计划子课题1项；公开发表学术论文17篇，其中以第一作者或通讯作者在中国科学院SCI一区和中国计算机协会（CCF）A类的计算机视觉领域国际顶级期刊IEEE Transactions on Image Processing（影响因子：10.6）发表论文2篇；以第一完成人取得国家发明专利授权1项。

前 言

当前，以大数据、云计算、人工智能为代表的新一代信息技术发展迅速，推动各行业进入数字化和智能化时代。信息技术与畜牧养殖产业加速深度融合，引发了以"智慧养殖"为标志的"畜牧业数字化革命"。目标检测技术作为计算机视觉领域的重要分支，在"大数据、好模型、高算力、优框架"支持下，近年来在畜禽养殖领域得到了研究和应用，为动物健康监测、行为分析和精细管理提供了新的解决方案，加速了科技赋能养殖产业、智慧驱动畜牧业的创新发展。

本书以理论与实践相结合方式，通过回答"什么是目标检测技术""怎样使用目标检测技术"以及"目标检测技术能做什么用"等核心问题，为读者提供了一个系统、全面且深入的目标检测知识理解框架，方便读者快速掌握目标检测技术并将其应用于智慧畜牧业应用研究中。全书共分为七章，第一、第二、第三章为基础篇，内容涵盖了目标检测技术基本概念、神经网络基础理论和目标检测程序开发入门；第四、第五章对2D和3D目标检测经典模型构建与开发实战进行了详细介绍；第六、第七章深入探讨了目标检测技术在畜禽养殖产业的研究进展和典型应用案例。通过阅读本书，读者能够系统掌握目标检测技术的原理和方法，了解其在智慧畜牧业领域的研究现状、应用潜力及发展前景，助力畜禽养殖新质生产力培育，推动我国养殖产业数智化转型与高质量创新发展。

由于笔者的研究和写作水平有限，本书尚有不足之处，敬请专家学者批评指正。

编著者
2024年8月

目　录

1　目标检测技术概述 ··· 1
    1.1　目标检测技术基本概念 ································· 1
    1.2　目标检测技术性能指标 ································· 1
    1.3　目标检测技术发展历程 ································· 3
    1.4　小结 ··· 8
    参考文献 ·· 8

2　目标检测技术理论基础 ····································· 10
    2.1　神经网络基本原理 ····································· 10
    2.2　神经网络优化器 ······································· 17
    2.3　常见的神经网络架构 ··································· 20
    2.4　小结 ··· 28
    参考文献 ·· 28

3　目标检测开发入门 ··· 29
    3.1　开发环境搭建 ··· 29
    3.2　PyTorch开发基础 ····································· 30
    3.3　二维目标检测数据集制备 ······························· 30
    3.4　三维目标检测标注工具 ································· 31
    3.5　常见目标检测公开数据集 ······························· 36
    3.6　小结 ··· 40

4　2D目标检测经典模型构建与开发实战 ························· 41
    4.1　Faster R-CNN模型 ···································· 41
    4.2　FPN模型 ·· 57
    4.3　Mask R-CNN模型 ····································· 61
    4.4　RetinaNet模型 ······································· 66

4.5　SSD模型 ··· 72
   4.6　YOLO模型 ··· 76
   4.7　Swin transformer模型 ·· 99
   参考文献 ··· 105

5　3D目标检测经典模型构建与开发实战 ·· 107
   5.1　PointRCNN模型 ··· 107
   5.2　CBGS模型 ·· 113
   5.3　VoteNet模型 ··· 118
   5.4　Centerpoint模型 ·· 123
   5.5　Voxel R-CNN模型 ·· 127
   参考文献 ··· 133

6　畜禽养殖产业中目标检测技术应用研究进展 ··· 135
   6.1　全球畜禽养殖目标检测技术应用研究发展态势 ································ 135
   6.2　羊养殖领域目标检测技术应用研究进展 ·· 145
   6.3　牛养殖领域目标检测技术应用研究进展 ·· 154
   6.4　猪养殖领域目标检测技术应用研究进展 ·· 171
   6.5　禽养殖领域目标检测技术应用研究进展 ·· 181
   参考文献 ··· 184

7　畜牧养殖目标检测技术典型应用案例 ··· 187
   7.1　基于体型对称检测的家畜姿态归一化 ··· 187
   7.2　基于DeepLapCut关键点检测的猪体尺测定 ··································· 194
   7.3　基于MTCNN面部检测的牛身份识别 ·· 206
   7.4　基于YOLOX与KSVD的牛识别 ··· 212
   7.5　基于侧面Part-Leve特征的肉牛身份识别 ·· 215
   参考文献 ··· 225

附录　代码资源 ·· 227

1 目标检测技术概述

1.1 目标检测技术基本概念

目标检测（Object detection）是通过结合图像视频处理、机器学习和深度学习等多方面技术实现图像或视频中目标定位与分类的计算机视觉技术。这里，目标定位是把感兴趣的物体位置用外接矩形框标定出来，目标分类是判断被矩形框标出物体的具体类别。

1.2 目标检测技术性能指标

1.2.1 交并比（IoU）

评估目标检测模型识别效果最常用的参数是交并比（Intersection over union，IoU），即指检测模型生成的候选边框C（Candidate bound）与实际边框G（Ground truth bound）的交集和并集的比率。在候选边框与实际边框完全重合的理想状况下，IoU为最大值1（图1-1）。

图1-1 交并比（IoU）

IoU可以用数学公式表示为：

$$\text{IoU} = \frac{area(C \cap G)}{area(C \cup G)} \quad (1-1)$$

1.2.2 帧率（FPS）

帧率（Frames per second）反映了模型的检测速度，即目标检测模型每秒可以检测多少帧（或多少张图片）。通常比较两种目标检测算法的检测速度时，应当针对相同的数据集。举例来说，SSD算法在VOC2007数据集上的FPS为59，即每秒能处理59张图片，高于Faster-RCNN（FPS=7）及YOLO（FPS=45），因此SSD的检测速度更快。

1.2.3 平均精度均值（mAP）

mAP可以有效地衡量不同IoU下目标检测模型的整体效果。为了计算mAP，需要先简要了解目标检测评估指标中常用的几个统计指标：真正例、真负例、假正例、假负例。令T为True，F为False；P为Positive，代表正样本；N为Negative，代表负样本。则，这几个指标的定义如下。

TP：真正例，在目标检测中为预测框和真实框的IoU大于设定的阈值，即所有预测边界框中分类正确且边界框坐标正确的边界框的数量。

TN：真负例，将背景正确检测为背景，在目标检测中通常不涉及。

FP：假正例，分类错误的预测框以及坐标不达标的预测框即预测框和真实框的IoU小于设定的阈值，简单来说所有的预测框除去真正例，剩下的都属于假正例。

FN：假负例，是指测试集中所有没有被预测到的目标真实框的数量，即测试集中所有真实边界框的数量减去真正例的数量。

召回率（Recall）正确检测的正样本在所有正样本中的比例，即：

$$\text{Recall} = \frac{\text{TP}}{\text{TP} + \text{FN}} \quad (1-2)$$

其精度（Precision）定义为模型预测的结果中正确预测的正样本的比例，即：

$$\text{Precision} = \frac{\text{TP}}{\text{TP} + \text{FP}} \quad (1-3)$$

召回率是指模型找到所有目标的能力，即模型给出的最终经过筛选的预测结果中覆盖测试集中真实目标的比例。精度是指模型只找到相关目标的能力，体现了模型本身预测结果的准确率，即模型给出的所有预测结果中正确命中真实目标的比例。

由于TP、FP、TN、FN判定过程中需要计算预测框和真实之间的IoU，大于设定阈值的认定为TP，小于则认定为FP，因此阈值会影响TP和FP的个数，进而影响精度和召回率。因此阈值增高时，准确度会降低而召回率会升高。于是通过改变阈值，得到了精度—

召回率（Precision vs recall，PR）曲线，其纵坐标为精度，横坐标为召回率（图1-2）。

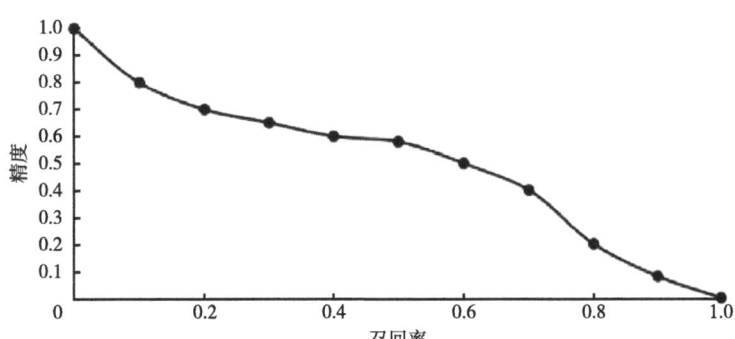

图1-2 精度—召回率（PR）曲线

平均精度（Average precision，AP）将精度与召回率做了结合，数值上等于PR曲线下面的面积（图1-2）。目标检测模型中常用的评估指标mAP（Mean average precision）是每个类别的平均精度的均值，即：

$$mAP = \frac{\sum AP}{num} \tag{1-4}$$

mAP既避免了设定阈值变化对评估模型性能的影响，又包含了所有类别的精度在内，是表示模型整体准确度的有效指标。

1.3 目标检测技术发展历程

1.3.1 传统目标检测方法

传统目标检测算法主要包括预处理、窗口滑动、特征提取、特征选择、特征分类和后处理共6个关键步骤。传统目标检测算法主要包括DPM（Deformable parts model）、选择性搜索（Selective search）、Oxford-MKL和NLPR-HOGLBP等，其基本结构主要包括以下3个部分。

一是区域选择。首先对给定图像设置不同大小和比例的滑动窗口，将整个图像从左到右、从上到下进行遍历以框出待检测图像中的某一部分作为候选区域。

二是特征提取。提取候选区域的视觉特征，例如，在人脸和普通目标检测中常用的尺度不变特征变换（Scale-invariant feature transform，SIFT）、方向梯度直方图（Histogram of oriented gradient，HOG）等特征，对每个区域进行特征提取。

三是分类器。使用训练好的分类器对特征进行目标类别识别，常用有DPM、支持向量机（Support vector machines，SVM）等分类器。

传统的目标检测算法虽然取得了一定成果，但也暴露了一些短板。一方面，通过窗口滑动进行区域选择不具有针对性，时间复杂度较高，窗口冗余。另一方面，手工设计的特征对于多样化的特征不具有很好的鲁棒性，泛化性较差，计算过程复杂，整个检测过程的效率与精度都较低。

1.3.2 基于深度学习的目标检测方法

随着深度学习算法的快速崛起，基于深度学习的目标检测算法受到广大研究者的关注，其检测精度比起传统检测方法显著提高，例如，Krizhevsky等在2012年首次将深层卷积神经网络AlexNet应用于大规模图像分类中，并在目标检测数据集ImageNet大规模视觉识别挑战的分类任务中获得了冠军[1]。本部分将基于深度学习的目标检测方法分为One-stage和Two-stage分别进行介绍，其中，Two-stage是先进行区域预测，即生成候选区域（Region proposal），再通过卷积神经网络预测目标的分类与定位，R-CNN网络及其衍生算法都属于Two-stage。One-stage是直接通过卷积神经网络提取特征，预测目标的分类与定位，因此速度相比于Two-stage的算法要快一些，代表算法如SSD、YOLO等。

1.3.2.1 Two-stage深度学习目标检测

传统目标检测方法包含预处理、窗口滑动、特征提取、特征选择、特征分类、后处理等步骤，卷积神经网络本身就具有特征提取、特征选择和特征分类的功能。判断滑动窗口产生的候选区域是否为待检测目标的过程就是一个二分类过程，因此有些研究者将Two-stage的深度学习目标检测算法称为基于分类的深度学习目标检测算法或基于Region proposal的目标检测算法。

（1）R-CNN

2014年，Girshick等将卷积神经网络CNN应用于目标检测任务，提出了典型的双阶段目标检测算法R-CNN[2]。R-CNN的主干网络采用AlexNet，结合了选择性搜索算法（Selective research），包含区域建议、基于CNN的深度特征提取、分类回归3个模块：①使用选择性算法从每张图像中提取2 000个左右可能包含目标物体的区域候选框；②对候选区域进行归一化操作缩放成固定大小，并进行特征提取；③使用AlexNet将候选区域特征逐个输进SVM进行分类，通过使用边界框回归（Bounding box regression）和非极大值抑制（Non-maximum suppression, NMS）对区域得分进行调整和过滤，在全连接网络进行位置回归。R-CNN算法在ILSVRC2013数据集上mAP提升至31.4%，在VOC2007数据集上mAP为58.5%。R-CNN的检测性能相比于传统的目标检测算法得到了很大的提高，但其需要对提取得到的每个候选框都单独输入CNN实现特征提取，因此计算量较大，无法实时更新。此外，由于全连接层的存在，需要严格保证输入的候选框通过区域归一化到一样的大小，会造成一定程度的图像畸变并影响检测结果。

（2）SPPNet

针对R-CNN对所有候选区域分别提取特征、计算量大的问题，2015年He等提出空间金字塔网络（Spatial pyramid pooling network, SPPNet）[3]。SPPNet在最后一个卷积层和全连接层之间加入SPP层，在区域缩放时不再进行大小归一化，而是缩放到Min（w，h），然后通过SPPNet网络结构提取特征。SPPNet解决了输入大小固定的问题，避免了R-CNN进行大小归一化时出现的偏差，但是R-CNN存在的其他短板，SPPNet也仍然存在。

（3）Fast R-CNN

为克服SPPNet存在的问题，2015年Girshick等提出基于边界框和多任务损失分类的Fast R-CNN算法[4]。该算法使用了一个简化的SPP RoI pooling池化层；将整张图像的候选区域采样成固定大小，生成特征图后作SVD分解，通过RoI pooling层得到Softmax的分类得分和BoundingBox外接矩形框的窗口回归两个向量；用Softmax代替SVM提出多任务损失函数思想，将深度网络和SVM分类两个阶段整合，即将分类问题和边框回归问题进行合并。Fast-RCNN融合了R-CNN和SPPNet的精髓，并且引入多任务损失函数使整个网络的训练和测试变得更加简洁。

（4）Faster R-CNN

2017年Ren等提出了新的Faster-RCNN算法[5]，该算法引入了RPN网络产生候选框，彻底舍弃了从R-CNN到Fast-RCNN都在沿用的选择性搜索算法，革命性地引入了锚框（Anchor）的机制。RPN网络是一个全卷积神经网络，通过共享卷积层特征可以实现Proposal的提取，处理一幅图像只需要10 ms左右。Faster-RCNN抛弃了滑动窗口这种策略，引入了RPN网络，使区域提取、分类、回归共用卷积特征，从而运算的速度大大提升。

（5）FPN（Feature pyramid network）

FPN网络是Lin等2017年发表在*CVPR*的一篇文章中提出的[6]。它在目标检测中融入了特征金字塔，提高了目标检测的准确率，尤其体现在小物体的检测上。特征金字塔的结构主要包括3个部分：自下而上的卷积（Bottom-up），自上而下的上采样（Top-down）和横向链接（Lateral connection）。Bottom-up过程就是将图片输入到Backbone的卷积层中提取特征的过程；Top-down过程就是将高层得到的Feature map进行上采样然后向下传递，通过这一过程将高层特征包含的丰富语义信息传播到低层特征上，使低层特征也包含丰富的语义信息；Lateral connection过程的作用是将上采样后的高语义特征与浅层的定位细节特征进行融合。以上3个过程完成后获得相加后的特征，在此基础上进行卷积融合，消除上采样过程中产生的重叠效应，生成最终的特征图。

1.3.2.2 One-stage深度学习目标检测

虽然Faster-RCNN是目前主流的目标检测算法之一，但是其检测速度还不能满足实时的要求。随之出现的SSD、YOLO等算法充分利用了回归的思想，也被称为基于回归的目标检测算法。这些算法省略了候选框的生成阶段，直接在原始图像的多个位置上回归，其运算速度比Two-stage的算法更快。

（1）YOLO（You only look once）

YOLO是Joseph Redmon在2016年提出的一种可以一次性预测多个Box和类别的目标检

测算法，其网络设计延续了GoogleNet的核心思想，真正实现了端到端的目标检测[6]。其开创性地用单个深度神经网络实现整个目标检测过程，首次将目标检测算法提升到满足实时视频检测的速度。YOLO到目前为止共发布了7个版本，从YOLOv3之后的版本不再是原作者提出的，其中YOLOX来自旷视科技，YOLOv6来自美团，均是国内大厂。表1-1为YOLO系列的简单介绍。

表1-1 YOLO系列介绍

版本	提出时间	主要改进
YOLOv1	2016年	YOLO架构由24个卷积层和2个FC层组成，使用最顶层的特征图来预测边界框，直接评估每个类别的概率，使用P-Relu激活函数。YOLO将每个图像划分成$S \times S$的网格单元，每个网格单元只负责预测网格中心的目标，该算法舍去了候选区域生成阶段，将特征提取、回归和分类放在一个卷积网络中，简化了网络
YOLOv2	2017年	在YOLO v1的基础上针对YOLO定位不准、召回率与检测精度低等缺陷，主干网络使用Darknet-19，增加了批量归一化预处理；添加了多尺度训练机制；采用Binary cross-entropy损失函数替换Softmax损失函数
YOLOv3	2018年	采用了更深的Darknet-53残差网络提取特征，使用3个尺度的特征图进行边界框预测，网络复杂程度更高，但是对小尺寸目标的检测效果显著提高。v3版本运算速度有所下降，但是检测精度得到了显著提高
YOLOv4	2020年4月	采用CSPDarkNet53主干网络代替Darknet-53；用SPP+PAN（Path aggregation network）代替FPN来融合不同尺寸特征图的特征信息；数据增强采用了马赛克增强；采用了DropBlock正则化
YOLOv5	2020年6月	由Ultralytics公司开发的YOLO v5相对于v4改进不多，主要是优化了自适应图片缩放；在Backbone中添加了Focus结构，并且设计了两种CSP结构；Prediction部分采用GIOU_Loss做Bounding box的损失函数
YOLOX	2021年	YOLOX是基于YOLOv3进行了改进，Backbone采用DarkNet-53；探测器转换成非锚定（Anchor-Free）；检测头改为解耦头（Decoupled head）；提出了先进的标签分配策略（SimOTA）
YOLOv6	2022年	Backbone方面参考RepVGG网络设计了RepBlock来替代CSPDarknet53；将原始的SPPF优化设计为更加高效的SimSPPF；将Neck中的CSP模块也使用RepBlock进行替代，但保留了FPN-PAN的结构；此外沿用了YOLOX中解耦头和SimOTA的设计
YOLOv8	2023年	YOLOv8与YOLOv5一样由Ultralytics公司开发，与YOLOv5相比，其保留了不同尺度模型的设计，其Backbone部分的C3结构换成了梯度流更加丰富的C2f结构，并且不同尺度模型调整了不同的通道数，用于满足不同场景的需求；Head部分相比YOLOv5改动较大，换成了目前主流的解耦头结构，将分类和检测头分离，同时也从Anchor-Based换成了Anchor-Free；Loss计算方面采用了Task aligned assigner正样本分配策略，并引入了Distribution focal loss；YOLOv8提供了更快的运算速度与更高的精度

（2）SSD

SSD算法是Wei Liu等在2016年欧洲计算机视觉大会（ECCV 2016）上提出的一种目标检测算法[7]。RCNN系列具有较高的检测精度，但速度较慢。YOLO虽然检测速度快，但对大维度变化目标的泛化能力好，对小目标的检测效果较弱。在前两者的基础上，SSD算法平衡了速度与精度。SSD是一个全卷积的神经网络，其使用VGG-16骨干网络进行特征提取，用第六、第七卷积层代替FC6和FC7，并添加了4个卷积层。与Faster-RCNN相比，SSD有一个显著的优势——更适合小目标检测。这主要是因为Faster-RCNN只有一个预测特征层，特征提取时抽象层数比较高，容易丢失细节信息；而SSD有不同输入尺寸预测特征层共计6个，因此对大小目标都具有良好的检测性能。

（3）RetinaNet

2017年，Lin等借鉴了Faster R-CNN和多尺度目标检测的思想设计训练出RetinaNet目标检测器，该模型的主要思想是通过重塑Focal Loss损失函数来解决之前的检测模型在训练过程中训练样本中出现的正负样本类不平衡问题[8]。RetinaNet网络是由ResNet骨干网络和两个有特定任务的FCN子网络组成的单一网络，骨干网络负责在整个图像上计算卷积特征，Regression子网络在骨干网络的输出上执行图像分类任务，Classification子网络负责卷积边框回归。

（4）CornerNet

密歇根大学Hei Law等在2018年欧洲计算机视觉大会（ECCV2018）提出了CornerNet模型，其通过预测目标边界框的一对顶点进行物体检测[9]。模型架构包含3个部分：Hourglass Network、左上角（Top-left corners）和右下角（Bottom-right corners），包含了Corner pooling的分支。笔者使用了两个堆叠的Hourglass Network作为本模型的特征提取网络（Backbone），该网络通常用于姿态估计，是一种呈沙漏状的上采样和下采样的组合。通过特征提取网络输出的特征图各自再通过一个3×3卷积后输入两个分支模块，每个分支有热力图（Heatmaps）、嵌入矢量（Embeddings vector）和偏差（Offsets）3个输出。其中获得的两个热力图分别表示了不同类别的左上角和右下角的位置信息以及位置的置信度信息，嵌入矢量用于衡量左上角和右下角的距离，从而判断某一对角点是否属于同一个物体的两个角点，偏移量用于调整生成更加紧密的边界定位框。笔者为更好地适应角点的检测提出了一种新的池化方式（即Corner pooling），这是因为在目标检测的任务中，目标的角点往往在目标之外，所以角点的检测不能根据局部的特征，而是应该对该点所在行的所有特征与列的所有特征进行扫描，这也是本书主要的创新点。

（5）CenterNet

CenterNet是在2019年国际计算机视觉大会（ICCV2019）提出的目标检测模型，与CornerNet一样将目标检测任务转换成了关键点检测任务，不同的是CenterNet只检测目标的中心点[10]。CenterNet的主干网络有包括Hourglass Network和Resnet两类共4种选择，其中Prediction head由3个分支组成，分别为Heatmap head、Dimension head和Offset head，输出的热力图（Heatmap）和偏差（Offset）作用与CornerNet类似，Dimension head的作用是预测框的高宽，其输出形状为（H/R, W/R, 2）。其中H, W分别为输入图像大小的高和宽，R为下采样倍率。

（6）DETR（DEtection TRansformer）

DETR是Facebook公司[11]提出的基于Transformer的端到端目标检测网络，发表于2020年欧洲计算机视觉大会（ECCV2020）。Transformer是最早由谷歌公司提出应用于自然语言处理，其本质是一个Encoder-Decoder的结构。DETR开辟了Transformer在目标检测领域的应用，其将目标检测视为一个集合预测问题（集合与Anchors的作用类似），主要由CNN主干网络、Transformer和一个前馈网络（Feed-forward networks）组成。CNN用于从输入图像生成特征图，转换为一维特征图后输入Transformer。其输出是N个固定长度的嵌入向量，其中N是模型假设图像中的对象数，Transformer解码器将这些向量解码为边界框坐标。最后，前馈神经网络预测边界框的标准化中心坐标、高度和宽度，而线性层使用Softmax函数预测类别标签。

1.4 小结

本章主要讲述了目标检测技术的概念及其发展历程，并按照One-stage和Two-stage的分类简要地介绍了经典的目标检测模型。目前，前沿的目标检测模型都具有极高的精度、对遮挡与光照变化具有较好的鲁棒性，接下来目标检测技术的发展将不止于聚焦精度的提升，为了实际应用场景的落地，更需要研发轻量级的目标检测模型，使其能够部署在低功率的边缘运算设备上。其次是提升模型的运算速度，提高对多源信息的处理能力。

视频流的目标检测目前也是该领域的热点研究方向，传统的目标探测器通常被设计用于图像检测，而忽略了视频帧之间的相关性。在有限的算力条件下，通过探索时空相关性来提高检测能力是一个重要的研究方向，在无人驾驶与视频监控应用方向有着重要意义。

当前目标检测算法仍面临的一个挑战是大场景下的小物体检测，目前研究人员针对这一问题主要围绕着注意力机制的引入与高分辨率轻量级网络的设计。这一问题的解决与畜牧领域息息相关的是放牧场景下的家畜目标检测，可以实现畜群计数，有着较高的应用价值。

参考文献

［1］ KRIZHEVSKY A, SUTSKEVER I, HINTON G. Imagenet classification with deep convolutional neural networks. Neural Information Processing Systems，2012, 25. DOI：10.1145/3065386.

［2］ GIRSHICK R, DONAHUE J, DARRELL T, et al. Rich feature hierarchies for accurate object detection and semantic segmentation conference on computer vision and pattern recognition, 2014: 580-587.

［3］ HE K, ZHANG X, REN S, et al. Spatial pyramid pooling in deep convolutional networks for visual recognition. IEEE Trans Pattern Anal Mach Intell, 2015, 37: 1904-1916.

［4］ Girshick R. Fast R-CNN international conference on computer vision. ICCV, 2015: 1440-1448.

［5］ REN S, HE K, GIRSHICK R, et al. Faster R-CNN: Towards real-time object detection with region proposal networks. IEEE Trans Pattern Anal Mach Intell, 2017, 39: 1137-1149.

［6］ LIN T, DOLLÁR P, GIRSHICK R, et al. Feature pyramid networks for object detection conference on computer vision and pattern recognition. CVPR, 2017: 936-944.

［7］ LIU WAAD. SSD: Single shot multibox detector computer vision. ECCV 2016 Cham, 2016: 21-37.

［8］ LIN T, GOYAL P, GIRSHICK R, et al. Focal loss for dense object detection international conference on computer vision. ICCV, 2017: 2999-3007.

［9］ LAW H, DENG J. CornerNet: Detecting objects as paired keypoints. ECCV, 2018: 734-750.

［10］ DUAN K, BAI S, XIE L, et al. CenterNet: Keypoint triplets for object detection international conference on computer vision. ICCV, 2019: 6568-6577.

［11］ CARION NAMF. End-to-end object detection with transformers computer vision. ECCV 2020 Cham, 2020: 213-229.

2　目标检测技术理论基础

目前，目标检测技术主要采用基于神经网络的模型算法。为了让读者能够更好地理解这些算法，本章将简要概述神经网络的相关理论知识。

2.1　神经网络基本原理

2.1.1　神经元

神经网络的概念首次被提出是在20世纪40年代，同时，一些简单的模型被开发出来。然而，由于计算资源和算法的限制，神经网络的发展进展缓慢。20世纪80年代以后，随着计算机性能的提升和新算法的发展，神经网络开始受到更多关注。特别是反向传播算法的发明，使神经网络的训练变得可行。神经网络的层数和规模也逐渐增加。进入21世纪，随着深度学习的兴起，神经网络取得了巨大的成功。深度学习使用多层神经网络来学习复杂的特征表示，取得了在图像识别、自然语言处理等领域的突破性成果。同时，计算机计算能力的提升和大规模数据集的可用性也为神经网络的发展提供了支持。

神经元（Neuron）模型是神经网络的基本单元，它是一种数学模型，用于模拟生物神经元的行为。神经元接收输入信号，并通过激活函数对信号进行处理，最终产生输出信号。

1943年，心理学家McCulloch和数学家Pitts参考了生物神经元的结构，发表了抽象的神经元模型M-P，神经元模型包含输入、输出和计算功能。图2-1是一个典型的神经元模型：包含有3个输入x_1、x_2、x_3，一个输出y，以及2个计算功能。中间箭头线称为"连接"，每个"连接"上有一个"权重ω"。

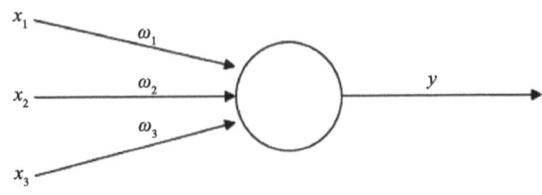

图2-1　神经元模型

在M-P中多个输入对应一个输出，输出为各输入值的加权求和，即：

$$y = \sum_{i=1}^{n} x_i \omega_i \qquad (2-1)$$

接下来输出值和阈值h比较，如果大于阈值，输出1，否则输出0。输入和输出值均为0或1。于是，整个M-P模型计算过程可以表示为：

$$y = f\left(\sum_{i=1}^{n} x_i w_i - h\right) \qquad (2-2)$$

其中x_i（$i=1,2,3,\cdots,n$）表示输入值，ω_i（$i=1,2,3,\cdots,n$）表示权重，y表示输出值。

2.1.2 神经网络

神经网络（Neural networks）是一种模型，是按照一定规则连接起来的多个神经元。图2-2为神经网络结构示意，神经网络包含3个层次，分别为输入层、输出层和隐藏层（中间层），输入层包含3个输入单元，隐藏层包含4个单元，输出层包含2个单元。现有神经网络可分为单层神经网络（如感知器）、两层神经网络（如两层感知器）和多层神经网络即深度学习（如循环神经网络、深度信念网络）。

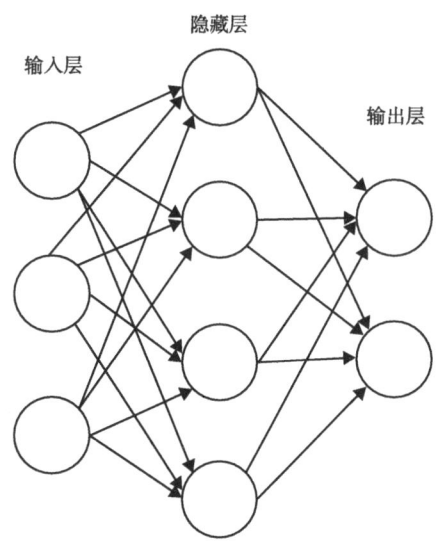

图2-2　神经网络结构示意

激活函数（Activation function）是神经网络中的一种非线性函数，用于引入非线性性质，增加模型的表达能力和拟合能力。激活函数通常应用于每个神经元的输出，对传递给下一层的信号进行变换。下面将列举一些常见的激活函数。

Sigmoid函数：也称为Logistic函数，将输入值映射到（0，1）之间。它具有平滑的S形曲线，常用于二分类问题和输出层的概率估计（图2-3）。函数表达式为：

$$f(x) = \frac{1}{1+e^{-x}} \qquad (2-3)$$

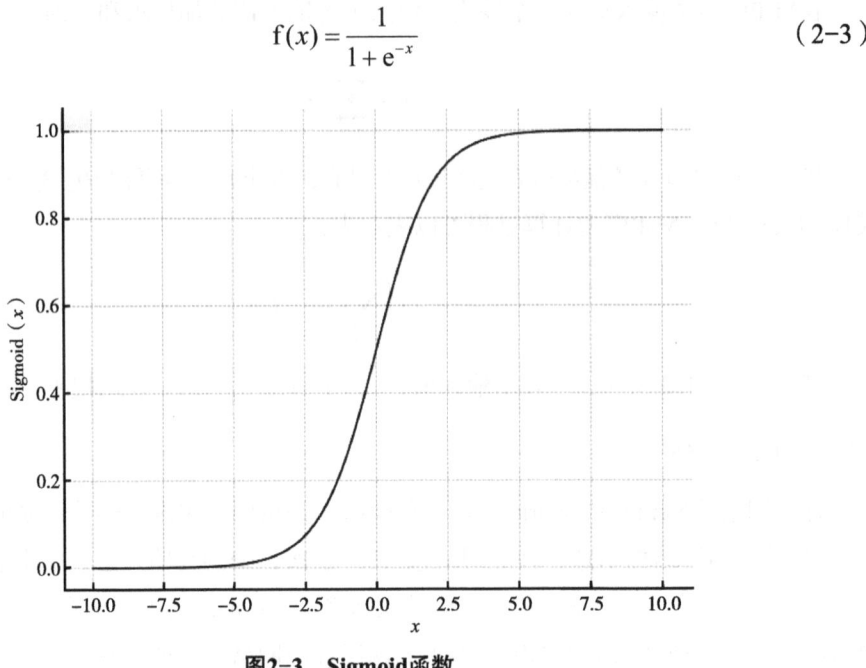

图2-3　Sigmoid函数

ReLU函数：ReLU（Rectified linear unit）函数将负数映射为0，而正数保持不变（图2-4）。它简单有效，并且在深层神经网络中广泛使用，能够加速训练过程。函数表达式为：

$$f(x) = \begin{cases} \max(0, x) & x \geqslant 0 \\ 0 & x < 0 \end{cases} \qquad (2-4)$$

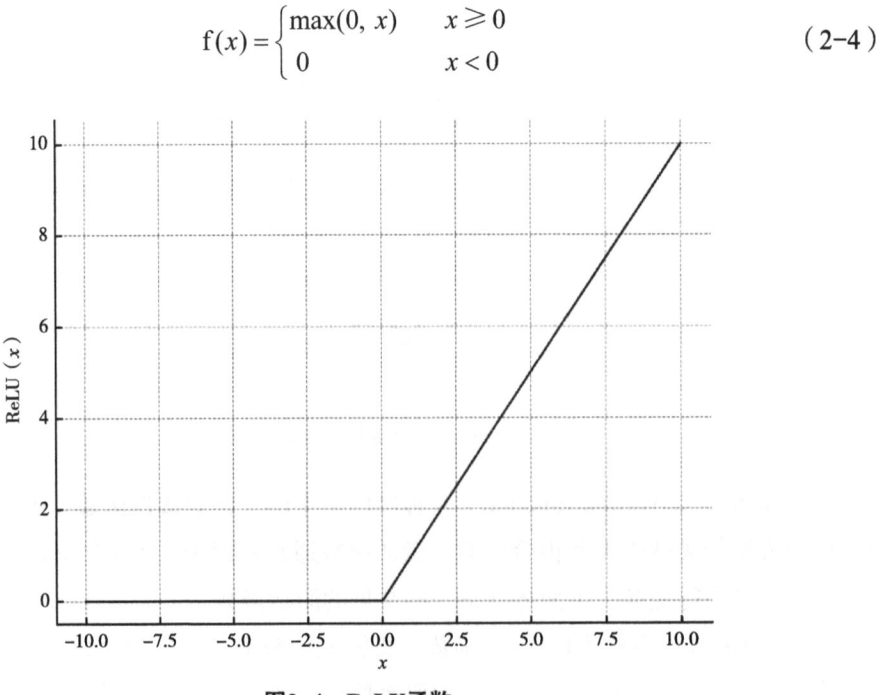

图2-4　ReLU函数

Leaky ReLU函数：与ReLU类似，但当输入为负数时，Leaky ReLU允许一个小的斜率，以避免死亡神经元问题（图2-5）。函数表达式为：

$$f(y_i) = \begin{cases} y_i & y_i > 0 \\ a_i y_i & y_i < 0 \end{cases} \qquad (2-5)$$

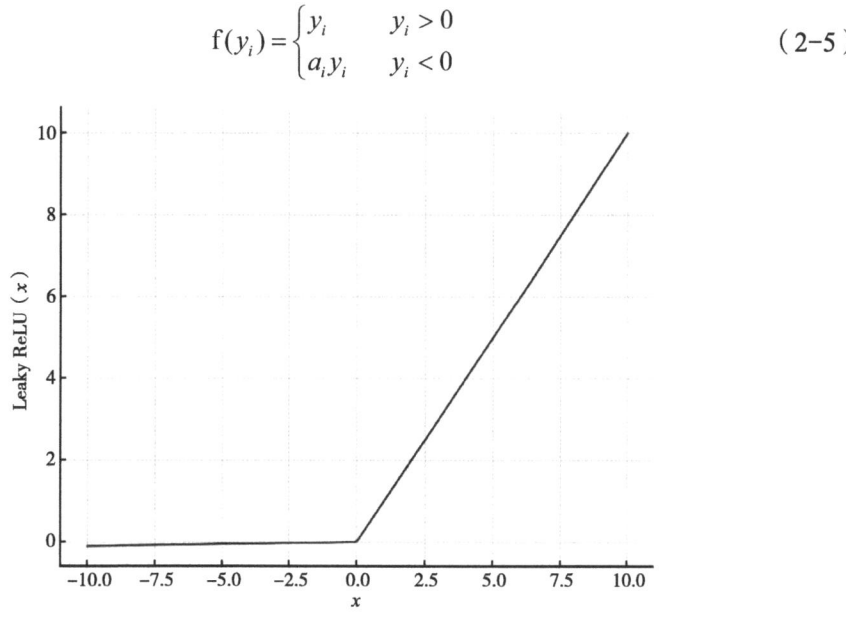

图2-5　Leaky ReLU函数

注：a较小时，第一段斜坡的斜率较小。

Tanh函数：双曲正切函数将输入映射到（-1，1）之间，具有S形曲线（图2-6）。它在原点附近对输入比较敏感，常用于隐藏层。函数表达式为：

$$f(x) = \frac{2}{1+e^{-2x}} - 1 \qquad (2-6)$$

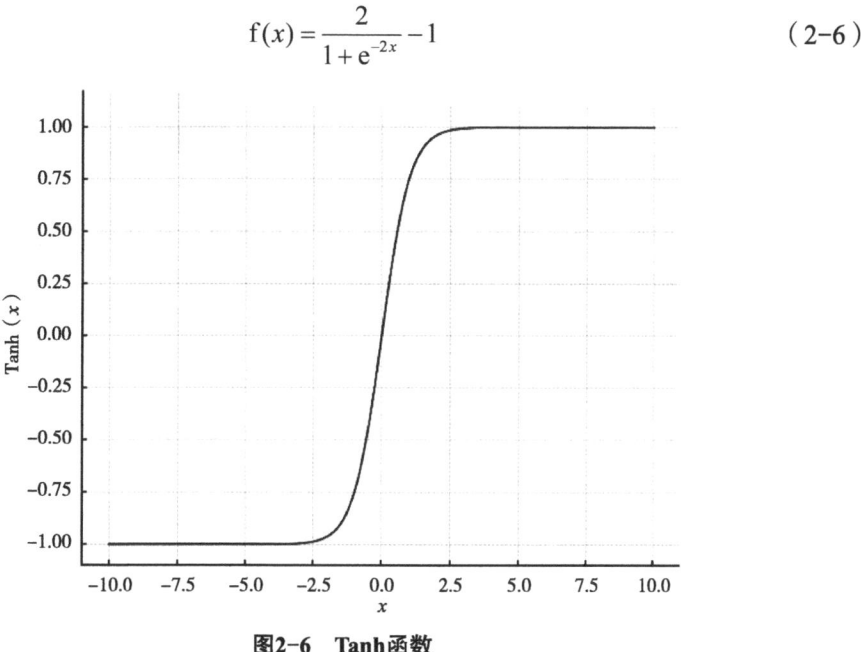

图2-6　Tanh函数

Softmax函数：Softmax函数将一组实数转化为概率分布，用于多分类问题。Softmax函数对输入进行指数化，并进行归一化，保证输出的总和为1（图2-7）。函数表达式为：

$$f(x) = \frac{e^{x_i}}{\sum_i e^{x_i}} \qquad (2-7)$$

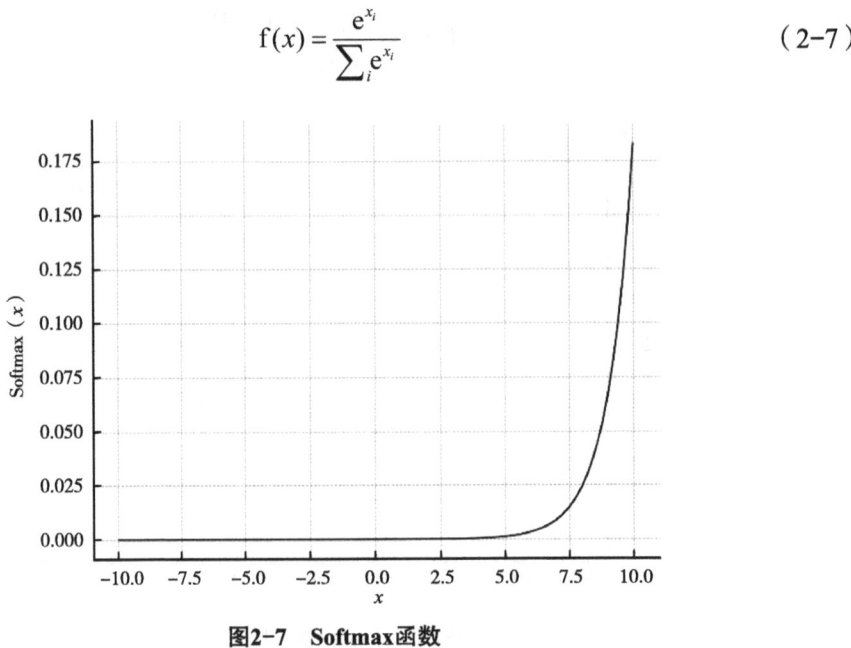

图2-7　Softmax函数

2.1.3　单层感知器

单层感知器是神经元的一种特例。单层感知器可以看作一种简化的神经元模型，它仅具有1个输出和1个阈值函数，并且通常被用于二元分类任务。而神经元是更一般化的模型，可以具有多个输入和输出，并且可以使用不同的激活函数。单层感知器模型由心理学家Rosenblatt于1958年在 *The Perceptron*：*A Probabilistic model for information storage and organization in the brain* 一文中提出。单层感知器作为神经网络的典型结构之一，采用MP模型作为神经元。

单层感知器是单层神经网络，也称神经元，是组成神经网络的最小单元，由输入权值、激活函数和输出3部分构成，感知器结构示意如图2-8所示。

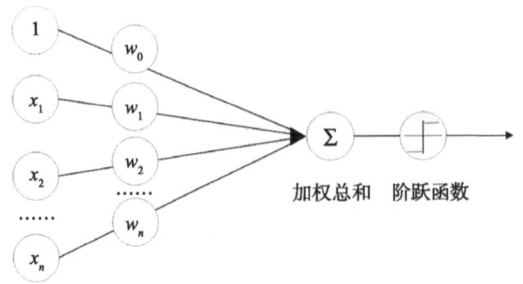

图2-8　感知器结构示意

（1）输入权值

一个单层感知器可以接收多个输入（$x_1, x_2, \cdots, x_n | x_i \in R$），每个输入上有一个权值$w_i \in R$，一个偏向值$b \in R$，即图2-8中的$w_0$等。

（2）激活函数

单层感知器的激活函数有多种选择，以阶跃函数f（z）作为激活函数为例。

$$f(z) = \begin{cases} 1 & z > 0 \\ 0 & otherwisw \end{cases} \quad (2-8)$$

（3）输出单层感知器

输出公式如下：

$$y = f(w \cdot x + b) \quad (2-9)$$

单层感知器训练运用感知器训练算法获取权重项和偏置项的值，具体操作方法为，将权重项和偏置项初始化为0，利用感知器规则迭代的修改w_i和b，直至训练完成。

$$w_i \leftarrow w_i + \Delta w_i \quad (2-10)$$

$$b \leftarrow b + \Delta b \quad (2-11)$$

其中，

$$w_i = \eta(t - y)x_i \quad (2-12)$$

$$\Delta b = \eta(t - y) \quad (2-13)$$

w_i是与输入x_i对应的权重项，b是偏置项。事实上，可以把b看作值永远为1的输入x_b对应的权重，t是训练样本的实际值，一般称之为label，y是感知器的输出值。

训练时从数据中取出一个样本的输入向量，使用感知器计算其输出，再依据感知器规则来调整权重，每处理一个样本须重新调整一次权重。经过多轮迭代后，就可以训练出感知器的权重，使之实现目标函数。

在1969年，马文·明斯基通过提出著名的XOR问题和感知器无法解决线性不可分问题的情况，使感知机的研究达到了巅峰。这个发现揭示了感知器的局限性，导致了神经网络研究的停滞，持续到20世纪80年代。在此期间，神经网络的研究陷入了沉默。研究者们逐渐失去了对神经网络的兴趣，并将注意力转向其他机器学习方法，如决策树和支持向量机。

2.1.4 多层感知器与反向传播

在1974年，哈佛大学的Paul Werbos提出了一种增加网络层的方法，并通过反向传播算法成功解决了XOR问题。这一发现为神经网络的发展带来了重要的突破。

在1986年，Rummelhart等在多层感知器（Multilayer Perceptron，MLP）中采用了反向传播算法。他们使用了Sigmoid函数作为非线性映射函数，有效地解决了非线性分类和学习的问题。反向传播算法通过计算误差的梯度，并将其反向传播到网络的各个层次，调整权重和偏置，从而实现了网络的训练和优化。神经网络训练过程可以分为两个关键步骤：前向传播（Forward propagation，FP）和反向传播（Back propagation，BP）。

在前向传播过程中，输入x通过网络的各个层，经过一系列的加权求和激活函数处理，最终得到输出y。每个神经元会根据权重和输入值计算出输出值，并传递给下一层的神经元。

在反向传播过程中，通过计算损失函数（用于衡量预测输出与真实输出之间的差距），可以评估网络的性能。然后，使用梯度下降算法，将误差从输出层向后传播，逐层调整网络参数w，以减小损失函数的值。这样，网络可以逐渐优化，使预测的输出与真实数据更加接近。向前传播反向传播算法流程如下。

第一步，训练数据输入。假设训练数据集为：

$$(x^{(1)},y^{(1)}),(x^{(2)},y^{(2)}),\ldots,(x^{(r)},y^{(r)}),\ldots,(x^{(m)},y^{(m)}) \tag{2-14}$$

式中，$x^{(i)} \in R^n$，并为输入层选择合适的激活函数$\sigma(x)$。

第二步，前向传播。对于神经网络的各层前向计算一遍结果，$l=2,3,\cdots,L$。

$$\begin{cases} z^{(l)} = \omega^{(l)}a^{(l-1)} + b \\ a^{(l)} = \sigma(z^{(l)}) \end{cases} \tag{2-15}$$

第三步，计算输出层误差。计算公式为：

$$\delta^L = \nabla_{a^{(L)}} C(\theta) \odot \sigma'(z^{(L)}) \tag{2-16}$$

第四步，计算反向传播误差。对于神经网络的各层从后向前计算一遍结果，$l=L-1,L-2,\cdots,2$。

$$\delta^l = (\omega^{(l)})^T \delta^{(l+1)} \odot \sigma'(z^{(L)}) \tag{2-17}$$

第五步，计算并且更新权重ω和偏置b。

$$\begin{cases} \omega_{jk}^{(l)} := \omega_{jk}^{(l)} - \alpha a_k^{(l-1)} \delta_j^{(l)} \\ b_j^{(l)} := b_j^{(l)} - \alpha \delta_j^{(l)} \end{cases} \tag{2-18}$$

通过反复迭代前向传播和反向传播的过程，神经网络可以不断优化参数w，逐渐提高从输入x到输出y的映射的准确性。这样，可以训练出一个更符合真实数据的映射函数f，使网络能够在未见过的输入上产生准确的输出。

2.1.5 线性单元

任何线性分类或线性回归问题都可用感知器解决,但感知器规则无法收敛非线性可分的数据集,为解决此问题,引入一个可导的线性函数来替代感知器的阶跃函数,将这种感知器称作线性单元。线性单元和感知器的区别在于激活函数不同,设置线性单元的最佳激活函数为公式(2-14),线性单元结构示意如图2-9所示。

$$f(x) = x \tag{2-19}$$

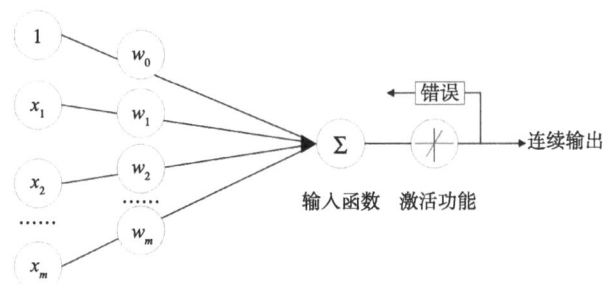

图2-9 线性单元结构

线性单元的激活函数是线性的,用来解决回归问题,其线性模型为:

$$y = h(x) = w_1 x_1 + w_2 x_2 + w_3 x_3 + w_4 x_4 + b \tag{2-20}$$

为了书写和计算方便,令w_0等于b,同时令w_0对应于特征x_0,由于x_0并不存在,因此令它的值为1。于是:

$$y = h(x) = w_0 x_0 + w_1 x_1 + w_2 x_2 + w_3 x_3 + w_4 x_4 \tag{2-21}$$

$$b = w_0 x_0 \tag{2-22}$$

式中,$x_0 = 1$。

输出y就是输入特征$x_1, x_2, x_3, \cdots, x_m$的线性组合,向量形式为:

$$y = h(x) = w^T x \tag{2-23}$$

由于线性模型和感知器激活函数不同,但训练规则相同。

2.2 神经网络优化器

优化器是神经网络训练时寻找最优参数的关键技术。在讨论最优性时,通常会涉及局部极小(Local minimum)和全局最小(Global minimum),如图2-10所示[1]。局部极小是指在某个局部区域内找到累积经验误差最小的参数组合,但不一定是整个参数空间的全局最小。全局最小是指在整个参数空间中找到使累积经验误差最小的参数组合。希望找到全局最小来获得模型的最佳性能和最优的泛化能力。因此，模型学习的过程可以被理解为在参数空间中寻找最优的过程，其中最优指的是使累积经验误差最小的参数组合。下面，介绍一种最常用的优化器——梯度下降。

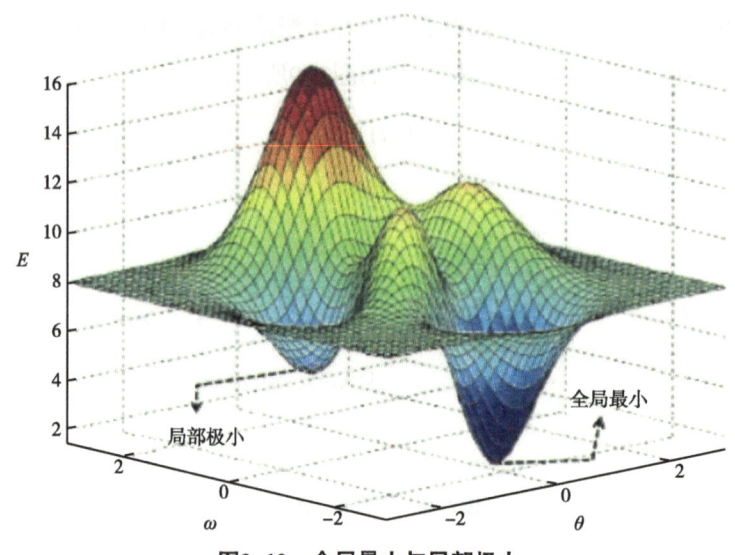

图2-10　全局最小与局部极小

2.2.1　梯度下降

梯度下降是一种常用的优化算法，用于寻找目标函数的最小值。它是一种迭代的方法，通过不断更新参数来逐步接近目标函数的最小值。梯度下降的基本思想是利用目标函数的梯度信息，根据梯度的方向和大小来更新参数。函数沿梯度方向有最大的变化率，因此，在机器学习中为了最小化损失，在优化目标函数时可沿着负梯度方向减小函数值，以达到优化目标，这就是梯度下降算法。

梯度下降是执行优化的最流行算法之一，其公式为：

$$X_{\text{new}} = X_{\text{old}} - \eta \nabla f(x) \quad (2\text{-}24)$$

式中，∇是梯度算子，$\nabla f(x)$就是指的梯度；η是步长，也称作学习速率。目标函数为：

$$E(\omega) = \frac{1}{2}\sum_{i=1}^{n}(y^i - \overline{y}^i)^2 \quad (2\text{-}25)$$

那么，梯度下降算法可写成：

$$\omega_{\text{new}} = \omega_{\text{old}} - \eta \nabla E(\omega) \quad (2\text{-}26)$$

若求目标函数的最大值，应采用梯度上升算法，其参数修改规则为：

$$\omega_{\text{new}} = \omega_{\text{old}} + \eta \nabla E(\omega) \quad (2\text{-}27)$$

目标函数的梯度为：

$$\nabla \mathrm{E}(\omega) = -\sum_{i=1}^{n}(y^{(i)} - \overline{y}^{(i)})x^{i} \qquad (2\text{-}28)$$

因此，线性单元的参数修改规则为：

$$\omega_{\mathrm{new}} = \omega_{\mathrm{old}} + \eta \sum_{i=1}^{n}(y^{(i)} - \overline{y}^{(i)})x^{i} \qquad (2\text{-}29)$$

梯度下降算法有助于找到局部极小点，因为梯度指示了在当前位置上函数下降最快的方向。通过不断迭代更新参数，梯度下降算法可以在局部区域内逐渐接近局部极小点。

然而，梯度下降算法不能保证找到全局最小点。由于目标函数的复杂性和非凸性，存在多个局部极小点，其中只有一个是全局最小点。梯度下降算法可能会陷入局部极小点，并无法跳出继续搜索全局最小点。

为了克服陷入局部极小点的问题，可以采用以下方法。

多次运行：多次运行梯度下降算法，每次使用不同的随机初始点，以增加发现全局最小点的机会。

其他优化算法：使用其他优化算法，如随机梯度下降的变种（如Adam、RMSprop等）、牛顿法、拟牛顿法等，这些算法可能更灵活地搜索全局最小点。

调整学习率：选择合适的学习率，过大的学习率可能导致振荡或发散，而过小的学习率可能导致收敛速度慢。

2.2.2 常见梯度下降算法

2.2.2.1 批量梯度下降法（Batch gradient descent，BGD）

批量梯度下降法针对的是整个数据集，通过计算所有的样本来求解梯度的方向。BGD易于并行实现，但当样本数目较多时，训练过程较慢。

2.2.2.2 小批量梯度下降（Mini-Batch GD，MBGD）

批量梯度下降法中每次迭代需要使用全部样本，在大规模的机器学习应用中，每次迭代需要花大量计算成本与时间。因此引入Mini-batch的概念，即在每次迭代过程中利用部分样本代替所有样本进行梯度计算。在数据量较大的项目中，可以明显减少梯度计算的时间。

2.2.2.3 随机梯度下降法（Stochastic gradient descent，SGD）

随机梯度下降算法只随机抽取1个样本进行梯度计算，因此运算时间比小批量样本梯度下降算法短，但由于训练的数据量太小（只有1个），下降路径很容易受到训练数据自身噪声的影响，准确度下降，并不是全局最优，且不易于并行实现。

2.3 常见的神经网络架构

2.3.1 深度神经网络

深度神经网络（Deep neural network，DNN）是BP神经网络的一种扩展和推广，它由多个隐藏层组成，每个隐藏层都有多个神经元。深度神经网络通过多个层级的非线性变换来学习更复杂的特征表示，从而提高对复杂任务的建模能力（图2-11）。

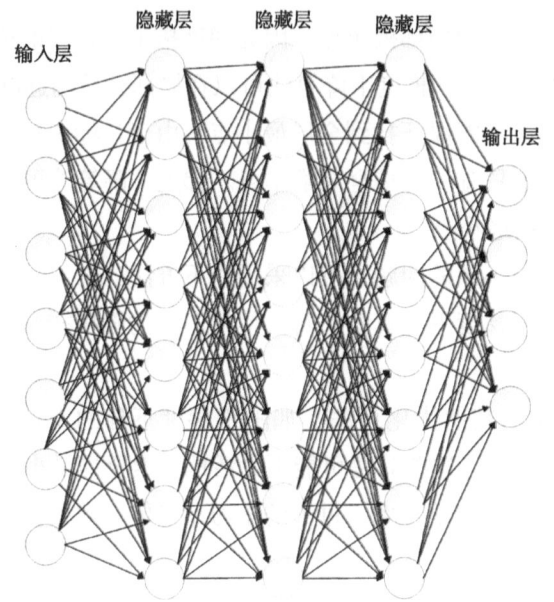

图2-11 深度神经网络结构

2.3.2 卷积神经网络（CNN）

2006年，Hinton首次提出了"深度信念网络"的概念。与传统训练方式不同，"深度信念网络"包含"预训练"的过程，方便神经网络中的权值找到一个接近最优解的值，再使用"微调"技术来优化训练整个网络。这两个技术的运用大幅度减少了训练多层神经网络的时间。Hinton给多层神经网络相关的学习方法赋予了一个新名词——"深度学习"。由于卷积运算主要处理类网格数据且卷积操作的参数具有共享特性，因此，卷积神经网络（Convolutional neural networks，CNN）对于图像数据的分析和识别具有显著优势。

2.3.2.1 概念

卷积神经网络是一种前馈神经网络，它由若干卷积层和池化层组成，被应用于图像处理方面。CNN的基本结构由输入层、卷积层（Convolutional layer）、池化层（Pooling layer，也称为取样层）、全连接层及输出层构成。

2.3.2.2 特点

卷积神经网络由多层感知机（MLP）演变而来，由于其具有局部区域连接、权值共享、降采样的结构特点，被广泛应用于图像处理领域。卷积神经网络相比于其他神经网络的特殊性主要在于权值共享与局部连接两个方面，权值共享使得卷积神经网络的网络结构更加类似于生物神经网络。

（1）局部区域连接

局部连接不同于传统神经网络，第$n-1$层的神经元与第n层的部分神经元之间连接（图2-12）。这两个特点的作用在于降低了网络模型的复杂度，减少了权值的数目。

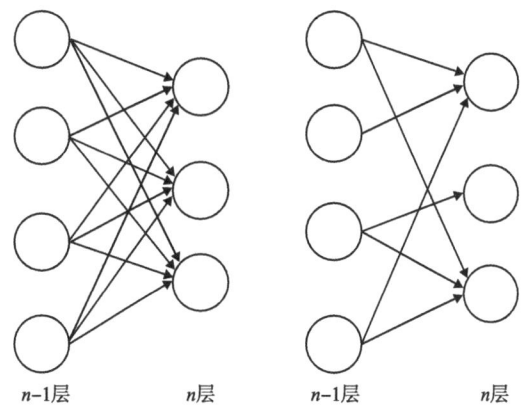

图2-12　全连接（左）和局部区域连接（右）对比

（2）权值共享

权值共享即整张图片使用同一个卷积核内的参数，卷积核内的权系数不会随图像内位置的不同而改变。权值共享的卷积操作保证了每一个像素都有一个权系数，因此大大减少了卷积核中参数量，降低了网络的复杂度。传统的神经网络和机器学习方法需要对图像进行复杂的预处理提取特征，得到特征后再输入到神经网络中，加入卷积后可利用图片空间上的局部相关性，自动提取特征。

（3）降采样

降采样是卷积神经网络的另一重要概念，通常也称为池化（Pooling）。最常见的方式有最大值（Max）池化、最小值（Min）池化、平均值（Average）池化。池化的好处是降低了图像的分辨率，整个网络也不容易过拟合。

2.3.2.3 结构

卷积神经网络的网络模型多种多样，但一个卷积神经网络模型一般由若干个卷积层、池化层和全连接层组成。卷积层的作用是提取图像的特征；池化层的作用是对特征进行抽样，可使用较少训练参数，同时还可以减轻网络模型的过拟合程度；全连接层负责把提取的特征图连接起来，通过分类器得到最终分类结果[2]。

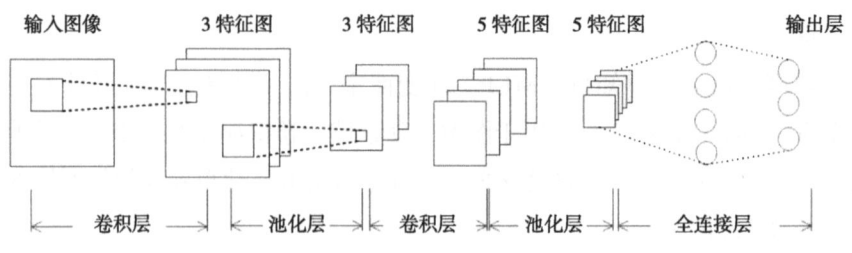

图2-13 卷积神经网络架构

2.3.3 循环神经网络（RNN）

循环神经网络（Recurrent neural network，RNN）的前身是由Michael Kearns和Yann LeCun在1989年提出的递归神经网络（Recursive neural network）。递归神经网络最初用于语言建模和自然语言处理任务。1990年，Elman提出了简单的循环神经网络的一种基本结构。

2.3.3.1 概念

循环神经网络是一种神经网络模型，主要用于处理序列数据的建模和预测。相比于传统的前馈神经网络，循环神经网络引入了时间维度的循环连接，使网络能够在处理序列数据时考虑到上下文的信息。

2.3.3.2 特点

循环神经网络（Recurrent neural network，RNN）具有以下几个特点。

（1）处理序列数据

RNN主要用于处理序列数据，如自然语言文本、时间序列数据等。它能够对序列数据的时序关系进行建模，捕捉到数据中的上下文依赖关系。

（2）具有记忆能力

RNN通过循环连接和隐藏状态的传递，具有记忆能力。网络在每个时间步可以利用之前的信息，保持对过去的记忆，并在当前时间步中传递这些信息。

（3）可变长度输入

RNN能够处理变长序列数据，因为它的输入和输出不受固定长度的限制。这使得RNN适用于处理各种长度的序列数据，无论是短句子还是长文本。

（4）参数共享

RNN在每个时间步都使用相同的参数，这意味着网络可以共享权重和偏置，减少了参数的数量。参数共享使得RNN更加高效，并且能够更好地处理不同长度的序列。

（5）上下文依赖建模

由于RNN具有记忆能力和循环连接，它能够捕捉到序列数据中的上下文依赖关系，对长期依赖关系具有较好的建模能力。这使得RNN在自然语言处理、语音识别等任务中表现出色。

2.3.3.3 结构

典型的RNN网络在t时刻展开的样式如图2-14所示。

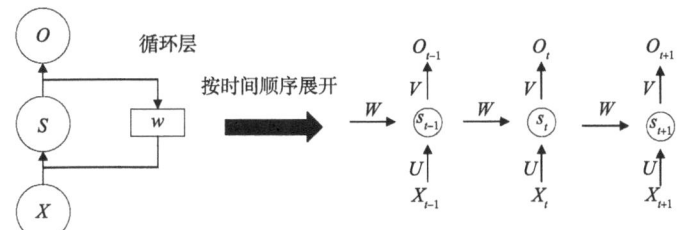

图2-14 循环神经网络结构

图2-14中，S为隐藏层；O为输出层；X为输入层；w为权重矩阵；U为连接每一时刻输入层与隐藏层的权重矩阵；W为连接上一时刻与下一时刻隐藏层的权重矩阵；V为连接每一时刻隐藏层与输出层的权重矩阵；s为隐藏状态单元；o为输出状态单元。x_t是输入层的输入；s_t是隐藏层的输出，其中s_0是计算第一个隐藏层所需要的，通常初始化为全零；o_t是输出层的输出。从图2-14可以看出，RNN网络的关键之一是隐藏层的输出s_t，不仅取决于当前时刻的输入x_t，还取决于上一个时刻隐藏层的输出s_{t-1}。

这种特性使RNN具有记忆性，因为它可以在处理当前输入时考虑之前的上下文信息。隐藏层的输出s_t可以被看作网络对过去输入序列的编码或表示。

通过在每个时刻传递上一个时刻隐藏层的输出s_{t-1}，RNN能够从过去的信息中提取特征，并将这些特征用于当前时刻的计算。

在初始时刻，一般会将s_0初始化为全零向量，表示没有之前的信息。然后，随着输入序列的逐步输入，隐藏层的状态s_t会根据当前输入x_t和前一个隐藏层的状态s_{t-1}进行计算和更新。

设f是隐藏层激活函数，通常是非线性的，如tanh函数或ReLU函数；g是输出层激活函数，可以是softmax函数。那么，循环神经网络的前向计算过程用如下公式表示：

$$o_t = g(V \cdot s_t + b_2) \tag{2-30}$$

$$s_t = f(U \cdot x_t + W \cdot s_{t-1} + b_1) \tag{2-31}$$

其中，b_1和b_2是偏置项。经过迭代，推导出下列公式：

$$\begin{aligned} o_t &= g(V \cdot s_t + b_2) \\ &= g[V \cdot f(U \cdot x_t + W \cdot s_{t-1} + b_1) + b_2] \\ &= g\{V \cdot f[U \cdot x_t + W \cdot f(U \cdot x_{t-1} + W \cdot s_{t-2} + b_1) + b_1] + b_2\} \\ &= g(V \cdot f\{U \cdot x_t + W \cdot f[U \cdot x_{t-1} + W \cdot f(U \cdot x_{t-2} + \ldots)]\} + b_2) \end{aligned} \tag{2-32}$$

尽管循环神经网络具有许多优点，但也存在一些挑战，如梯度消失和梯度爆炸问题，导致难以处理长期依赖关系。

梯度消失（Gradient vanishing）指在反向传播过程中，梯度逐渐变小，甚至趋近于零。这意味着网络的较早层次接收到的梯度非常小，无法有效地更新参数。梯度消失问题尤其在深层神经网络中容易出现，因为梯度在多层网络中需要经过多次连乘，累积的效果导致梯度逐渐消失。

梯度爆炸（Gradient explosion）指在反向传播过程中，梯度逐渐增大，甚至趋近于无穷大。这会导致参数的更新过大，使网络的权重变得非常大，进而导致网络的输出变得不稳定。梯度爆炸通常在网络中存在循环连接的情况下出现，因为梯度可以通过循环连接在网络中进行反复传播，导致梯度的指数级增长。

为了克服这些问题，一些改进的RNN结构如长短期记忆网络和门控循环单元被提出。

2.3.4　长短时记忆网络（LSTM）

长短时记忆网络（Long short term memory network，LSTM）是由Sepp Hochreiter和Jürgen Schmidhuber在1997年提出的，旨在解决传统循环神经网络中的梯度消失和梯度爆炸问题。LSTM通过引入门控机制，能够更好地处理长序列数据和捕捉长期依赖关系。

2.3.4.1　概念

LSTM是一种递归神经网络（RNN）的单元，它可以用于构建LSTM网络，也可以独立使用。LSTM网络由多个LSTM单元组成，每个单元都包含一个记忆单元、输入门、输出门和遗忘门。这些门控制着信息在单元内部的流动。LSTM单元具有记忆功能，可以记住任意时间间隔内的值，并通过输入门和遗忘门来控制何时添加新的信息，何时删除旧的信息。输出门决定了何时从单元中读取信息并输出。

LSTM网络在处理时间序列数据时非常有效，因为它能够处理时间序列中存在未知持续时间的重要事件之间的关系。相对于传统的RNN，LSTM可以解决梯度爆炸和梯度消失等问题，更适合训练和处理时间序列数据。LSTM在许多应用中具有优势，特别是在处理具有不同时间间隔的事件之间的关系时。相对于其他序列学习方法（如隐马尔可夫模型），LSTM对于间隔长度相对不敏感，因此在许多应用中表现出色。

2.3.4.2　特点

长短时记忆网络具有以下几个特点。

一是处理长序列依赖关系。LSTM通过引入门控机制，能够更好地捕捉和记住长期依赖关系，从而能够有效地处理长序列数据。

二是解决梯度消失和梯度爆炸问题。传统的RNN在处理长序列时容易出现梯度消失和梯度爆炸问题，导致模型难以训练。LSTM通过门控机制，能够有效地控制梯度的传播，避免梯度消失和梯度爆炸，使模型更稳定、更容易训练。

三是高度灵活的门控机制。LSTM引入了输入门、遗忘门和输出门，通过对门控制的灵活性，可以根据输入数据的特征动态地决定是否添加、删除或读取信息。这种门控机制使得LSTM能够对不同的输入数据进行适应性处理，提高了模型的表达能力。

四是适用于多种任务。LSTM广泛应用于自然语言处理、语音识别、机器翻译等序列数据处理任务中。由于其能够处理长序列依赖关系和灵活的门控机制，LSTM在这些任务中取得了很好的效果。

五是可堆叠和并行化。LSTM可以通过堆叠多个LSTM层来增加模型的深度，从而提高模型的表示能力。此外，LSTM的训练和推理过程可以并行化，利用GPU等硬件加速，提高了模型的效率。

2.3.4.3 结构

如图2-15和图2-16所示，每一个蓝色圆形代表对向量做出逐元素操作（Pointwise operation），黄色矩形表示神经网络的一层，该层使用特定的激活函数对输入进行变换。每个字符代表所使用的激活函数的类型。

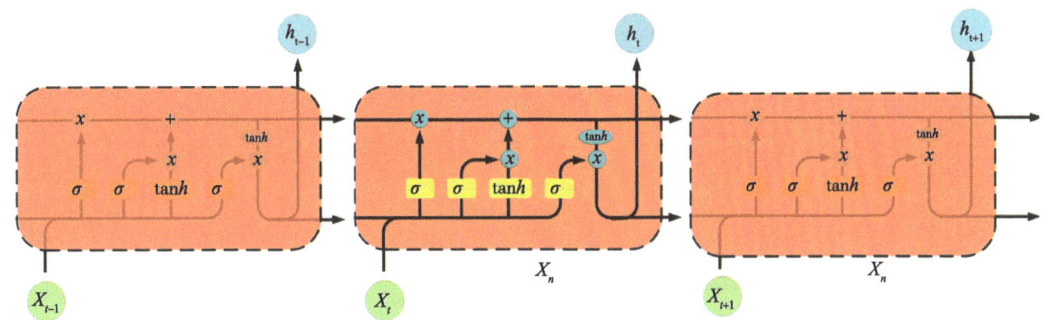

图2-15 长短期记忆网络结构

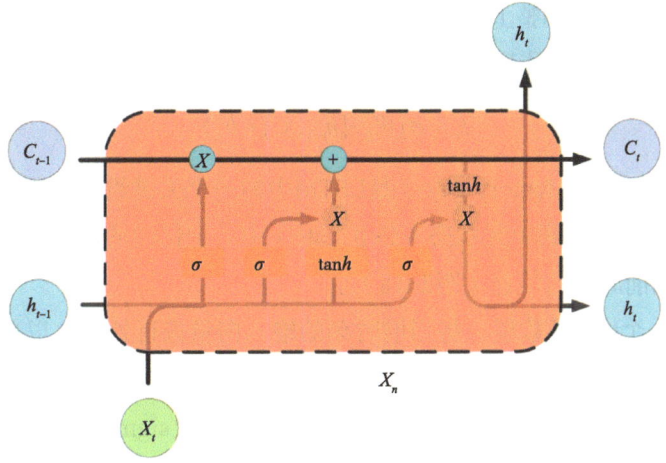

图2-16 长短期记忆网络单元

向量C_t可以被视为神经网络在时间t之后对所有输入信息的综合总结或概括。它代表了网络在$t+1$时刻前所获得的记忆，包含了对过去输入的记忆和对当前输入的综合理解。

在LSTM中，通过遗忘门（Forget gate），可以选择性地遗忘上一时刻单元状态（Cell state）中的一些信息。遗忘门的作用是根据当前的输入和上一时刻的输出来决定遗忘哪些记忆。具体而言，输入和上一时刻的输出被整合为一个向量，并通过一个sigmoid神经层进行处理，将其压缩到（0，1）的区间上。遗忘门的工作原理是，如果整合后的向量中某个分量经过Sigmoid层后变为0，那么相应的单元状态中对应的分量也会变为0，即遗忘了这个分量上的信息；而如果某个分量通过Sigmoid层后为1，单元状态会保持完整的记忆（图2-17）。遗忘门的不同输出决定了不同信息的记忆与遗忘。通过这种机制，LSTM能够长期记忆重要的信息，同时可以根据输入动态地调整记忆。

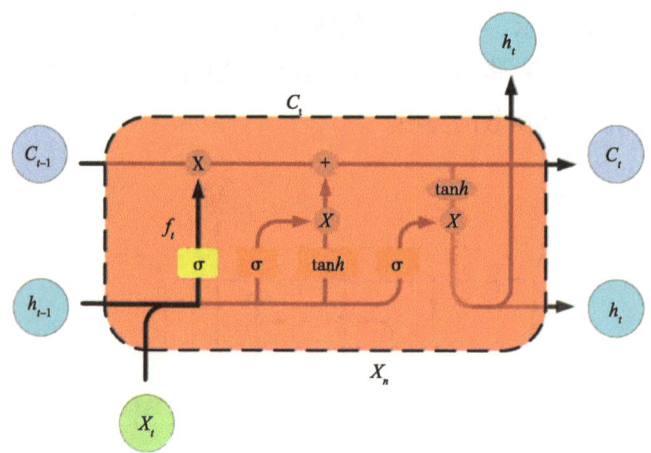

图2-17　LSTM_1遗忘门

式（2-33）用来描述遗忘门的计算，f_t就是Sigmoid神经层的输出向量，σ为Sigmoid函数，W_f为权重矩阵，用于调整上一时间步隐藏状态h_{t-1}和当前时间步输入x_t在遗忘门中的影响。b_f为遗忘门的偏置项，用于调整遗忘门的偏移。

$$f_t = \sigma(W_f \cdot [h_{t-1}, x_t] + b_f) \quad （2-33）$$

LSTM_2&3记忆门（Memory gate）是LSTM中的一个关键组件，用于控制是否将当前时刻（t时刻）的数据整合到单元状态（Cell state）中。记忆门的作用是通过控制门的开关来决定保留多少当前时刻的信息（图2-18）。

首先，通过一个tanh函数层，将当前时刻的输入向量进行处理，以提取其中的有效信息。tanh函数的作用是将输入的值映射到［-1，1］的范围内，以便更好地处理信息。

然后，使用一个sigmoid函数层来控制记忆门的开关。sigmoid函数的作用是将输入的值压缩到（0，1）的范围内。这个压缩后的值表示了当前时刻信息的重要程度，即决定将多少当前时刻的信息整合到单元状态中。

通过将tanh函数层的输出和sigmoid函数层的输出进行元素级别的乘法操作，可以实现对当前时刻信息的选择性整合。当sigmoid函数的输出接近0时，对应的信息将被忘记或忽略；当sigmoid函数的输出接近1时，对应的信息将被保留和记住。

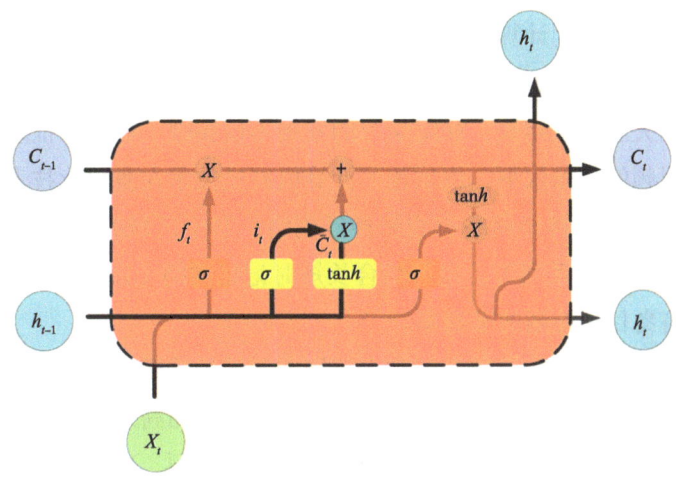

图2-18　LSTM_2&3记忆门

从当前输入中提取有效信息，其中C_t'为记忆门的输出，tanh为双曲正切函数。

$$C_t' = \tan h(W_c) \cdot [h_{t-1}, x_t] + b_c \quad (2-34)$$

对提取的有效信息做出筛选，为每个分量做出评级（0~1），评级越高的最后会有越多的记忆进入单元状态。

$$i_t = \sigma(W_i \cdot [h_{t-1}, x_t] + b_i) \quad (2-35)$$

LSTM_4输出门（Output gate）是LSTM单元中的一个重要组件，用于计算当前时刻的输出值。输出门通过控制信息的流动，决定了将单元状态中的哪些信息输出到当前时刻的输出。

首先，输出门将当前时刻的输入向量和上一时刻的输出向量进行整合，形成一个综合的向量。这个整合后的向量通过一个sigmoid函数层进行处理，以提取其中的信息。sigmoid函数的作用是将输入的值压缩到（0，1）的范围内，表示当前时刻信息的重要程度。

然后，将当前的单元状态（Cell state）通过一个tanh函数层进行压缩映射，将其值限制在（-1，1）的范围内。tanh函数的作用是通过曲线的形状将输入的值映射到（-1，1）的范围内，以保留单元状态的信息。

最后，通过将sigmoid函数层的输出和tanh函数层的输出进行元素级别的乘法操作，可以实现对单元状态的控制和筛选，从而决定输出门的开关和输出值。当sigmoid函数的输出接近0时，对应的信息将被忽略；当sigmoid函数的输出接近1时，对应的信息将被保留并输出。

2.4 小结

依据本部分介绍可看出，从单层神经网络，到两层神经网络，再到多层神经网络，随着网络层数的增加，以及激活函数的调整，神经网络所能拟合的决策分界平面的能力不断增强。同时，神经网络的计算性能更强、数据规模更大并且训练方法更优化。神经网络的研究是当下各种网络的基础，随着神经网络层数的增加，便加入了"深度"，由此深度学习也越来越受到关注。近年来，深度学习的发展不仅突破了视觉特征表征困难的问题，提高了对图像和视频的认知水平，也加速了计算机视觉技术在畜牧业技术的进步。其中，获取动物目标视觉特征的神经网络有卷积神经网络、基于区域的卷积神经网络（Region-CNN，R-CNN）、YOLO系列等。也可结合长短时记忆网络（LSTM）及其衍生网络获取时空特征来提高畜禽目标检测的准确率。

如今，神经网络已经成为机器学习和人工智能领域的重要技术之一。许多深度学习模型和框架被开发出来，使得神经网络的设计和训练变得更加高效和便捷。同时，神经网络也面临着一些挑战，如训练样本不足、模型可解释性等问题，这些问题也成为当前研究的热点。

参考文献

[1] 周志华. 机器学习. 1版. 北京：清华大学出版社，2016：107.
[2] LECUN Y. Generalization and network design strategies. Connectionism in Perspective, 1989, 19: 143-155.

3 目标检测开发入门

3.1 开发环境搭建

3.1.1 Anaconda安装及环境管理

Anaconda是一款用于科学计算和数据分析的开源软件发行版。它集成了Python编程环境、各种常用库以及方便的工具，使得数据科学家和研究人员能够更轻松地处理数据、进行分析和开发机器学习模型。Anaconda包括Conda包管理器、数据分析库、机器学习库（如TensorFlow和PyTorch）、Jupyter笔记本等工具，适用于不同操作系统。它提供了一个便捷的环境，有助于快速进行科学计算和数据处理。Anaconda官网为https://www.anaconda.com。在官网选择符合自己版本的下载即可。具体安装步骤，请扫描附录中的二维码，从对应部分获取。

3.1.2 CUDA Toolkit和cuDNN

CUDA Toolkit是NVIDIA开发的用于GPU计算的工具包，可以加速各种计算任务。cuDNN是NVIDIA提供的用于加速深度学习的库，专注于优化神经网络操作，提高训练速度。两者一起帮助开发者更高效地利用GPU进行计算和深度学习。CUDA Toolkit和cuDNN的安装与测试步骤，请扫描附录中的二维码，从对应部分获取。

3.1.3 Pycharm安装

PyCharm是由JetBrains开发的Python集成开发环境（Integrated development environment，IDE），旨在提供高效的Python编程平台。它具备智能代码提示、强大的调试工具、版本控制集成、内置终端等功能，适用于各种项目类型，如Web开发和科学计算。PyCharm支持代码质量分析、数据库管理，并允许创建虚拟环境来隔离依赖。通过丰富的插件系统，开发者可以根据需要扩展功能。

3.1.4 PyTorch安装

PyTorch是由Facebook开发的开源深度学习框架，用于构建、训练和部署神经网络模型。其动态计算图机制使模型构建和调试更直观灵活，支持多领域的应用，如图像处理、自然语言处理和计算机视觉。PyTorch具有高度可扩展性，适用于不同规模的项目，提供丰富的工具和可视化功能，有助于模型训练和结果分析。PyTorch的安装与测试步骤，请扫描附录中的二维码，从对应部分获取。

3.2　PyTorch开发基础

张量（Tensor）：PyTorch中的核心数据结构是张量，类似于多维数组。张量可以存储和处理数值数据，并支持各种数学操作。使用torch.Tensor创建张量对象。自动求导（Autograd）：Autograd是PyTorch中的自动求导引擎，它能够根据计算图自动计算张量的梯度。通过设置requires_grad＝True来追踪张量上的操作，并使用backward方法计算梯度。模型构建：在PyTorch中，可以通过继承torch.nn.Module类来定义模型。模型可以由多个层（如线性层、卷积层等）组成，在forward()方法中定义了数据流向。损失函数（Loss function）：损失函数用于衡量模型预测结果与真实标签之间的差异程度。PyTorch提供了各种常见的损失函数，如均方误差损失、交叉熵损失等。优化器（Optimizer）：优化器用于更新模型参数以最小化损失函数。PyTorch提供了多种优化器，如随机梯度下降（SGD）、Adam等。数据加载与处理：PyTorch提供了torch.utils.data模块来处理数据加载和预处理任务。可以使用Dataset和DataLoader类来加载和批处理数据集，并方便地进行数据增强、划分等操作。训练与推断：在训练过程中，通常需要进行前向传播计算、计算损失、反向传播更新参数等步骤。通过循环迭代训练集并更新参数，最终完成模型训练。在推断过程中，只需要利用已经训练好的模型对新样本进行前向传播得到预测结果。

这些是对PyTorch基础知识的简要总结。掌握这些基本概念后，将能够开始使用PyTorch构建深度学习模型并进行相应任务。扫描附录中的二维码，在对应部分可获得案例，相应提供了张量（Tensor）创建、张量计算、张量检索、张量形状改变、广播机制、Tensor和NumPy相互转换、Tensor on GPU、自动求导机制、神经网络的构造、神经网络中常见的层、自定义神经网络等的使用案例，最后提供了一个MNIST数据集手写数字识别案例。

3.3　二维目标检测数据集制备

制作和准备二维检测训练数据集可以遵循以下步骤。

一是收集图像数据。收集包含你想要检测的目标的图像。确保图像具有多样性，包括不同场景、角度、光照条件等。

二是标记目标边界框。使用图像标注工具（如LabelImg、RectLabel等）来手动标记目标边界框。在每个图像中，选择目标，并绘制一个包围目标的矩形框。请扫描附录中的二维码，从对应部分获取LabelImg安装和使用方法。

三是创建对应的标签文件。对于每个图像，创建一个与之对应的标签文件。该文件通常是一个文本文件，每一行代表一个对象，并包含对象类别和边界框坐标。

四是数据增强（可选）。通过应用各种变换（如旋转、平移、缩放等）来增加数据集的多样性和数量。这可以提高模型的泛化能力。

五是划分训练集和验证集。将整个数据集划分为训练集和验证集。通常将大部分数据用于训练，少部分用于验证模型性能。

六是数据预处理。根据需求进行必要的数据预处理操作，如调整图像大小、归一化、均衡化等。

七是转换为合适格式。将数据集转换为模型所需的特定格式，如COCO格式或Pascal VOC格式。这些格式定义了每个图片以及其对应边界框和类别信息所需字段结构。

八是数据加载器构建。使用PyTorch提供的DataLoader类构建一个用于批量加载并处理训练样本和验证样本的对象。这有助于有效地管理内存并加快训练过程。

以上是关于制作和准备二维检测训练数据集的基本步骤。注意，在整个过程中需要确保数据质量和准确性，并尽量使数据代表真实世界场景以提高模型性能。关于PyTorch数据加载——Dataset和Dataloader，请扫描附录中的二维码，从对应部分获取。

3.4 三维目标检测标注工具

现有的开源标注工具如表3-1所示。

表3-1 开源标注工具

工具名称	下载地址
Point-cloud-annotation-tool	https://github.com/springzfx/point-cloud-annotation-tool
Annotate	https://github.com/Earthwings/annotate
Cloudcompare	https://github.com/CloudCompare/CloudCompare
3D BAT	https://github.com/walzimmer/3d-bat
SUSTechPOINTS	https://github.com/naurril/SUSTechPOINTS

本研究着重推荐Point cloud annotation tool作为三维点云的标注工具。该工具完全开源，但源码安装的流程比较繁琐。下面将介绍该工具的安装流程。

3.4.1 依赖环境

依赖环境如表3-2所示。本研究的源码链接为https://github.com/springzfx/point-cloud-annotation-tool。原项目推荐使用8.0.0版本的VTK，但这个版本的VTK在Windows系统上会有漏洞（Bug），所以推荐使用8.1.0版本的VTK。

表3-2 依赖环境

名称	版本	名称	版本
PCL	1.8.0	QT	5.7.0
VTK	8.1.0	MSVC	MSVC2015

3.4.2 软件安装

首先，新建文件夹cmake、qt570、PCL_181、VTK8.0、pcd_annotation_tool。

然后，安装cmake到cmake文件夹下，在bin目录存在cmake-gui、cmake的配置界面，后面源码的编译就在这配置。

接下来，安装qt5.7.0到qt570目录，添加path环境变量：D:\qt570\Tools\QtCreator\bin。值得注意的是，直接从官网上下载编译好的文件速度非常慢。可以先下载网络安装包：https://download.qt.io/archive/online_installers/4.2/qt-unified-windows-x86-4.2.0-online.exe；再使用中科大的镜像来安装：.\qt-unified-windows-x86-4.2.0-online.exe—mirror https://mirrors.ustc.edu.cn/qtproject。

最后，安装PCL-1.8.1-AllInOne-msvc2015-win64到PCL_181，注意勾选第三方库3rd Party，添加环境变量到所有用户，出现OpenNI2安装对话框时选择安装目录：D:\PCL_181\PCL1.8.1\3rdParty\OpenNI2。安装完在环境变量中添加第三方库的路径：

D:\PCL_181\PCL1.8.1\bin

D:\PCL_181\PCL1.8.1\3rdParty\Boost\include\boost-1_64

D:\PCL_181\PCL1.8.1\3rdParty\Boost

D:\PCL_181\PCL1.8.1\3rParty\Eigen\eigen3

D:\PCL_181\PCL1.8.1\3rdParty\FLANN\bin

D:\PCL_181\PCL1.8.1\3rdParty\Qhull\bin

D:\PCL_181\PCL1.8.1\3rdParty\VTK\bin

D:\PCL_181\PCL1.8.1\3rdParty\OpenNI2\Tools

3.4.3 软件编译

3.4.3.1 编译VTK

将vtk8.0源码解压到指定目录，在目录下新建文件夹vtk-8_build和vtk-8_install，分别用于存放编译和安装文件。打开cmake-gui界面，选择vtk8-vtk8.0.0源码和vtk-8_build目录，点击Configure开始编译（图3-1）。主要注意BUILD_SHARED_LIBS，CMAKE_

INSTALL_PREFIX。然后再点击Configure直到不再出现红色，最后点击Generate，用管理员权限打开VS2015，打开VTK.sln，选择Release，右击ALL_BUILD选择重新生成，然后右键点击INSTALL选择生成。

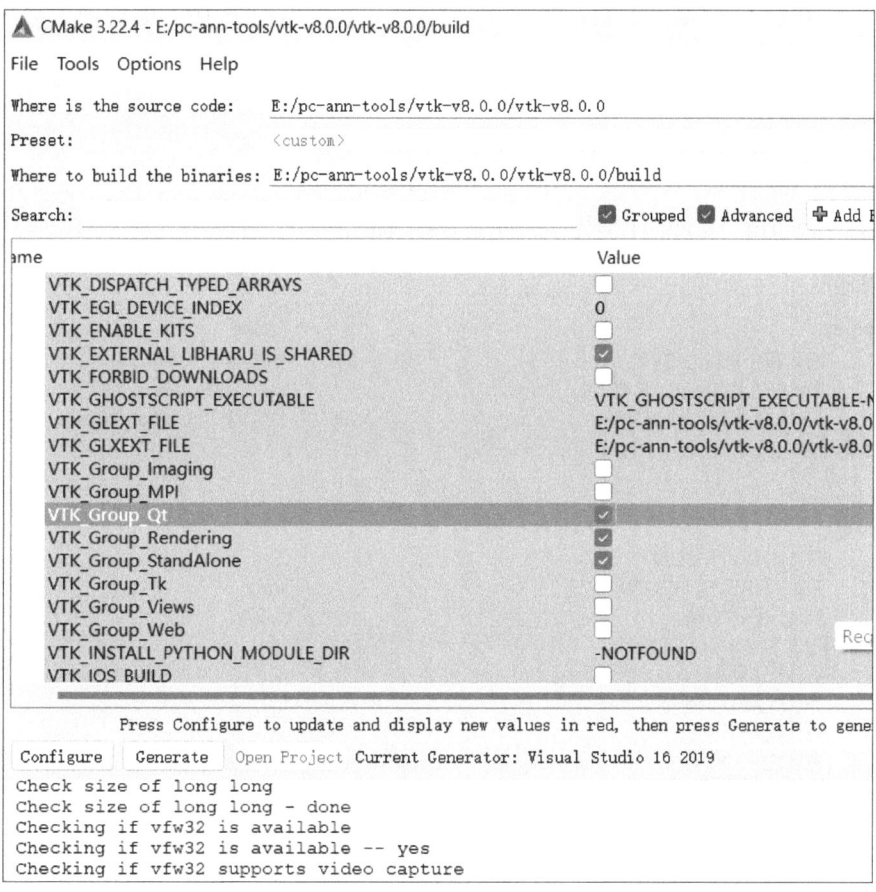

图3-1　CMake编译

用编译生成的vtk-8_install内容，将PCL_181里面自带的VTK项下内容替换（图3-2）。

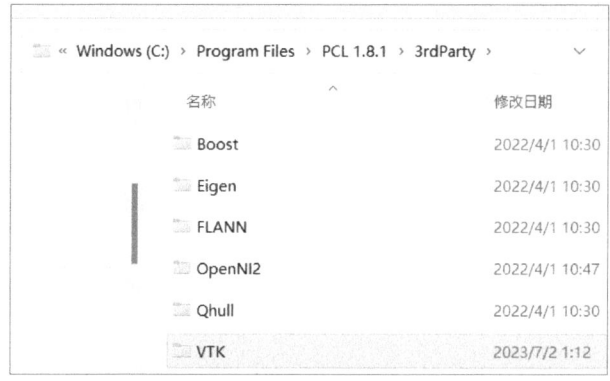

图3-2　替换VTK

3.4.3.2 编译PCL源码

利用cmake-gui按照编译VTK的方式编译pcl，配置pcl，去掉WITH_CUDA，CMAKE_BUILD_TYPE改为Release，CMAKE_INSTALL_PREFIX改为安装目录，多次Configure后Generate，打开VS2015编译Release版本的pcl，然后INSTALL生成，最后把生成的目录替换原PCL_181/PCL1.8.1/（图3-3）。

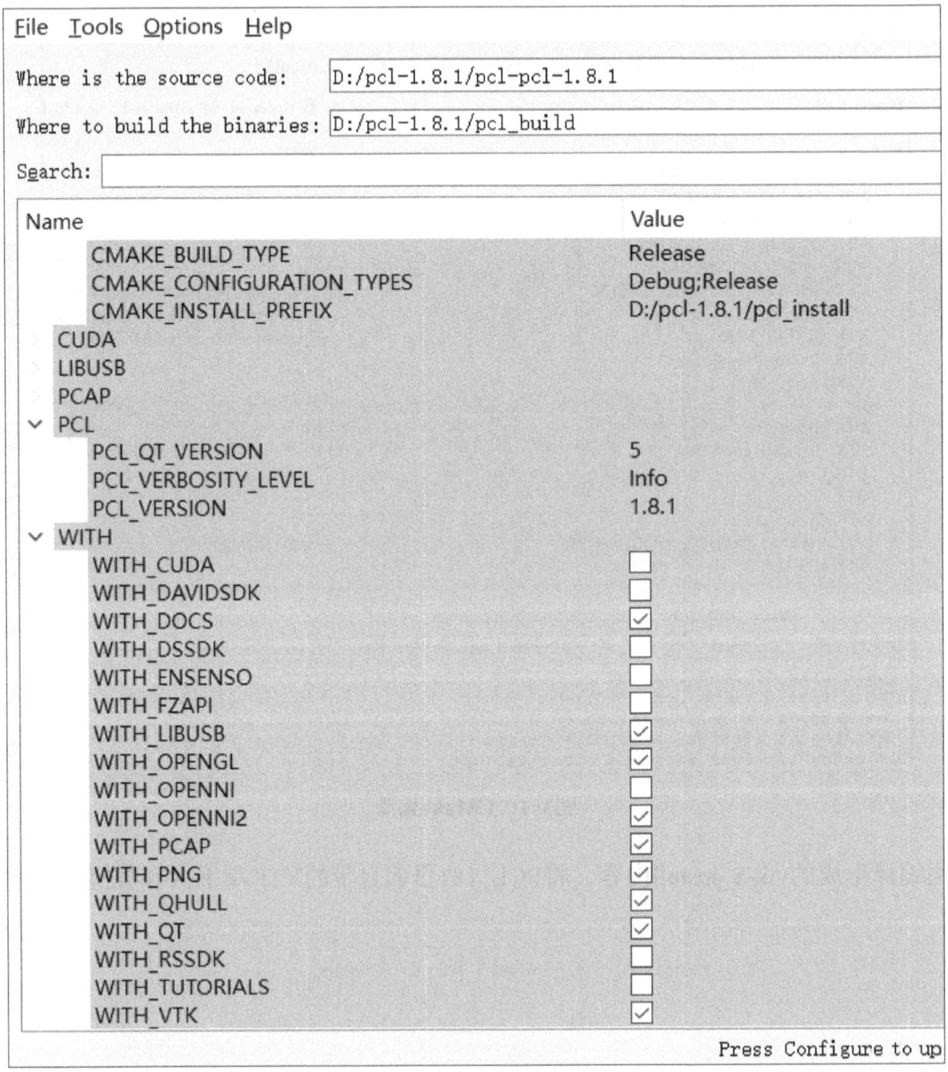

图3-3 编译PCL

3.4.3.3 编译Point-cloud-annotation-tool

如图3-4所示。

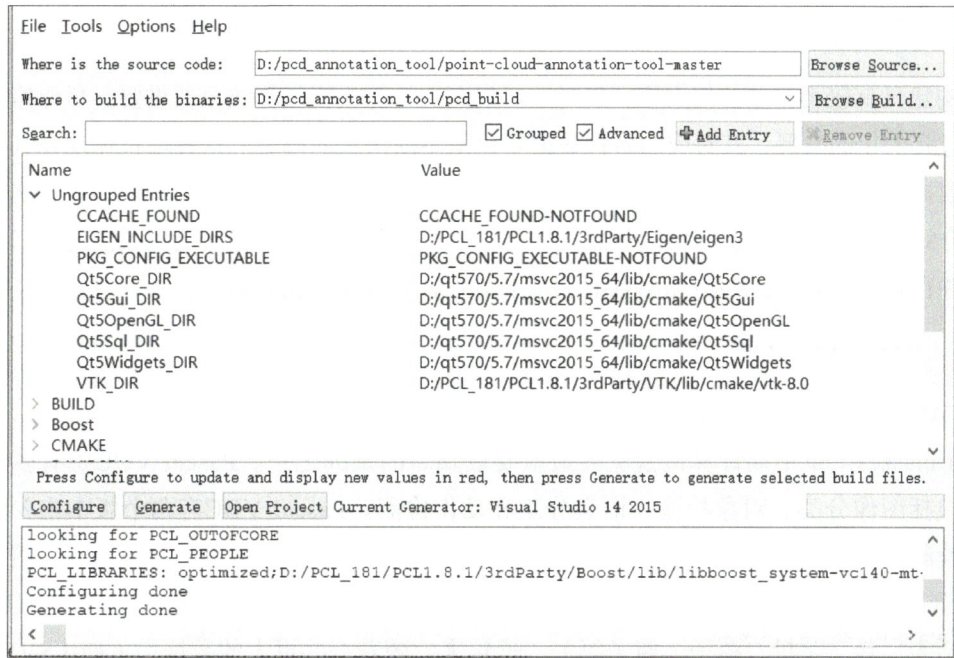

图3-4 编译Point-cloud-annotation-tool

编译完成后打开VS，在Release版本下编译，设置Point_cloud_annotation_tool为启动项，点击运行，可以打开如图3-5所示的标记界面。

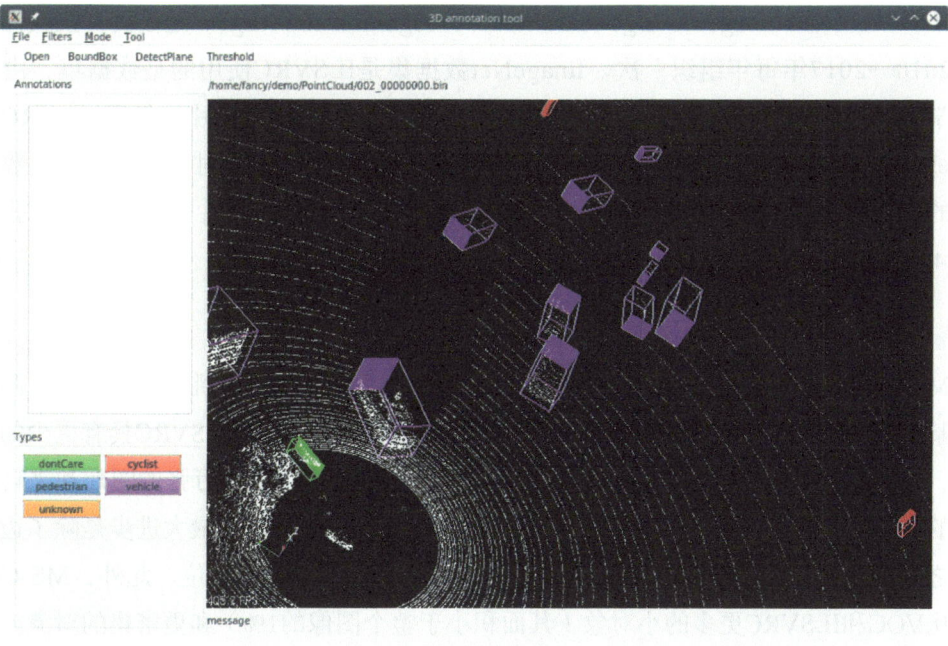

图3-5 标记界面

3.5 常见目标检测公开数据集

构建具有较小偏差的较大数据集对于开发高级计算机视觉算法至关重要。目标检测任务经过几十年的发展，其对应的各种数据集也呈不断增长的态势。这种增长体现在其数据集中数据规模的不断扩大、检测目标种类的不断增多以及数据集类型的不断丰富。本部分详细介绍了几个非常有名的目标检测数据集，列举了一些特定目标检测领域内的知名数据集，并在其后的表3-3至表3-8中总结了几十个有名的目标检测数据集。

3.5.1 PASCAL VOC

PASCAL VOC（Pattern analysis, statical modeling and computational learning visual object classes）是早期计算机视觉界最重要最知名的挑战之一。Pascal VOC中有多个任务，包括图像分类、对象检测、语义分割和动作检测。Pascal VOC有两个版本主要用于对象检测：VOC2007和VOC2012，前者由5 000张图像和1.2万个标注的对象组成，后者由1.1万张图片和2.7万个标注的对象组成。这两个数据集合标注了生活中最常见的20类物品（包括人、鸟、飞机、椅子、瓶子等）。近年来，随着一些更大的数据集（如ILSVRC和MS-COCO）发布，VOC已经逐渐过时。现在，它已经变成了大多数新型目标检测器的试验数据。

3.5.2 ILSVRC

ILSVRC（The imagenet large scale visual recognition challenge）是很具有权威性的比赛，2010—2017年每年组织一次。ImageNet数据集是ILSVRC使用的是数据集，由斯坦福大学李飞飞教授主导，包含了超过1 400万张全尺寸的有标记图片。每届ILSVRC会从ImageNet数据集中抽出部分样本，它的检测数据集包含200类视觉对象，其图片的数量和实例的个数都要高出VOC数据集两个数量级。以ILSVRC-2014为例，它包含51.7万张图片和53.4万个标注的对象。

3.5.3 MS-COCO

MS-COCO（Microsoft common objects in context）是当今最具挑战性的物体检测数据集。基于MS-COCO数据集的年度比赛自2015年就开始举行。它比ILSVRC具有更少的对象类别，但有更多的对象实例。以MS-COCO-2017为例，它包含16.4万张的图片和来自80个类别的89.7万个标注的物体。与VOC和ILSVRC相比，MS-COCO的最大进步是除了边界框注释之外，还使用实例分割来进一步标记每个对象，以帮助精确定位。此外，MS-COCO包含比VOC和ILSVRC更多的小对象（其面积小于整个图像的1%）和更密集的对象。所有这些特性使MS-COCO中的对象分布更接近于真实的世界，因此，在畜牧领域使用目标检测神经网络时，MS-COCO数据集常被作为网络模型的预训练数据集。

3.5.4 Open Images

2018年，继MS-COCO之后，Open images detection（OID）挑战开始出现。由谷歌主持的Open Images数据集是一个规模空前的数据集，它包括约900万张图片，横跨约6 000个类别。Open Images比赛主要有两个任务：①标准的目标检测；②检测特定关系中成对对象的视觉关系。对于对象检测任务，该数据集由191万张图像和1 544万个带注释的边界框组成，这些边界框标明了来自600个类别的不同对象。

3.5.5 畜牧业领域目标检测数据集获取

将目标检测的相关模型应用到畜牧业领域，比"人脸识别"相对冷门。所以，现阶段缺少数据量很大或者知名的目标检测数据集。想要搜索一些相关数据集来辅助实验，除了可以寻找相关论文中公开的数据集外，还可以从一些数据集平台上下载想要的数据集（表3-3至表3-8）。

百度飞桨的AI Studio（https://aistudio.baidu.com/aistudio/index）是一个活跃的国内AI社区，在这个网站里可以找到各种公开的数据集，也包括不少猪、牛等常见牲畜的数据集。

Roboflow（https://roboflow.com/）是国外一个功能强大的在线数据标注平台，它除了可以标注数据之外还能轻松实现各种主流数据格式之间的转化，也可以分享和下载数据集。通过检索就可以下载不同深度学习模型框架下的数据集。

表3-3 一般物体检测常用数据集

数据集名称	网址	数据集规模
VOC2007	http://host.robots.ox.ac.uk/pascal/VOC/	5 000张图片+1.2万个标记对象+20个类别
VOC2012	http://host.robots.ox.ac.uk/pascal/VOC/	1.1万张图片+2.7万个标记对象+20个类别
ILSVRC-2014	http://image-net.org/challenges/LSVRC/	51.7万张图片+53.4万个标记对象+200个类别
ILSVRC-2017	http://image-net.org/challenges/LSVRC/	51.7万张图片+53.4万个标记对象+200个类别
MS-COCO-2015	http://cocodataset.org/	32.8万张图片+179万个标记对象+80个类别
MS-COCO-2018	http://cocodataset.org/	28.7万张图片+179.3万个标记对象+80个类别
OID-2018	https://storage.googleapis.com/openimages/web/index.html	191万张图片+1 544万个标记对象+600个类别

表3-4 行人检测数据集

数据集名称	网址	数据集简介
MIT Ped	http://cbcl.mit.edu/software-datasets/PedestrianData.html	最早的行人检测数据集之一，包含700张图片
INRIA	http://pascal.inrialpes.fr/data/human/	早期最著名的行人检测数据集

（续表）

数据集名称	网址	数据集简介
Caltech	http://www.vision.caltech.edu/Image Datasets/CaltechPedestrians/	训练集有大约19万幅行人的图像，测试集有16万幅行人的图像
KITTI	http://www.cvlibs.net/datasets/kitti/index.php	交通场景分析最著名的数据集之一，包含10万幅行人的图像
CityPersons	https://bitbucket.org/shanshanzhang/citypersons	训练集包含1.9万幅行人的图像，测试集包含1.1万幅行人的图像
EuroCity	https://eurocity-dataset.tudelft.nl/eval/overview/home	一个行人图像数据集，包括约23.8万个实例和4.7万张图片

表3-5 人脸检测数据集

数据集名称	网址	数据集简介
FDDB	http://vis-www.cs.umass.edu/fddb/index.html	由来自雅虎的2 800张图片和约5 000幅人脸图像组成
AFLW	https://www.tugraz.at/institute/icg/research/team-bischof/lrs/downloads/aflw/	由2.6万张脸和2.2万张带有面部标志性注释的图片组成
IJB	https://www.nist.gov/programs-projects/face-challenges	由约5万个图片和视频帧组成
WiderFace	http://mmlab.ie.cuhk.edu.hk/projects/WIDERFace/	最大的人脸检测数据集之一，约3.2万张图片和39.4万幅人脸的图像
UFDD	http://www.ufdd.info/	由约6 000张图片和1.1万幅人脸的图像组成，包含动态模糊等变化
WildestFaces	https://ycbilge.github.io/wildestFaces	由约6万个视频帧和2 200张格斗名人的脸部照片组成

表3-6 场景文本检测数据集

数据集名称	网址	数据集简介
ICDAR	http://rrc.cvc.uab.es/	ICDAR是第一批公开的文本检测数据集之一
STV	http://tc11.cvc.uab.es/datasets/SVT 1	由约350张图片和720个从谷歌街景中获取的文本实例组成
MSRA-TD500	http://www.iapr-tc11.org/mediawiki/index.php/MSRA Text Detection 500_Database（MSRA-TD500）	由约500张室内/室外的图片和中英文文本组成

（续表）

数据集名称	网址	数据集简介
IIIT5k	http://cvit.iiit.ac.in/projects/SceneTextUnderstanding/IIIT5K.html	由约1 100张图片和5 000个单词组成
Syn90k	http://www.robots.ox.ac.uk/~vgg/data/text/	包含从9万多个字体词汇中生成的900万幅图像
COCOText	https://bgshih.github.io/cocotext/	包含约6.3万张图像和约17.3万个文本标注

表3-7　交通灯和交通标志检测数据集

数据集名称	网址	数据集简介
TLR	http://www.lara.prd.fr/benchmarks/trafficlightsrecognition	由约1.1万个视频帧和约9.2万个交通灯实例组成
LISA	http://cvrr.ucsd.edu/LISA/lisa-traffic-sign-dataset.html	包括约6.6万个视频帧，约7 800个美国的标志实例
GTSDB	http://benchmark.ini.rub.de/?section=gtsdb&subsection=news	由不同天气条件下的900幅图像和1 200个交通标志实例组成
BelgianTSD	https://btsd.ethz.ch/shareddata/	由约7 300张图片、12万个视频帧和269种交通标志标注组成
TT100K	http://cg.cs.tsinghua.edu.cn/traffic%2Dsign/	由约10万幅图像和约3万个（128类）交通标志实例组成
BSTL	https://hci.iwr.uni-heidelberg.de/node/6132	包括约5 000幅图像、约8 300个视频帧和约约2.4万个交通灯实例

表3-8　遥感目标检测数据集

数据集名称	网址	数据集简介
TAS	http://ai.stanford.edu/~gaheitz/Research/TAS/	由约30幅729像素×636像素的图像和1 300辆汽车实例组成
OIRDS	https://sourceforge.net/projects/oirds/	由机载摄像机拍摄的900幅图像和1 800个带标注的车辆实例组成
DLR3K	https://www.dlr.de/eoc/en/desktopdefault.aspx/tabid-5431/9230_read-42467/	由9 300辆汽车实例和160辆卡车实例组成
UCAS-AOD	http://www.ucassdl.cn/resource.asp	包括约900幅谷歌地球图像、2 800辆汽车实例和3 200架飞机实例
VeDAI	https://downloads.greyc.fr/vedai/	包含约1 200幅图像，约9类3 600个目标

(续表)

数据集名称	网址	数据集简介
NWPU-VHR10	http://jiong.tea.ac.cn/people/JunweiHan/NWPUVHR10dataset.html	由约800幅图像和10类3 800个遥感目标组成
LEVIR	https://pan.baidu.com/s/1geTwAVD	由约2.2万幅谷歌地球图像和1万张独立标记的目标组成
DOTA	https://captain-whu.github.io/DOTA/dataset.html	第一个包含旋转边界框的遥感检测数据集
xView	http://xviewdataset.org	由60类约100万个遥感目标组成,覆盖1 415 km^{2}的土地面积

3.6　小结

　　PyTorch作为领先的深度学习框架,以其独特的优点在实际应用中广泛受到青睐。其动态计算图和自动求导机制赋予模型构建和训练更直观的能力,帮助研究人员和工程师在各领域创造性地构建高效神经网络。从图像分类、自然语言处理到计算机视觉,PyTorch提供了丰富的工具和库,为不同领域的深度学习问题提供强大支持。展望未来,PyTorch将不断迈向新的高度。性能优化将提升计算效率,以满足大规模数据和复杂模型的需求。模型部署将更加便捷,将训练好的模型轻松应用于实际生产环境。同时,解释性工具将增强模型的可解释性,为用户提供更清晰的决策依据。自动化工具的引入将简化参数优化和网络架构搜索,加速模型开发过程。PyTorch将持续支持多种硬件平台,适应不同用户的硬件环境需求。

　　综上所述,PyTorch在深度学习领域持续发挥着重要作用,未来的发展将以性能提升、模型部署、可解释性、自动化和跨硬件支持等方向为重点,为解决各类复杂问题提供更为强大的工具和解决方案。

4 2D目标检测经典模型构建与开发实战

本部分精心挑选了七大经典的二维目标检测模型,包括Faster R-CNN、FPN、Mask R-CNN、RetinaNet、SSD、YOLO和Swin transforme,分别介绍了每个模型的提出背景、网络结构和关键技术等重要知识,并附上了模型用于牛图像数据的测试结果。

4.1 Faster R-CNN模型

4.1.1 R-CNN系列发展历程简介

2014年,来自Facebook AI研究院(FAIR)的Ross Girshick等在CVPR(*Conference on Computer Vision and Pattern Recognition*)上首次发表了R-CNN(Region proposals+CNN)模型。该模型是R-CNN目标检测系列模型的开山之作,同时也是第一个将卷积神经网络成功应用到目标检测问题上的模型。在此后一年的时间中,不断有学者利用卷积神经网络构造自己的目标检测模型。2015年,Ross Girshick汲取其他学者的目标检测模型架构(特别是何恺明提出的SPPNet模型),独自提出了更快、更强的Fast R-CNN模型,该模型实现了端到端的训练步骤,改进了R-CNN模型存在的一些弊端。同年,任少卿、何恺明联合Ross Girshick等进一步改进了Fast R-CNN模型,彻底舍弃了从R-CNN模型到Fast R-CNN模型一直沿用的选择性搜索算法(Selective search),革命性地引入了锚框(Anchor)机制,提出了效率更高、更准确的Faster R-CNN模型,表4-1对比了R-CNN系列3种模型的主要技术特点。

表4-1 R-CNN系列3种模型的对比

	R-CNN	Fast R-CNN	Faster R-CNN
候选框生成	使用选择性搜索算法产生候选框(Region proposal)	使用选择性搜索算法产生候选框	在原图上预先设定锚框,通过RPN网络产生候选框
特征向量提取	一张图片提取2 000个候选框,并强制缩放到固定尺寸后送给卷积神经网络提取特征向量	整张图片送给卷积神经网络提取特征图。然后结合候选框通过RoI池化层提取特征向量	整张图片送给卷积神经网络提取特征图。然后结合候选框通过RoI池化层提取特征向量

（续表）

	R-CNN	Fast R-CNN	Faster R-CNN
特征分类	通过训练SVM（支持向量机）进行分类	通过全连接层和softmax函数对提取的特征进行分类	通过全连接层和softmax函数对提取的特征进行分类
主干网络	主干网络采用AlexNet	主干网络采用更深的VGG16	主干网络采用更深的VGG16

4.1.2　R-CNN模型

4.1.2.1　模型提出的背景简介

在Ross Girshick等提出R-CNN模型之前，研究者通常使用传统的计算机视觉方法来解决目标检测问题。然而，传统的方法极大地依赖手工设计的特征表示，使得模型的效率和准确率都不是很高。2014年的R-CNN模型首次将卷积神经网络（CNN）和目标检测问题成功地结合在一起，革命性地将目标检测模型在PASCAL VOC2007数据集的最优检测精度从29.2%提升到66.0%。

4.1.2.2　R-CNN的网络结构分析

（1）模型结构简介

R-CNN模型大体上可分为3个模块（图4-1）。其中，第一模块负责在输入图片上生成"区域建议"（Region proposals），所谓"区域建议"就是图片中可能包含目标的区域，这些区域定义了可用于检测器的候选检测集。在这一部分，R-CNN模型主要应用了"选择性搜索"的算法（Selective search）在输入的图片上产生一定数量的"区域建议"，这些"区域建议"实际上就是一个个大小不同的候选矩形框，被候选框选中的区域将被提取出来，经过"扭曲变形"后输入后续的特征提取模块[1]。

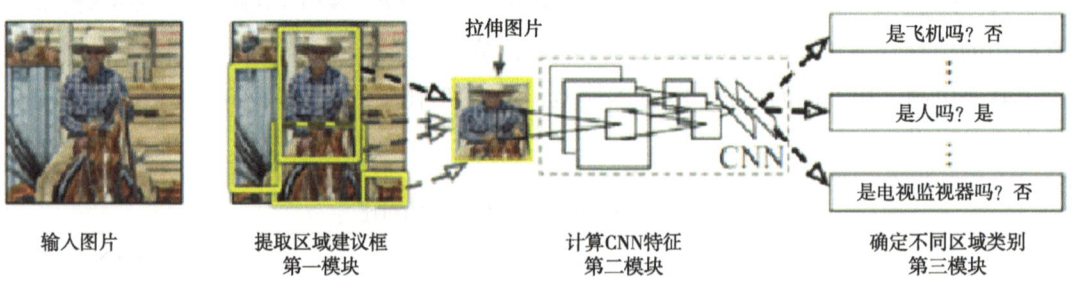

图4-1　R-CNN模型结构示意

R-CNN模型的第二模块是一个卷积神经网络，它负责从每个区域提取固定长度的特征向量。第一模块中提取得到的不同区域的RGB图像，会被"扭曲变形"变形到227×227的大小。然后，对图像进行"归一化"处理后，会经过5个卷积层和2个全连接层来计算特征。最终，每个区域会提取一个4 096维的特征向量。如图4-2所示，这里的卷积神经网络使用的是经典的网络AlexNet[2]。

可以看到，原来的AlexNet包含5个卷积层和3个全连接层，但在R-CNN中不需要最后的分类层。所以，R-CNN模型的卷积神经网络去掉了最后一层的全连接层，只使用五层卷积和两层全连接提取特征向量。

第二模块最后输出的特征向量会输入第三模块进行分类。R-CNN模型的第三模块是一组作用于特定类的线性支持向量机（SVM），由于线性支持向量机只能进行二分类，所以需要为每一个需要识别的类设计一个SVM。例如，VOC数据集有20个不同的类别，那么就需要21个SVM来进行分类（这里还包括1个背景类）。

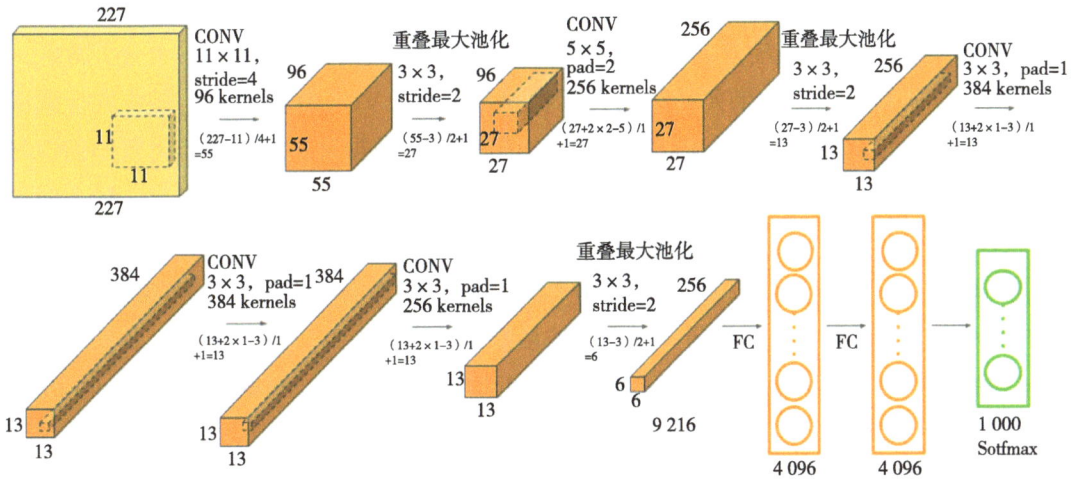

图4-2　AlexNet网络结构

注：CONV代表卷积层，stride代表卷积步长，pad代表特征图的填充宽度。

在目标检测问题中除了要考虑分类精度外，还要考虑定位精度。在R-CNN模型中训练了一个线性回归模型来对"区域建议"的位置和大小进行"精修"。这里将第二模块中最后一层池化层输出结果和"区域建议"的边界框参数输入回归模型，最后得到边界框的修正值。

如图4-3所示，在得到边界框和分类的信息后，还要进行非极大抑制（NMS）来剔除一些重复的结果（左图重复的红框被剔除，仅剩右图唯一的绿框）。

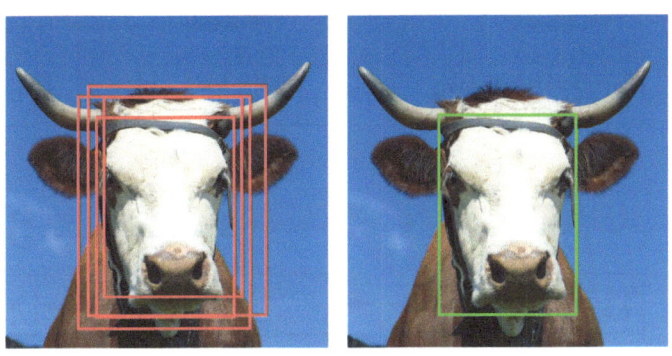

图4-3　非极大抑制算法的效果展示

（2）模型的训练

训练模型首先要用选择性搜索的算法在目标数据集上（VOC数据集）提取出"区域建议"。然后从提取出来的区域中区分正负样本：如果某个"区域建议"和当前图像上重叠面积最大的真值样本（Ground truth）的交并比（IoU）大于或等于阈值0.5，则该"区域建议"作为这个真值样本对应类别的正样本，否则作为负样本。

由于检测问题中带标签的训练样本数据量有限，所以要先进行预训练。采用著名的AlexNet（这是一个分类的网络）先在ILSVRC 2012数据集上进行训练。ILSVRC-2012数据集是个很大的分类数据集，包含1 000类的各种物体的图片。在这样的大数据集上训练可以学习到一些"通用"的特征。总的来说，预训练就是利用大数据集训练一个分类网络。

预训练的神经网络如果要应用到目标检测数据集（VOC数据集），还要进行微调（Fine-tuning）。微调就是用预训练得到的网络在VOC数据集上以一个相对较小的学习率进行随机梯度下降（SGD）训练，微调的输入是前面提取的"区域建议"，输入前要将"区域建议"变形到227×227的固定大小。另外由于ILSVRC-2012是一个1 000类的数据集，而本研究的数据集是21类（包括20个VOC类别和1个背景类别），微调的时候要对预训练网络结构进行修改，将最后一个全连接层的输出大小由1 000改成21，其他结构不变。训练结束后保存倒数第二个全连接层提取的特征向量（R-CNN不需要AlexNet的分类层，它的分类任务是由SVM实现的）。

上述保存的特征向量将会输入支持向量机（SVM）来训练针对特定类的SVM。训练前要重新划分正负样本，划分的方法和上文提到的方法一致。所不同的是，这里的交并比阈值为0.3，小于0.3"区域建议"的为负样本，其余的"区域建议"会被丢弃，而正样本就是真值边界框所包围的区域。如图4-4所示，每个"区域建议"或真值框可以通过卷积神经网络得到一个4 096维的向量，对每个类别的SVM分类器，输入这个类别的正样本和负样本进行训练，训练得到4 096个权重参数，通过这些参数可以预测每个"区域建议"的类别。

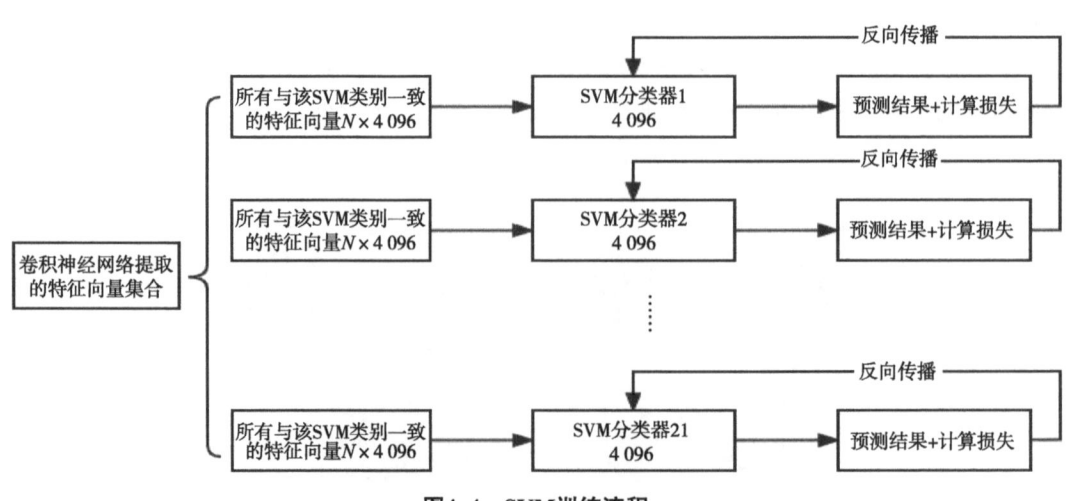

图4-4　SVM训练流程

为了提高模型的定位精度，还要训练线性回归模型对"区域建议"边界框的位置和大小进行"精修"（这个过程原文称为Bounding-box regression，即边界框回归）。首先，输入到边界框回归的数据集为 $\{(P^i, G^i)\}_{i=1,\cdots,N}$，其中 $P^i = (P_x^i, P_y^i, P_w^i, P_h^i)$，$G^i = (G_x^i, G_y^i, G_w^i, G_h^i)$。$P^i$代表第$i$个候选目标检测框（也就是"区域建议"）。$G^i$是第$i$个真值检测框。在$P^i$中，$P_x^i$代表候选目标框的中心点在原始图像中的$x$坐标，$P_y^i$代表候选目标框的中心点在原始图像中的$y$坐标，$P_w^i$代表候选目标框的宽度，$P_h^i$代表候选目标框的高度，$G^i$的4个元素可以此类推。

如图4-5所示，边界框回归所要做的就是利用某种映射关系，使候选目标框P（Region proposal）的映射目标框$\hat{G}$无限接近于真实目标框G（Ground-truth）。利用数学符号表示如下：给定一组候选目标框 $P = (P_x, P_y, P_w, P_h)$，找到一个映射f，使$f(P_x, P_y, P_w, P_h) = (\hat{G}_x, \hat{G}_y, \hat{G}_w, \hat{G}_h) \approx (G_x, G_y, G_w, G_h)$。

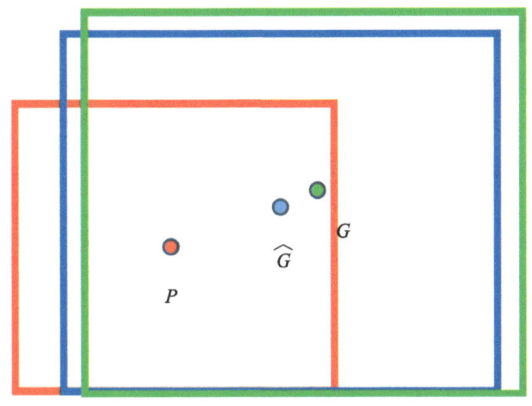

图4-5 边界框回归示意

这里的映射变换就是指平移变换和尺度变换，平移变换的计算公式如下：

$$\begin{cases} \hat{G}_x = P_w d_x(P) + P_x \\ \hat{G}_y = P_h d_y(P) + P_y \end{cases} \quad (4-1)$$

尺度变换的计算公式为：

$$\begin{cases} \hat{G}_w = P_w \exp[d_w(P)] \\ \hat{G}_h = P_h \exp[d_h(P)] \end{cases} \quad (4-2)$$

式中，每个$d_*(P)$（*表示x, y, w, h）被建模为"区域建议"P的pool5特征（就是最后一层池化层输出的结果，大小为$6 \times 6 \times 256$）的线性函数，pool5特征用$\phi_5(P)$表示，那么就表示为$d_*(P) = w_*^T \phi_5(P)$，其中，w_*是可学习的模型参数的向量。可以利用最小二乘法或者梯度下降算法求解下面的表达式：

$$w_* = \underset{\hat{w}_*}{\operatorname{argmin}} \sum_{i=1}^{N} \left[t_*^i - \hat{w}_*^T \phi_5(P^i) \right]^2 + \lambda \| \hat{w}_*^2 \| \qquad (4-3)$$

$$\begin{cases} t_x = \dfrac{G_x - P_x}{P_w} \\[4pt] t_y = \dfrac{G_y - P_y}{P_h} \\[4pt] t_w = \log \dfrac{G_w}{P_w} \\[4pt] t_h = \log \dfrac{G_h}{P_h} \end{cases} \qquad (4-4)$$

在R-CNN中，边界框回归要设计4个不同的岭回归模型分别求解w_x、w_y、w_w、w_h。

4.1.2.3 R-CNN模型中关键技术详解

（1）选择性搜索算法

一般来说，可以在图片上使用穷举法或者滑动窗口选出所有物体可能出现的区域建议框，但是这样的方法复杂度很高，会产生很多冗余。选择性搜索的算法利用了许多先验知识，可以有效提高效率和检测的精度。算法流程如下。

使用《Graph Based Image Segmentation》中提到的方法，分割输入的图像，得到分割区域的集合$R = \{r_1, \cdots, r_n\}$

初始化相似度集合S，S是$n \times n$的矩阵

For each相邻的区域对(r_i, r_j) do

    计算(r_i, r_j)的相似度$s(r_i, r_j)$

    更新相似度集合S

End

当$S \neq \phi$ do

    取S中最高的相似度$s(r_i, r_j) = \max(S)$

    对相应的区域进行合并$r_t = r_i \cup r_j$

    删除S中与r_i相关的相似度

    删除S中与r_j相关的相似度

    计算r_t与其他邻域的相似度，更新相似度集合S

    将r_t放入集合R中

End

    输出集合R中各区域的边界框

上述方法的核心是邻域间相似度的计算，相似度包括颜色相似度、纹理相似度、尺寸相似度和填充相似度。计算方法如下。

一是颜色相似度。对R中的每个区域按像素值统计成直方图。其中，每个颜色通道直方图为25 bins。这样三通道就可以得到一个75维的直方图向量 $C_i = c_i^1,...,c_i^n$。然后用L1范数对直方图向量归一化。则颜色相似度计算公式为：

$$s_{\text{color}}(r_i, r_j) = \sum_{k=1}^{n} \min(c_i^k, c_j^k) \quad (4-5)$$

二是纹理相似度。对每一个颜色通道，在8个方向上提取高斯导数（$\sigma=1$）。在每个颜色通道的每个方向上，提取一个10 bins的直方图，从而得到纹理直方图向量 $T_i = \{t_i^1,...,t_i^n\}$，其中$n=240$，然后用L1范数归一化。则纹理相似度的计算公式为：

$$s_{\text{texture}}(r_i, r_j) = \sum_{k=1}^{n} \min(t_i^k, t_j^k) \quad (4-6)$$

三是尺寸相似度。优先合并小的区域，如果仅是通过颜色和纹理特征合并的话，很容易使合并后的区域不断吞并周围的区域，后果就是多尺度只应用在局部，而不是全局的多尺度。因此需要给小的区域更多权重，保证在图像的每个位置都是多尺度合并。

$$s_{\text{size}}(r_i, r_j) = 1 - \frac{\text{size}(r_i) + \text{size}(r_j)}{\text{size}(im)} \quad (4-7)$$

式中，size(im)代表整个图像的大小，size(r_i)和size(r_j)代表分割区域内的大小。

四是填充相似度。填充相似度的计算公式为：

$$s_{\text{fill}}(r_i, r_j) = 1 - \frac{\text{size}(BB_{ij}) - \text{size}(r_i) - \text{size}(r_j)}{\text{size}(im)} \quad (4-8)$$

式中，BB_{ij}表示包含区域r_i和r_j的包围盒。size(BB_{ij})是指这个包围盒的大小。

综合上面4种相似度，可以相加得到如下相似度公式：

$$s(r_i, r_j) = a_1 s_{\text{color}}(r_i, r_j) + a_2 s_{\text{texture}}(r_i, r_j) + a_3 s_{\text{size}}(r_i, r_j) + a_4 s_{\text{fill}}(r_i, r_j) \quad (4-9)$$

式中，a_*为0或1，代表是否考虑该因素。

不同分割尺度下的选择性搜索算法结果如图4-6所示[3]。

图4-6 不同分割尺度下的选择性搜索算法结果

（2）非极大抑制算法原理

R-CNN使用非极大抑制的算法剔除重叠的结果检测框。假设对某个目标类有6个需要处理的矩形框A、B、C、D、E、F。其流程大致如下。

第一步，把这些矩形框按分类器的分类置信度做排序，假设从小到大的排序为A、B、C、D、E、F。

第二步，从最大概率矩形框F开始，分别判断A—E与F的交并比IoU是否大于某个设定的阈值。

第三步，假设B、D与F的重叠度超过阈值，那么就丢弃B、D；并标记第一个矩形框F作为保留下来的矩形框。

第四步，从剩下的矩形框A、C、E中，选择概率最大的E，然后判断E与A、C的重叠度，重叠度大于一定的阈值就丢弃，并标记E作为保留下来的第二个矩形框。

重复上述流程，直到找出所有被保留的矩形框，没有剩下的矩形框。

4.1.3 Fast R-CNN模型

4.1.3.1 模型提出的背景

R-CNN模型显著提升了目标检测算法的性能上限，但它却很难被应用到实际的系统中，因为该模型的计算过于复杂，耗时很长。从前文的分析可知，R-CNN模型的复杂性主要来自两个方面：其一，R-CNN模型需要针对大量的候选框分别进行计算；其二，该模型在特征提取后的分类器（SVM）训练和边界框回归是分阶段进行的。也就是说，在训练过程中，提取的特征要先存储在硬盘上，然后再训练SVM分类模型，最后再训练边界框回归模型。

2014年，何凯明提出了SPPNet模型，通过共享特征图，整幅图像仅需要进行一次卷积计算。尽管该模型的准确率不如R-CNN，但速度上却比R-CNN快很多。2015年，Ross Girshick针对上述两个问题改进了R-CNN模型，提出了速度更快的Fast R-CNN模型。

4.1.3.2 Fast R-CNN网络架构和训练流程

图4-7展示了Fast-RCNN结构[4]。Fast-RCNN将整张图像和一组区域建议（这里还是沿用选择性搜索的方法提取区域建议）作为输入。该网络首先用几层卷积和最大池化层处理整张图像，得到特征图像。然后，对每一个输入的区域建议，兴趣区域（RoI）池化层会提取一个固定长度的特征向量。每个特征向量都会被送到全连接层中，最后分支到两个并行的输出层：其中一个输出层负责对区域内的物体进行识别，它会在K+1个类别（K个目标类和1个背景类）上产生Softmax概率估计（与R-CNN的SVM作用相似）；另一个输出层会为K个目标类的每一个类都输出4个值，这4个值编码对应类别目标框的细化位置（R-CNN中的边界框回归）。

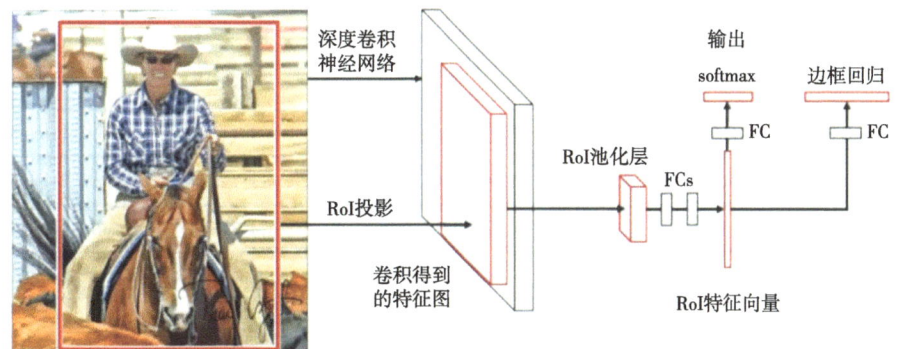

图4-7 Fast-RCNN模型的结构

（1）RoI池化层

Fast R-CNN的所有候选框（Region proposal）共享卷积层输出的特征图。对于每个候选框，都可以通过映射关系在最后一个卷积层输出的特征图上找到其对应的感兴趣区域（Region of interest，即RoI）。RoI池化层就是利用最大池化将不同RoI区域内的特征，转换为固定大小$H×W$的小特征图。每个RoI为四元组(r,c,h,w)，其中(r,c)代表其左上角的坐标，(h,w)代表RoI的高和宽。如图4-8所示，这里假设$H×W=3×3$，这里大框表示卷积得到的特征图。内部的小框表示选择性搜索算法提取的候选框，每个候选框被分成3×3的网格，每个网格内应用最大池化，提取到一个小的特征图。

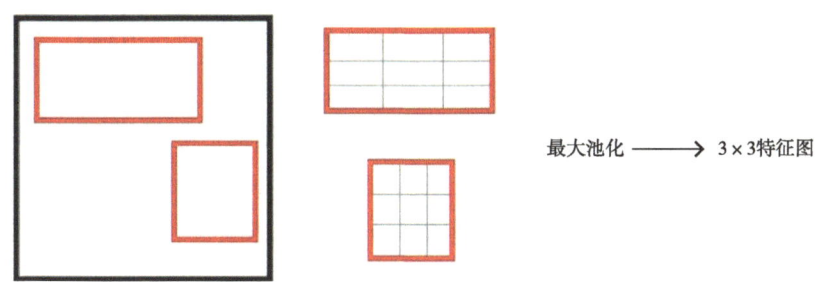

图4-8 RoI pooling层原理

（2）使用预训练的网络初始化

在发表Fast R-CNN的原文中，作者分别实验了AlexNet、VGG_CNN_M_1024和VGG16共3种在ImageNet数据集上预训练过的卷积神经网络。实验表明，更"深"的VGG16效果最好，其网络结构如图4-9所示。

当预训练网络初始化Fast R-CNN网络时，需要经历3个转换：首先，最后一个最大池化层由RoI池化层代替，该RoI池层的H和W与VGG的全连接层相兼容。然后，网络的最后一个全连接层和Softmax函数被$K+1$个类别的分类和针对特定类的边界回归层替换。最后，网络被修改成能接受两个数据的输入（即原图和图像上的RoI）。

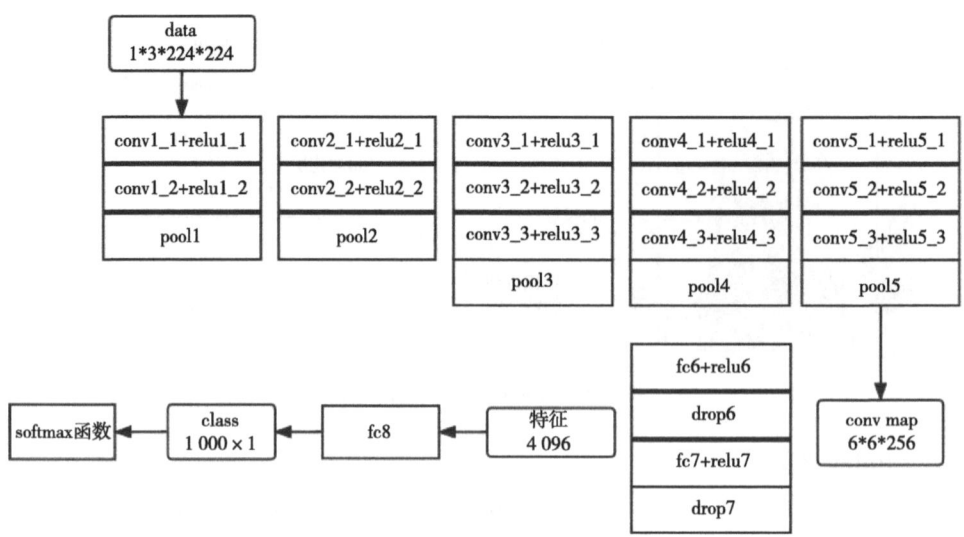

图4-9 VGG16的网络结构

（3）针对目标检测任务的微调

使用反向传播训练所有网络权重是Fast R-CNN的一项重要功能。在R-CNN和SPPNet中都无法高效地利用反向传播更新网络的权重。其根本原因在于：R-CNN和SPPNet中处理的RoI区域感受野都太大了，这些区域通常覆盖整个图像。一个Mini-batch的R个RoI来源于N张图片，即从每张图片中采样R/N个RoIs，而来自同一张图片的RoI在前向和反向传播中会共享计算和内存。这大大减少了一个mini-batch的计算，例如：当N=2，R=128时，这种方法比从128个不同的图像中提取1个RoI要快64倍。

除了分层采样之外，Fast R-CNN的训练流程更加精简。它的微调阶段联合优化了Softmax分类器和边界框回归器，而不是像R-CNN那样在3个单独阶段训练Softmax分类器、SVM和边界框回归器。微调流程的组成部分（多任务损失、小批量采样策略、通过RoI池层的反向传播以及SGD超参数）如下所述。

多任务损失

Fast R-CNN有两个并行的输出层。其中一个输出层输出的是$K+1$类离散的概率分布$p=(p_0,\cdots,p_K)$。将Softmax函数应用在一个全连接层的$K+1$维输出上可以得到上述的概率p。另一个统计的输出层会为K个目标类中的每一类k输出边界框回归偏移量$t^k=(t_x^k,t_y^k,t_w^k,t_h^k)$。其中，$(t_x^k,t_y^k)$指定了相对于候选框比例不变的平移量，$t_w^k$，$t_h^k$是对数空间中相对于候选框的偏移。

每个训练RoI都标有真值的类别u和真值的边界框回归目标v。在每个标记的RoI上使用多任务损失L来联合训练分类器和边界框回归：

$$L(p,u,t^u,v)=L_{cls}(p,u)+\lambda[u\geqslant 1]L_{loc}(t^u,v) \qquad (4\text{-}10)$$

式中，$L_{cls}(p,u) = -\log p_u$ 是真实类的对数损失值。而 L_{loc} 是在类别 u 对应的真实边界框回归目标数组 $v = (v_x, v_y, v_w, v_h)$ 和预测数组 $t^u = (t_x^u, t_y^u, t_w^u, t_h^u)$ 定义的损失函数。[$u \geq 1$] 是一个"艾弗森括号指示器"，当 $u \geq 1$ 时这里取1，否则这里取0。因为习惯上把背景的类别 u 设为0，所以这里的实际意义是在RoI为背景时不考虑 L_{loc}。边界框回归的损失函数如下：

$$L_{loc}(t^u, v) = \sum_{i \in \{x,y,w,h\}} \text{smooth}_{L_1}(t_i^u - v_i) \tag{4-11}$$

$$\text{smooth}_{L_1}(x) = \begin{cases} 0.5x^2 & |x| < 1 \\ |x| - 0.5 & |x| \geq 1 \end{cases} \tag{4-12}$$

式4-10中的超参数 λ 控制着两个任务损失之间的平衡。这里将真值的边界框回归目标 v_i 归一化均值为0，标准差为1的变量。

小批量采样

微调阶段每次随机梯度下降（SGD）的Mini-batch由随机选取的2张图片（$N=2$）构建。该模型使用 $R=128$ 的Mini-batch，也就是从每个图片中选取64个RoIs。这64个RoI中，25%是前景目标，75%是背景。划分前景、背景的依据是RoI对应建议框和真值框的交并比（IoU）。当IoU ≥ 0.5 时，RoI作为前景目标（也就是 $u \geq 1$），当 $0.1 \leq$ IoU < 0.5 时，RoI作为背景（$u=1$）。另外，在训练的过程中，为了增加样本的多样性，一般会使用50%的概率随机水平翻转图像，以此进行样本扩充。

RoI池化层反向传播方法

训练过程中，需要计算ROI池化层的前向传播和后向传播。这里假设一个小批次的所有ROI都来自1张图像（前向传播的过程，对每张图像都是独立处理的，因此 $N>1$ 的情况类似，可以直接推广过去）。设 x_i 是RoI的第 i 个输入，y_{rj} 是RoI池化层对第 r 个RoI进行最大池化后的第 j 个输出。经过RoI池化层的前向传播 $y_{rj} = x_{i^*(r,j)}$。其中，$i^*(r,j) = \text{argmax}_{i' \in R(r,j)} x_{i'}$，$R(r,j)$ 表示所有以 y_{rj} 为最大池化输出的所有 x 对应的索引的集合。

对于反向传播，损失函数相对于RoI层的输入 x_i，偏导数为：

$$\frac{\partial L}{\partial x_i} = \sum_r \sum_j [i = i^*(r,j)] \frac{\partial L}{\partial y_{rj}} \tag{4-13}$$

上式的意义是：当 i 节点被 j 节点选为最大池化的输出时，x_i 的梯度等于所有池化后输出 y_{rj} 的梯度之和（因为RoI之间会有重叠）。

（4）尺度不变性

存在两种实现尺度不变目标检测的方法：方法一是使用蛮力学习的方法（比如R-CNN），在这个方法中，训练和测试期间，每个图像都以预定义的像素大小进行处理，网络必须从训练数据中直接学习尺度不变的目标检测；方法二是通过应用图像金字塔为网络提供近似的尺度不变性，如图4-10所示，图像金字塔是一系列以金字塔形状排列的、自底向上分辨率逐渐降低的图像集合。

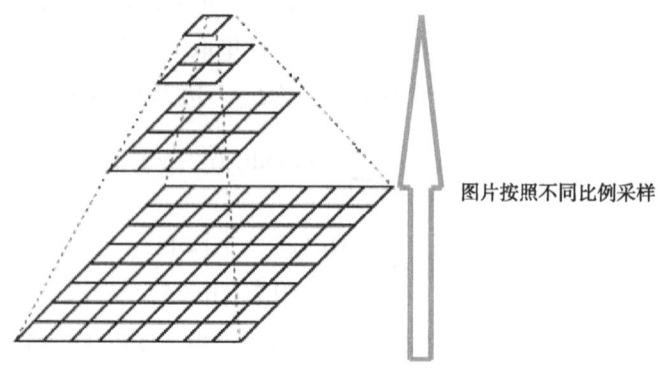

图4-10 图像金字塔

为了适应不同的尺度目标，可以在每次图像采样时随机选取金字塔尺度训练具有多尺度检测能力的模型；也可以在测试的时候，构造图像金字塔，使用模型在金字塔的每一层进行测试，以此提高模型对多尺度目标的检测能力。

（5）网络测试过程

在基于Fast R-CNN进行测试的时候，首先通过选择性搜索（Selective search）的方法，在原始图像上生成2 000个左右的候选框，对于每个候选框，使用训练好的模型进行预测，预测结果为各个类别的分类概率，以及每个分类所对应的包围盒相对于原始候选框位置的偏移量和缩放尺度。待所有的候选框都预测完毕，会得到大量的包围盒，使用前文介绍的非极大值抑制方法对包围盒进行合并，就得到了最终的预测结果。

4.1.4 Faster R-CNN

4.1.4.1 模型提出的背景简介

像Fast R-CNN、SPPNet这样的网络已经很大程度上减少了检测的运行时间，但它们在检测开始前使用选择性搜索算法来提取区域建议的操作还是极大地限制了整个检测流程的速度。为了使RCNN系列的目标检测网络能更快，2016年，Ross联合何凯明、任少卿等提出了Faster-RCNN模型。这个新的模型创新地提出了一个候选区域网络（RPN），该网络与检测网络共享整图的卷积特征，使生成区域建议的计算开销几乎为0。Faster R-CNN将特征提取、区域建议提取、边界框回归以及分类都整合在一个网络中，使得网络的综合性得到很大的提高，这一点在检测速度上尤为明显。

4.1.4.2 Faster R-CNN网络结构分析

如图4-11所示，Faster R-CNN可以分为4个主要部分：首先是卷积层（Conv layers），这一部分主要是利用卷积神经网络从输入的图片中提取特征图像。提取的特征图会被用在后续的RPN网络和全连接层；然后是RPN（Region proposal networks），这个网络用于生成区域建议（Region proposals）；接着是RoI pooling，该层收集输入的特征图和区域建议，池化后送入后续全连接层判定目标类别；最后是Classifier部分，该部分利用RoI pooling处理后的特征图计算每个区域建议的类别，同时利用边界框回归获得边界框的精确位置[5]。总的来看，Faster R-CNN其实就是在Fast R-CNN的基础上添加了全新的RPN网络。

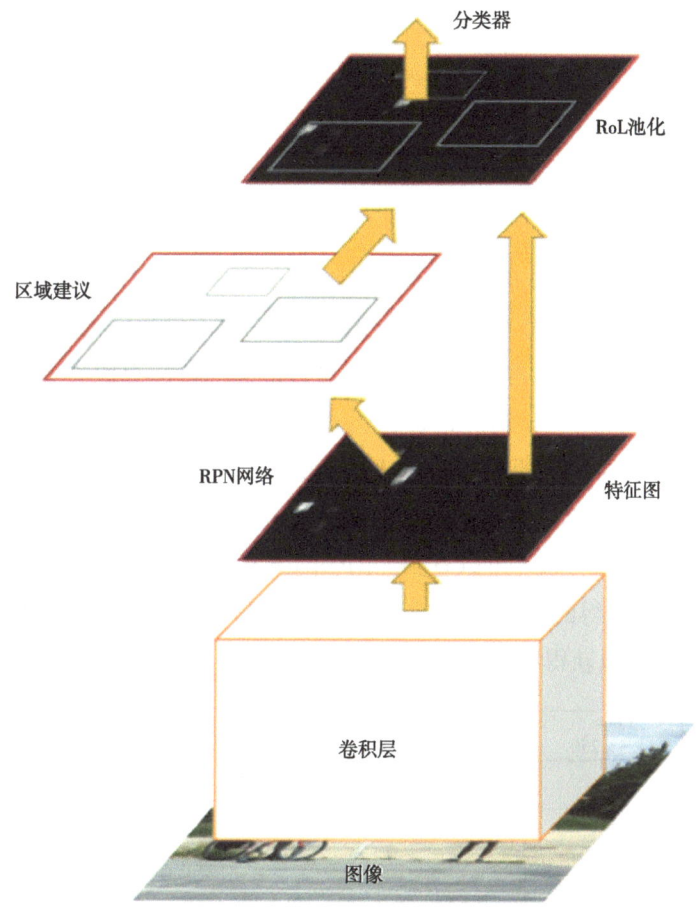

图4-11　Faster R-CNN网络结构

（1）RPN（Region proposal networks）

RPN接收一张任意大小的特征图作为输入，会输出一组矩形候选框，每个候选框还有一个目标得分。要实现这一过程，RPN须使用全卷积网络（FCN）对该过程进行抽象建模。

提到RPN，首先要介绍一下锚框（Anchor box）。如图4-12显示，锚框其实就是以锚点为中心，在上面生成的一系列矩形。

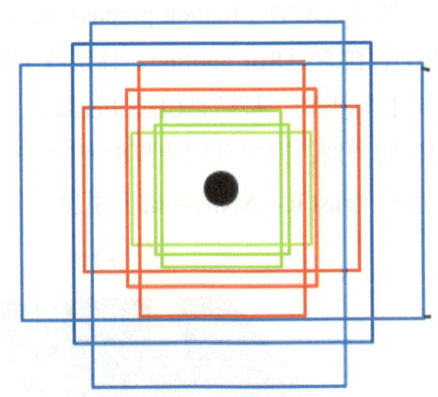

图4-12 锚框

这些矩形的大小、长宽比例都是预先设定好的。以设计者实验中效率最高的一种组合为例，$\{128^2, 256^2, 512^2\}$3种尺寸和$\{1:1, 2:1, 2:1\}$三种不同的宽高比相组合就能在每个锚点上产生$K=9$个锚框。假设输入一张图片，经过前面的特征提取之后，得到一张$M \times N$大小的特征图（通道数为C），对应地将原图划分为$M \times N$个区域。通过Anchor机制，可以在特征图每个像素点所对应原图区域生成K个可能存在目标的锚框。RPN网络就是要从该$M \times N \times K$个锚框中提取区域建议（Region proposals）。

RPN的结构如图4-13所示。可以看到，RPN网络基本上分两条线路，上面的一条线路主要是通过Softmax对获得的Anchors进行正负样本的二分类。下面的线路是计算Anchors边界框的回归偏移量，以获得精确的建议框。

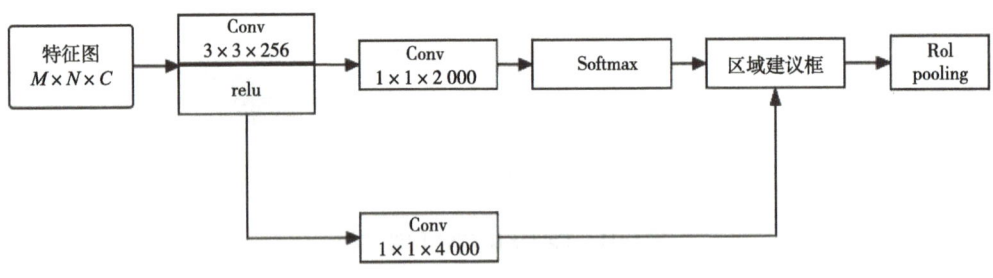

图4-13 RPN网络结构

输入的特征图先要经过3×3的卷积，卷积后输出$M \times N \times 256$的特征图。特征图上的每个点有K个锚框，经过上面的线路，每个锚框要区分正负样本。那么，特征图经过1×1卷积后每个点由256维的特征转化为$2 \times K$维的得分（每个锚框有1个正样本得分和1个负样本得分）。同样，经过下面的线路，每个锚框都有(x, y, w, h)对应的4个偏移量。所以，经过卷积后特征图每个点由256维的特征转化为$4 \times K$维的边界回归偏移量。最后的Proposals层负责综合所有的边界框变化量和锚框，进一步计算出精准的区域建议，送入后续的RoI池化层。

Proposals层的前向传播流程如下：①对所有的锚框做边界框回归，得到准确的边界框。②按照输入的正样本得分对锚框进行由大到小的排序，提取前T个锚框（即正样本锚框）。③对超出图像边界的锚框进行限制。④剔除尺寸很小的正样本锚框。⑤对剩余的正样本锚框做非极大抑制，输出得到的锚框。

（2）Faster R-CNN训练流程

Faster R-CNN是分阶段交替训练的（虽然发表Faster R-CNN的作者在GitHub上也提供了一次完成训练的项目，但这里与首次发表的论文描述一致）。训练过程分以下6步：①在预训练的特征提取网络上（如VGG16），训练RPN网络。②利用上一步骤训练的RPN网络提取区域建议（Region proposals）。③利用上一步骤提取的区域建议第一次训练Fast R-CNN网络（具体可见前文Fast R-CNN模型）。这个Fast R-CNN是单独训练的，它的特征提取卷积网络和前面的RPN网络是不共享的。④利用上一步骤训练好的Fast R-CNN检测网络到初始化RPN网络进行训练，也就是说这时候RPN网络和Fast R-CNN网络的特征提取网络是共享的。这里要固定共享的卷积网络（设置学习率为0），然后只微调RPN独有的层。⑤利用上一步骤重新训练的RPN网络再次提取区域建议（Region proposals）。⑥最后，固定共享的卷积层，利用上一步骤提取的区域建议微调Fast R-CNN网络独有的层。

（3）训练RPN网络

为了训练RPN，这里为每个锚框分配一个二分类的标签（区分正负样本）。这里将两种锚框划分为正样本：第一种是与真值框（Ground truth）交并比（IoU）最大的锚框；第二种是与真值框交并比大于0.7的锚框。相对应的，如果一个锚框与所有的真值框的交并比都小于0.3，则将该锚框划分为负样本。其他的既不是正样本也不是负样本的锚框没有任何作用。当然，选出来的正负样本不会全用来训练，程序会随机选择128个正样本和128个负样本组成一个Mini-batch进行训练。如果一张图片中正样本的数量少于128个，则用负样本来补充。

有了上面的定义，RPN网络针对单张图片的损失函数计算方法如下：

$$L(\{p_i\},\{t_i\}) = \frac{1}{N_{cls}}\sum_i L_{cls}(p_i, p_i^*) + \lambda \frac{1}{N_{reg}}\sum_i p_i^* L_{reg}(t_i, t_i^*) \qquad (4\text{-}14)$$

式中，i指的是一个Mini-batch数据中一个锚框的索引序号，p_i是该锚框经过网络得到的概率分数，表示它是一个检测目标的概率。p_i^*是真值框的概率，如果锚框是正样本，则p_i^*为1，否则p_i^*为0。t_i是预测边框的4个值组成的向量，t_i^*是正样本对应的真值框向量。分类损失函数L_{cls}是一个二分类的log损失函数 $L_{cls}(p_i, p_i^*) = -\log[p_i p_i^* + (1-p_i)(1-p_i^*)]$。回归损失函数$L_{reg}$是一个smooth L1损失函数。$p_i^* L_{reg}$的含义是边框回归的损失值只对正样本（$p_i^*=1$）起作用，其他情况（$p_i^*=0$）是不起作用的。这两个多项式分别使用$N_{cls}$和$N_{reg}$进行归一化，并使用$\lambda$进行加权控制。默认情况下，$N_{cls}=256$，$N_{reg}\approx 2400$，$\lambda=10$。

对于RPN中的边界框回归，需要将边界框的坐标参数化，如下式：

$$t_x = (x - x_a)/w_a, \ t_y = (y - y_a)/h_a,$$
$$t_w = log(w/w_a), \ t_h = log(h/h_a),$$
$$t_x^* = (x^* - x_a)/w_a, \ t_y^* = (y^* - y_a)/h_a,$$
$$t_w^* = log(w^*/w_a), \ t_h^* = log(h^*/h_a)$$

（4-15）

式中，(x,y,w,h)分别表示了边界框的中心点坐标和它的宽和高。变量x、x_a、x^*分别表示预测框、锚点框和真值框的值（其他的y、w、h也以此类推）。

RPN网络可以通过反向传播和随机梯度下降（SGD）进行端到端的训练，训练遵循"以图片为中心"的采样策略。每一个Mini-batch数据都来自同一张图片。

4.1.5 实验代码分析与Faster R-CNN模型训练与测试

在进行Faster R-CNN模型的训练和测试之前，需要准备以下内容。

一是数据集。准备一个包含图像和对应标注的数据集。确保数据集中每个图像都有标注信息，包括目标类别和边界框。请扫描附录中的二维码，从对应部分的Data文件夹中获取案例的奶牛目标检测数据集。

二是模型代码。下载或编写Faster R-CNN模型的实现代码。PyTorch、TensorFlow等深度学习框架通常都有现成的实现可用。Github上的Faster R-CNN实现，请扫描附录中的二维码，参考对应部分的Code文件夹。

三是预训练模型。下载一个在大规模数据集上预训练好的Faster R-CNN模型（如ImageNet）。这将作为初始化参数，在训练过程中帮助网络更快地收敛。

接下来对Faster R-CNN模型进行训练和测试，步骤如下。

第一步，数据加载与预处理。使用适当的数据加载器加载并预处理训练和测试数据。这可能涉及图像调整大小、归一化、增强等操作，以及生成目标类别编码、边界框坐标等格式化信息。

第二步，模型构建与初始化。根据你选择的深度学习框架，构建Faster R-CNN，并使用预训练模型初始化网络权重。如果没有预训练模型可用，也可以随机初始化权重并从头开始训练。

第三步，损失函数定义。选择适当的损失函数来衡量目标检测任务中预测结果与真实值之间的差异。常用损失函数包括交叉熵损失和边界框回归损失等。

第四步，优化器设置与反向传播。选择合适的优化器（如SGD、Adam）来更新网络参数，并定义反向传播算法计算梯度和更新参数。

第五步，训练迭代循环。在每个迭代循环中，将批量样本输入到网络中进行前向传播计算，并根据定义好的损失函数计算损失值。然后，通过反向传播方法计算梯度并更新网络权重。

第六步，测试过程与评估指标计算。使用经过训练的模型对未见过的测试集进行推理，并根据一些评价指标（如精确率、召回率、平均精确率均值mAP等）评估检测性能。

第七步，参数调整与优化策略。根据验证集上得到结果调整超参数，并尝试不同学习率策略或正则化方法来提高性能和泛化能力。

以上是Faster R-CNN模型训练和测试流程中的常见步骤，请注意，在具体实施时还需要根据所选的深度学习框架以及具体任务需求做相应调整。相关代码解释和运行过程截图等，请扫描附录中的二维码，参考对应的部分。

本书的实验代码来自GitHub，链接为https://github.com/bubbliiiing/faster-rcnn-pytorch。试验数据为本书作者团队试验的部分数据，数据集名称为cow300（请扫描附录中的二维码，从对应部分下载），在牛脸数据集上的测试结果如图4-14所示。

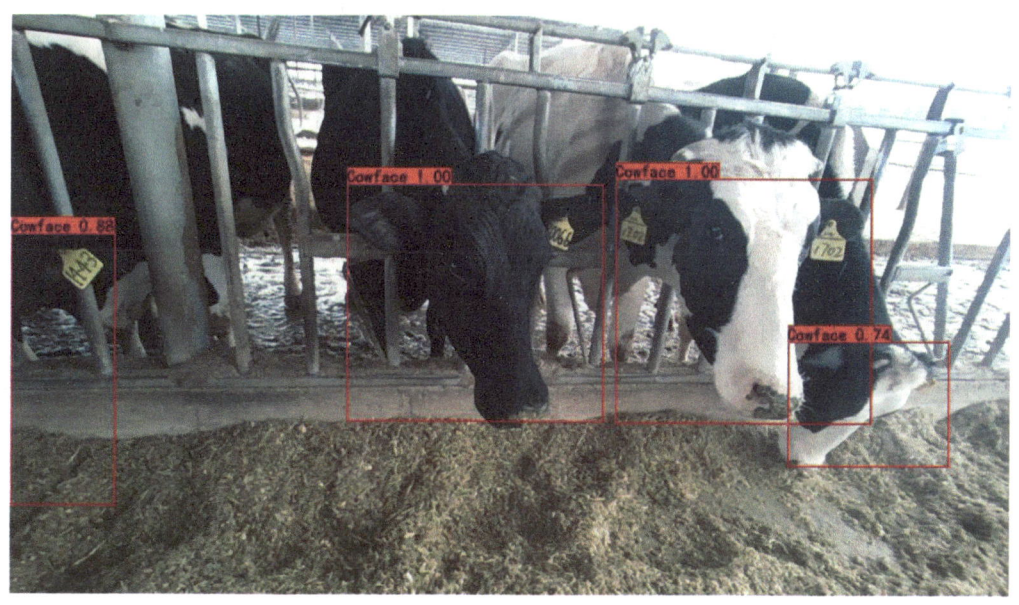

图4-14　Faster R-CNN牛脸检测结果

从图4-14可以看到，Faster R-CNN模型检测出了所有的牛脸（甚至包括图片中最左边不完整的牛脸），并且这些检测结果的置信度都比较高。从结果来看，边界框的位置和大小都比较贴合牛头上要提取的牛脸部分。

4.2　FPN模型

4.2.1　研发团队介绍及算法简介

FPN（Feature pyramid networks）是一种用于目标检测和语义分割任务的计算机视觉算法，由Lin等在2017年提出[6]，并在Facebook AI Research（FAIR）团队开发和推广。该团队是Facebook旗下的研究机构，致力于推动人工智能和机器学习领域的前沿研究，开发创新的AI技术，并将其应用于Facebook的产品和服务中。

FPN的目标是解决多尺度物体识别的问题。在传统的目标检测算法中，使用单一尺度的特征图来检测不同大小的物体会导致识别效果不佳。FPN通过构建特征金字塔来解决这个问题，该金字塔包含了多个尺度的特征图，使得算法可以在不同尺度上进行准确的物体检测。

FPN的核心思想是通过自顶向下的方式生成多尺度的特征图。算法首先通过一个基础网络（如ResNet）提取图像的底层特征，然后通过上采样操作将底层特征映射到较高分辨率的特征图。这些特征图被称为"金字塔"的顶层。接着，FPN通过自上而下的方式将高分辨率的特征图与底层特征图进行融合，以获得更丰富的语义信息。最终，FPN将融合后的特征图用于目标检测或语义分割任务。

通过使用FPN，算法可以同时利用底层特征图的高分辨率信息和顶层特征图的丰富语义信息，从而在不同尺度上实现准确的目标检测和语义分割。FPN在许多计算机视觉任务中取得了显著的性能提升，并成为目标检测和语义分割领域中的重要算法之一。

4.2.2 网络结构详解

FPN主要由3个步骤组成：自底向上的网络构建、自顶向下的特征传播和横向连接。

第一步为自底向上的网络构建，如图4-15中这一组金字塔所示[6]。FPN使用一个基础网络来提取输入图像的特征，基础网络通常是一个卷积神经网络（如ResNet），负责从原始图像中提取高级语义特征。自底向上的通路是卷积网络正向传播的过程，在此过程中会生成一个包含多级特征图的特征层级。在ResNet上，笔者使用每阶段最后一个残差块的激活输出作为特征层级。如图4-16所示的Faster R-CNN网络结构，这些输出被定义为$\{C2,C3,C4,C5\}$，分别对应于Conv2、Conv3、Conv4和Conv5的输出，步长分别为$\{4,8,16,32\}$。不使用Conv1的输出，因为其内存占用较大。

第二步为自顶向下的特征传播，如图4-15中（4，5，6）这一组特征金字塔所示。首先，输入图像通过一个基础网络（如ResNet）进行特征提取。基础网络通常包含多个卷积层和池化层，用于提取图像的特征。为了将底层特征图的分辨率逐渐增加，FPN使用上采样操作。上采样的方法包括反卷积、双线性插值等。通过上采样，顶层特征图的分辨率可以逐渐接近底层特征图的分辨率。在此递归过程中，上采样后的特征图与下层特征图通过相加进行融合，目的是将高分辨率的细节信息与丰富的语义信息相结合。通过自顶向下的特征传播，FPN构建了一个特征金字塔，其中包含了多个尺度的特征图。这使得算法能够在不同尺度上进行准确的物体检测和语义分割，从而提升了算法的性能。

第三步为横向连接，如图4-15中从（1，2，3）到（4，5，6）水平方向上的连接。从金字塔的底部开始，FPN进行横向连接。每一层的特征图都会通过一个1×1的卷积操作生成一个额外的特征图，该特征图与上一层特征图进行融合以跨层级传递更丰富的语义信息。

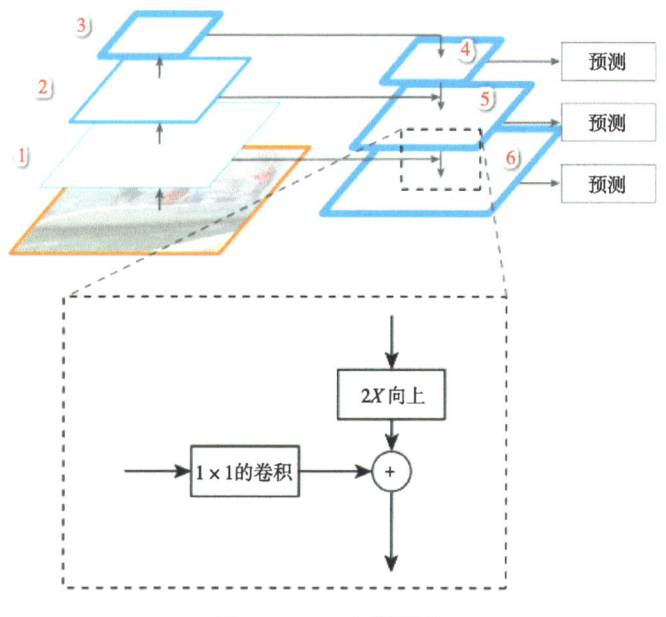

图4-15 FPN网络结构

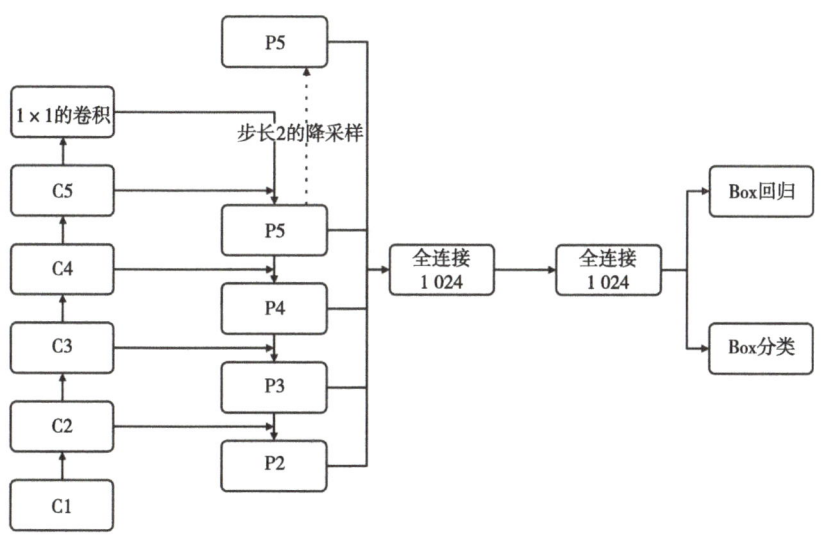

图4-16 Faster R-CNN网络结构

如图4-17所示，FPN进行横向连接的过程如下。首先，通过上采样操作将特征图的尺寸扩大为原来的2倍，同时通过1×1卷积对上层特征图进行通道降维的处理。然后，将上采样后的特征图与对应的下层特征图进行元素级相加的操作。例如，C5复制得到M5，对M5进行2倍上采样操作，并对C4进行1×1卷积降维处理，然后将两者对应元素相加得到M4。通过这样的自上而下网络和横向连接操作，就构成了金字塔结构的特征层级（4，5，6）。其中，横向连接的操作是降维后的C4与上采样后的M5进行相加。

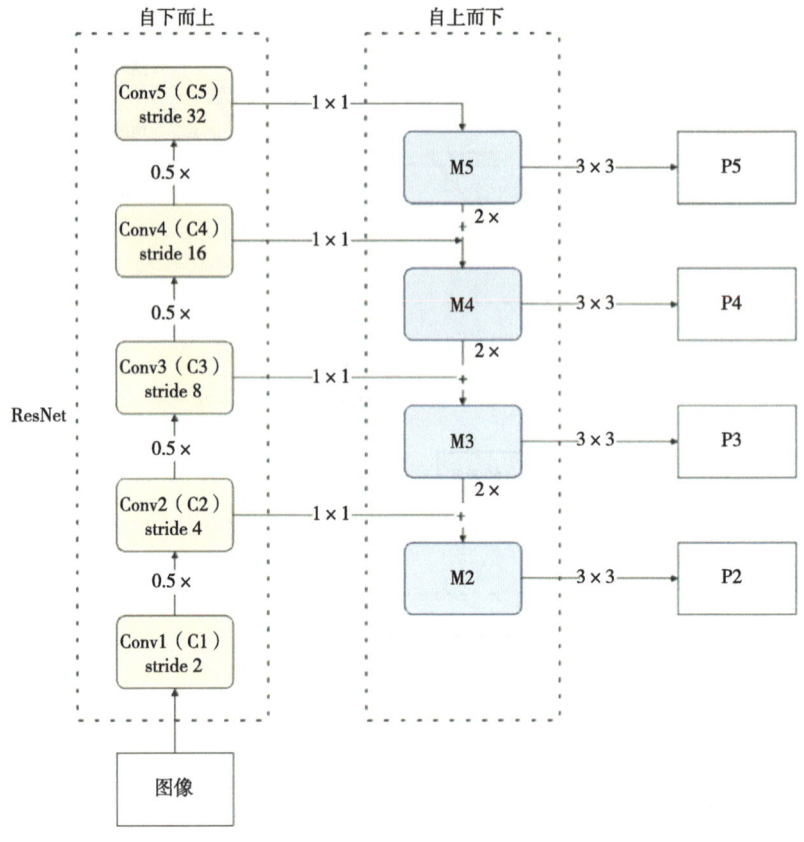

图4-17　FPN操作示意

上采样的方法使用最近邻插值法，也称作零阶插值，即令变换后像素的灰度值等于距它最近的输入像素的灰度值，最近邻插值法可应用于图像的缩放。其坐标变换计算公式为：

$$srcX = dstX \times \left(\frac{srcWidth}{dstHeight}\right) \quad (4-16)$$

$$srcY = dstY \times \left(\frac{srcHeight}{dstHeight}\right) \quad (4-17)$$

图像缩放操作往往需要根据目标图像中某个像素的横、纵坐标（dstX和dstY），以及目标图像的长、宽（dstWidth和dstHeight）来确定原图像中相应位置的坐标（srcX和srcY）。设原图像的宽度和高度分别为srcWidth和srcHeight。

如srcWidth/dstWidth的值小于1，表示目标图像要比原图像放大。此情况下，应按比例将dstX映射到原图像的srcX。如srcWidth/dstWidth＝0.5，则dstX乘以0.5后得到的值即为对应的srcX，如此可保持放大后图像的相对位置关系。如srcWidth/dstWidth＝1，意味着目标图像的尺寸与原图像相同。在这种情况下，可简单地将原图像复制到目标图像中对应的位置,不进行任何缩放或拉伸。总结起来即通过计算目标图像中像素的位置与原图像中对应位置之间的映射关系,实现图像的放大操作。

如图4-18所示,假设要将一个2×2像素大小的原始像素块放大到为4×4像素,而"?"所标识的像素坐标为(3,2),根据式4-1、式4-2,$srcX = 3 \times (2/4) = 1.5$,$srcY = 2 \times (2/4) = 1$;像素坐标是整数型的,一般四舍五入取最近邻,所以最终的结果为(2,1),对应图中的黄色。

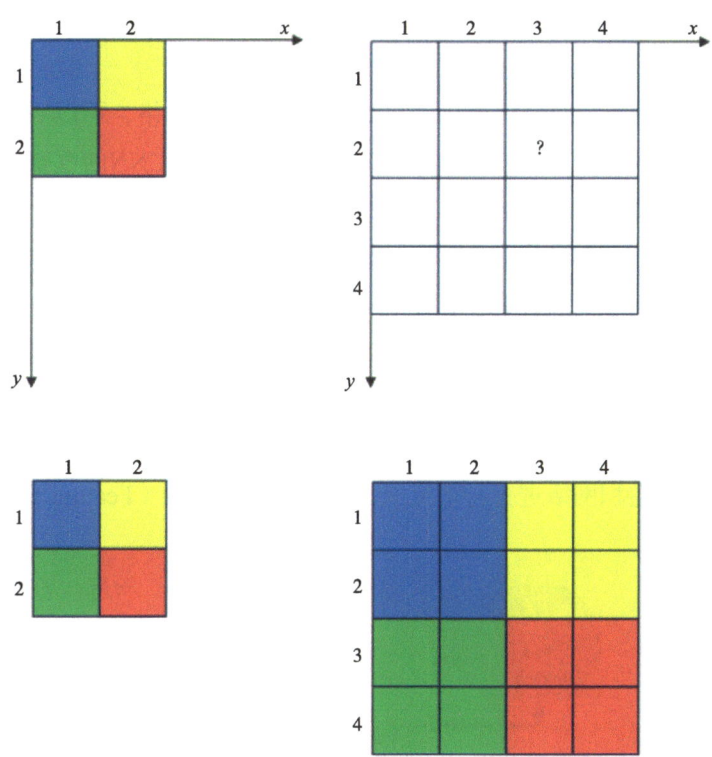

图4-18 最近邻插值法示例

4.2.3 FPN实验代码分析与案例测试

本部分主要针对FPN算法中的关键代码进行注释与分析,代码参考Github源码链接是https://github.com/unsky/FPN,官方代码的实现是FPN加上ResNet实现。相关代码解释和运行过程,请扫描附录中的二维码,参考对应的部分。

4.3 Mask R-CNN模型

4.3.1 研发团队简介

2017年,何恺明等在 *International Conference on Computer Vision*(ICCV)首次发表了关于Mask R-CNN模型的论文。何恺明本科就读于清华大学,博士毕业于香港中文大学多媒体实验室；2011年加入微软亚洲研究院（MSRA），主要研究计算机视觉和深度学习技术；2016年加入Facebook AI Research（FAIR），担任研究科学家。何恺明作为第一作者曾获得CVPR 2009、CVPR 2016和ICCV 2017的最佳论文奖，其发表的关于ResNet的论文目前已经被引用超过10万次，而关于Mask R-CNN的论文也获得了ICCV 2017最佳论文奖。

4.3.2 算法原理描述

4.3.2.1 Mask R-CNN基本框架

Mask R-CNN是一个实例分割算法，它是一个多任务的网络，可以用来做目标检测、目标实例分割、目标关键点检测。Mask R-CNN基于Faster R-CNN的框架，在基础特征网络之后又加入了全连接的分割网络，由原来2个任务（分类+回归）变为3个任务（分类+回归+分割）[7]。Mask R-CNN采用和Faster R-CNN相同的两个阶段，对Faster R-CNN的每个建议框（Proposal box）都使用FCN网络进行语义分割。

在Faster R-CNN的基础上，Mask R-CNN增加了一个用于语义分割的分支，对物体检测和语义分割进行结合。其框架如图4-19所示。Mask R-CNN在Faster R-CNN框架的基础上增加了Mask的支路，这使得Mask R-CNN不仅能定位目标，而且能对目标进行准确的分割。输入的图像经过卷积网络进行特征提取，将得到的特征图（Feature map）输入RPN网

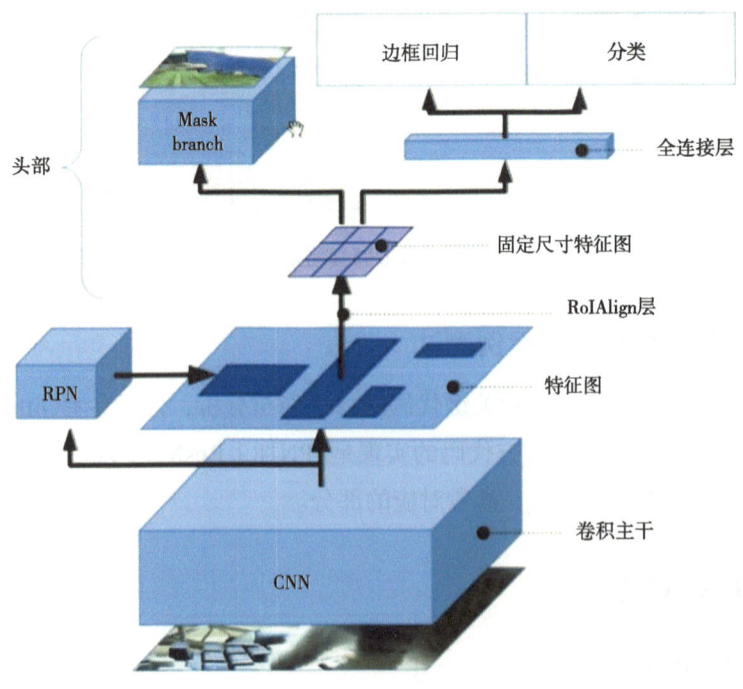

图4-19　Mask R-CNN框架

络进行锚框筛选后得到可能存在目标的感兴趣区域（Region of interest，RoI），将RoI输入RoIAlign层，通过双线性插值的方式被映射成固定维数的特征向量，最后将映射后的特征分成分类、定位回归和掩码分割3条分支进行输出。

4.3.2.2 主干网络设计

Mask R-CNN的主干特征提取网络，和Faster R-CNN一样都可以选择VGG16、ResNet101、ResNet50等。由于ResNet101卷积层较深、性能更加优于其他卷积神经网络，常规Mask R-CNN网络大多使用ResNet101作为图像特征提取网络并使用FPN（Feature pyramid networks）作为图像特征融合网络，共同作为模型主干网络。在上述主干网络中最终产生的特征图集合上，再使用RPN（Region proposal network）网络，生成多个建议区域框出来。然后，将这些建议区域框分别对应生成RoI，用于后面的图像分类、目标框的定位以及目标框中掩码图的识别等。

4.3.2.3 特征金字塔网络（Feature pyramid networks，FPN）

在卷积神经网络生成的特征图中，低层特征图尺寸大、分辨率高，而深层特征图更抽象、利于分类。Faster R-CNN模型属于单尺度的目标检测模型，即它只使用了CNN最后一个卷积层的特征图。如果原图当中存在小目标，则可能会因为损失目标信息而无法检测。FPN可以融合高层和低层的特征图信息，属于多尺度的目标检测。ResNet101与FPN网络的流程图如图4-20所示，其中ResNet101训练得到5个stage，对于输出C1、C2、C3、C4、C5，将其传入到FPN网络中，实现了C1—C5的特征融合，得到图像不同分辨率下较好的外表信息和位置信息，同时，可以得到较强的语义信息。原始图像首先经过5个卷积层分别生成C1—C5的特征图，C5横向连接使用1×1的卷积核来降低通道数，使之与C4通道数相匹配，进而得到M5，并对M5进行2倍的上采样，使之与C4尺寸相同；然后将C4横向连接1×1卷积核，

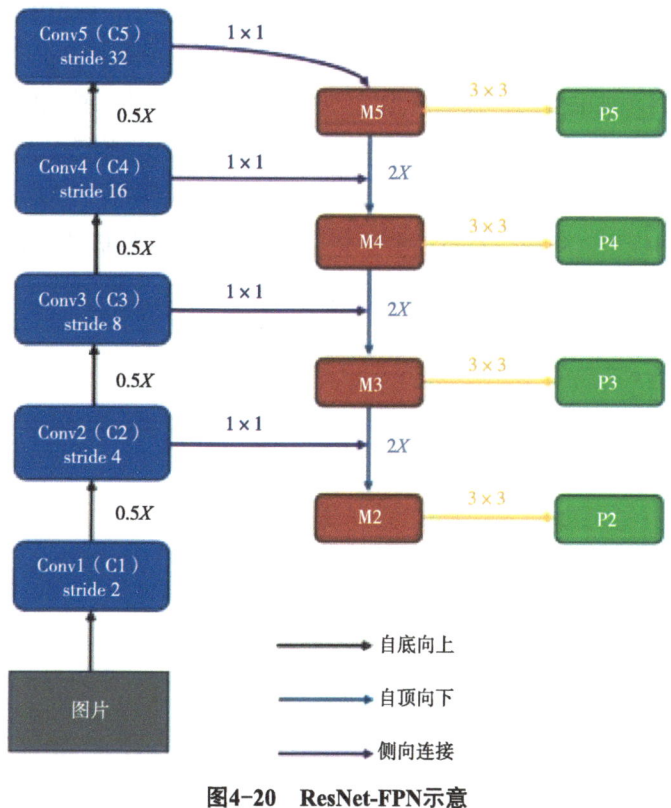

图4-20　ResNet-FPN示意

再与上采样之后的M5相加得到M4；接着将M4进行2倍上采样与C3横向连接并相加得到M3；以此类推，生成图中的M2。最后，对每个M系列的特征图还需要做一个3×3的卷积操作，来消除相加运算带来的混叠效应，最终的输出是P2、P3、P4、P5特征图[8]。

4.3.2.4 区域候选网络（Region proposal network，RPN）

区域候选网络RPN首先在Faster R-CNN中被提出，其作用是生成高质量的区域候选框。输入是卷积神经网络从原始图像提取到的特征图，通过在特征图逐像素生成Anchor，再对Anchor进行回归偏移（位置及尺寸修正）和分类（二分类，判断是否包含Object），来确定最终的候选区域。RPN的实现方法和步骤可参考Faster R-CNN中的内容。

4.3.2.5 RoI align操作

在Mask R-CNN中的第二点改进为使用RoI align替代RoI pooling，改进的目的是使原图区域到特征图谱区域的映射关系中的量化误差减小。在语义分割这种精细程度很高的任务中，由于需要对每个像素点进行精细预测，如果使用RoI pooling，则会损失很多信息并且产生错位现象，从而导致分割不精准。例如，原始图像经过CNN之后假设生成了一个7×7大小尺寸的特征图，现有一个候选区域RoI的大小为5×4，希望固定尺寸大小为2×2，则需要对该RoI划分格网，但由于5/2=2.5，并不是整数，所以只能按3和2进行格子的划分，然后取每个格子中的平均值或最大值进行池化，即RoI pooling会导致格子划分的大小不一样。因此，提出RoI align方法，即通过保留小数信息实现真正像素点之间的对应。

如图4-21（a）所示，一张7×8的特征图，绿色框是生成的RoI，假设需要得到一个2×2大小的输出，首先直接对这个边界框进行均等的划分，划分为4个小格子，然后把每个小格子再等分为4个小区域，对每个小区域取其中心点，这个点的值是由它周边特征图上距离它最近的4个真实像素点的值经过双线性插值得到的，图4-21（b）为其中一个中心点采用双线性插值计算的示意图。

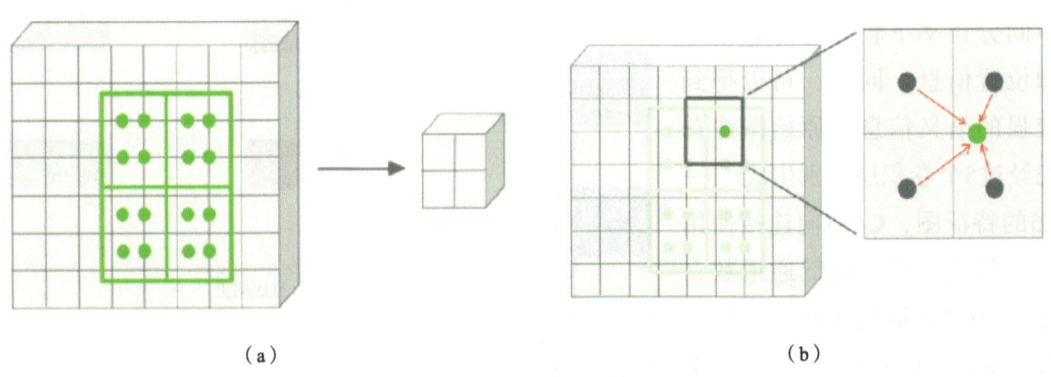

（a） （b）

图4-21 RoI align操作

4.3.2.6 Mask分支

使用原始图像经过ResNet-FPN会输出多个尺度的特征图,这些特征图经过RPN可以到多个RoI,这些RoI会通过在相应的特征图上切割产生候选区域,然后进行RoI align使这些不同大小的候选区域固定统一尺寸,最后分别实现目标的分类、检测以及分割任务。与Faster R-CNN不同的是,Mask R-CNN增加了一个Mask掩膜分支部分,通过连接全卷积神经网络来对特征图中的每个像素点进行分类,从而实现像素级的目标分割工作。Mask分支本质上是一个FCN网络,由于Mask R-CNN已有特征提取网络进行特征提取,故此处仅进行FCN网络的上采样操作,将输出特征图还原至原始图像尺寸,再生成每个像素的预测。

现假设预测一个28×28的掩膜Mask,这个Mask中的每个点都会对应一个N维的向量(N代表有N个类别),即每个类别都会生成一个28×28像素的掩膜,由浮点数表示,因此可以比二进制掩膜保存更多细节,这种小尺寸的Mask也有助于Mask分支网络的轻量化。传统对像素进行分类的方法采用的都是Softmax,其做法是对每个类别都输出一个打分,属于该类别的分数相对较高,其他类别的分数相对较低,这样就会存在一个不同类别之间的类间竞争问题。Mask分支则采用像素级Sigmoid方法进行预测,每个像素会对应一个预测的向量,这个像素属于哪个类别,则相应维度就会得到一个比较高的分值。应注意的是,不管目标尺寸有多大,在训练期间,都会将真实的Mask标签缩小到28×28大小来计算损失,在测试期间,则会将预测的Mask根据RoI的大小进行放大,并给出最终预测的Mask,使得不同目标有不同Mask的大小。

4.3.2.7 损失函数设计

Mask R-CNN采用多任务的训练方式,在实现目标分类的基础上可以同时进行定位和分割。其对图像的多任务损失函数是由5种损失函数相加得到的。

$$L = L_{rc} + L_{rb} + L_{cls} + L_{box} + L_{mask} \quad (4-18)$$

式中,L_{rc}表示RPN网络分类损失;L_{rb}表示RPN网络边界回归损失;L_{cls}表示目标分类损失;L_{box}表示边界框回归损失;L_{mask}表示掩膜分割结果的损失。L_{rc}、L_{rb}、L_{cls}和L_{box}与Faster R-CNN中一致。L_{mask}为分割损失函数,Mask R-CNN使用的是逐像素Sigmoid来计算损失,假设有N个类别,对于一个类别为n的RoI,L_{mask}代表的是在第n个Mask上输出的损失(其余$n-1$个Mask输出对整个Loss损失无贡献),其中,y_{ij}表示$a×a$掩膜区域内的像素(i, j)标签,$\hat{y}_{ij}^n$代表在相同位置上第n层Mask上像素的预测值。

$$L_{mask} = -\frac{1}{a^2} \sum_{1 \leq i,j \leq a} \left[y_{ij} \log \hat{y}_{ij}^n + (1-y_{ij}) log\left(1-\hat{y}_{ij}^n\right) \right] \quad (4-19)$$

4.3.3　Mask R-CNN关键代码分析和模型训练与测试

Mask R-CNN源代码来自Github，基于PyTorch实现，代码地址为https://github.com/WZMIAOMIAO/deep-learning-for-image-processing/tree/master/pytorch_object_detection/mask_rcnn。相关代码解释和运行过程，请扫描附录中的二维码，参考对应的部分。

在执行程序后得到分割结果和目标检测结果，如图4-22所示，绿色的框为推理得到的包围框，像素为绿色的掩膜为实例分割出来的牛，包围框左上角为模型检测出为牛的置信度是99%。本试验所使用的数据集为semantic_segXXX，请扫描附录中的二维码，从对应部分获取。

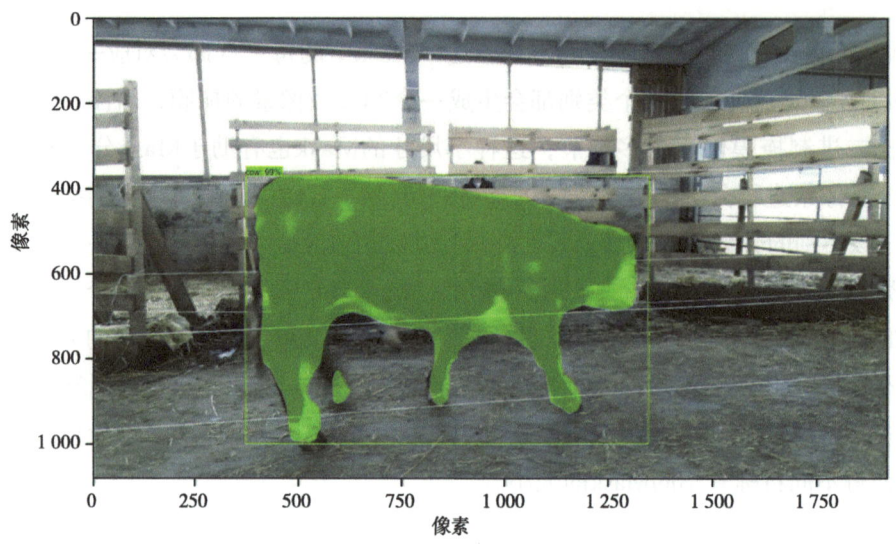

图4-22　测试结果示意

4.4　RetinaNet模型

本部分介绍RetinaNet单阶级目标检测网络。从算法简介、原理描述、算法实现源码分析和算法测试实例4个方面全面剖析该算法，让读者全面了解和掌握该算法。

4.4.1　算法简介

RetinaNet算法源自何恺明团队2017年发表的*Focal loss for dense object detection*一文，是继SSD和YOLOV2发布后，YOLOV3发布前的目标检测模型。该算法针对当时回归物体的类别概率和位置坐标值One-Stage算法存在的前景和背景分类不平衡问题，提出了采用Focal loss（动态缩放的交叉熵损失）函数的方法，以降低大量Easy negatives（易分正样本）在标准交叉熵中的权重，同时提高难分负样本（Hard negatives）的权重，这样训练RetinaNet模型时可以更有效地评估损失。因此在介绍RetinaNet算法前，本部分阐述了

Focal loss的原理。

4.4.2 Focal loss（动态缩放的交叉熵损失）

Focal loss是为了实现正负样本比例平衡而提出的。通常采用按照正负样本比1∶3的抽样方法来解决这个问题。One-Stage的目标检测器通常会产生上万个候选框，但其中只有极少数是正样本，正负样本数量极不平衡。Focal loss通过引入一个动态缩放因子，可以动态调整训练过程中易区分样本的权重，从而快速将Loss的重心聚焦在难区分的样本上。

4.4.2.1 Cross entropy loss（交叉熵损失）

Focal loss（FL）的起源是二分类交叉熵Cross entropy（CE），公式为：

$$\text{CE}(p, y) = \begin{cases} -\log(p) & y = 1 \\ -\log(1-p) & y \neq 1 \end{cases} \quad (4-20)$$

式中，$y \in \{\pm 1\}$分别代表前景和背景，概率p取值范围为[0, 1]，是模型类别$y=1$的模型估计概率，为方便表示，定义p_t如下所示：

$$p_t = \begin{cases} p & y = 1 \\ 1-p & y \neq 1 \end{cases} \quad (4-21)$$

图4-23中，横坐标为准确识别类别的概率（Probability of ground truth class）、纵坐标为交叉熵损失（loss）。γ为缩放因子，用于调节简单样本和困难样本的范围，取值通常为$0.5 \sim 2^{[9]}$。

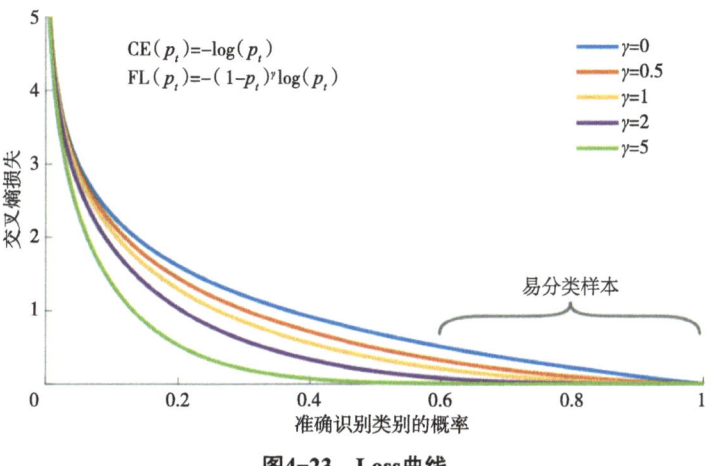

图4-23　Loss曲线

图4-23中蓝色曲线显示了CE损失的变化。相对于其他曲线，蓝色曲线最为平缓。当$p > 0.5$时，样本易于分类；而当p_t值预测较小时，样本则难以区分。从图4-23可看出，CE损失虽在区间单调递减且趋于收敛，但与其他曲线相比仍然较高。整个网络的损失是所有

训练样本经模型预测后得到的值的累加，由于难区分样本通常只占少数，虽然其对应的损失值较高，但最终累加后，大部分损失值来自易分类样本。在模型优化过程中，更多的优化会放在易分类样本上，因此难区分样本往往被忽略，须进一步增加前后损失的大小比。

4.4.2.2 Balanced cross entropy（平衡交叉熵）

Balanced cross entropy（BCE）是解决类别不平衡问题常用的方法。它引入了一个权重因子$\alpha \in \{0, 1\}$，当类标签为1（正类）时，权重因子为α，当类标签为-1（负类）时，权重因子为$1-\alpha$，定义α_t表示权重因子，此时损失函数表示为：

$$CE(p, y) = -\alpha_t \log p_t \quad (4-22)$$

α_t表示为：

$$\alpha_t = \begin{cases} \alpha & y = 1 \\ 1-\alpha & y \neq 1 \end{cases} \quad (4-23)$$

这种损失是CE的一个简单扩展，将其视为所提出的Focal loss的实验基线。

4.4.2.3 Focal loss定义

Balanced cross entropy解决了正负样本比例失衡问题（Positive examples/Negative examples），但并未区分易区分和难区分样本（Easy examples/Hard examples）。当易区分的负样本数量较多时，模型训练过程即围绕易区分样本开展（小损失积少成多超过大损失），但被忽略的难区分的样本是训练重点。为了解决上述问题，引入了调制因子$(1-p_t)^\gamma$，Focal loss（FL）定义如下：

$$FL(p_t) = -(1-p_t)^\gamma \log p_t \quad (4-24)$$

其中γ为聚焦参数，取值范围为[0，5]。观察上式可以发现，当p_t趋向于1时，该样本比较容易区分，调制因子$(1-p_t)^\gamma \to 0$，损失贡献值较小；当p_t较小，样本被错分，调制因子$(1-p_t)^\gamma \to 1$，相对于基础交叉熵损失，对损失值影响不大。参数γ能够调整权重衰减的速率。从图4-23可知，当$\gamma=0$，Focal loss为原本的交叉熵损失CE，随着γ增大，调整速率也在变化，实验表明，当$\gamma=2$时，效果最佳。结合正负样本平衡以及难易样本平衡，最终的Focal loss定义如下：

$$FL(p_t) = -\alpha_t (1-p_t)^\gamma \log p_t \quad (4-25)$$

式4-25中α_t可以抑制正负样本的数量失衡，γ可以控制简单和难区分样本数量失衡。无论是前景类还是背景类，p_t越大，权重$(1-p_t)^\gamma$就越小，即简单样本的损失可以通过权重进行抑制；α_t用于调节正负样本损失之间的比例，前景类别使用α_t时，对应的背景类别使用$1-\alpha_t$；γ和α_t的最优值相互影响，因此在评估准确度时需综合考虑两者进行调节。经实验证明，$\gamma=2$以及$\alpha_t=0.25$时，ResNet-101+FPN作为Backbone的RetinaNet具有最优性能。

$\alpha_t = 0.25$时，正样本权重较小，负样本的权重较大，有利于降低负样本的分类损失，尽可能减小负样本的损失。

4.4.3 RetinaNet

RetinaNet是由Focal Loss与ResNet-101（残差网络）-FPN（Feature pyramid net特征金字塔网络）Backbone组成的。在COCO test-dev（测试集）上，RetinaNet的mAP（Mean Average Precision平均精度均值）达到了39.1，速度为5 FPS（Frames per second，每秒帧数）。图4-24展示了RetinaNet的网络结构，整体上采用了自底向上［图4-24（a）］和自顶向下［图4-24（b）］的结构设计。它由主干残差网络［图4-24（a）］、特征金字塔网络［图4-24（b）］和输出网络［图4-24（c）］3个部分构成。主干网络采用经典的卷积网络结构进行特征提取，获取更高层次语义信息，并生成不同尺寸的特征图，每个特征图都包含逐渐增加的特征信息成分。然而，由于池化层会导致细节信息的丢失，在识别小尺度目标时具有一定障碍。因此FPN采用自顶向下的结构，将底层特征图与金字塔中较高层次的特征图进行上采样和融合，然后将其输入到分类+目标框回归子网（class+box subnets）中，分别进行目标分类与位置回归两项任务。这种结构设计可以在保留特征语义信息的同时，尽可能地恢复更多的细节信息成分[9]。

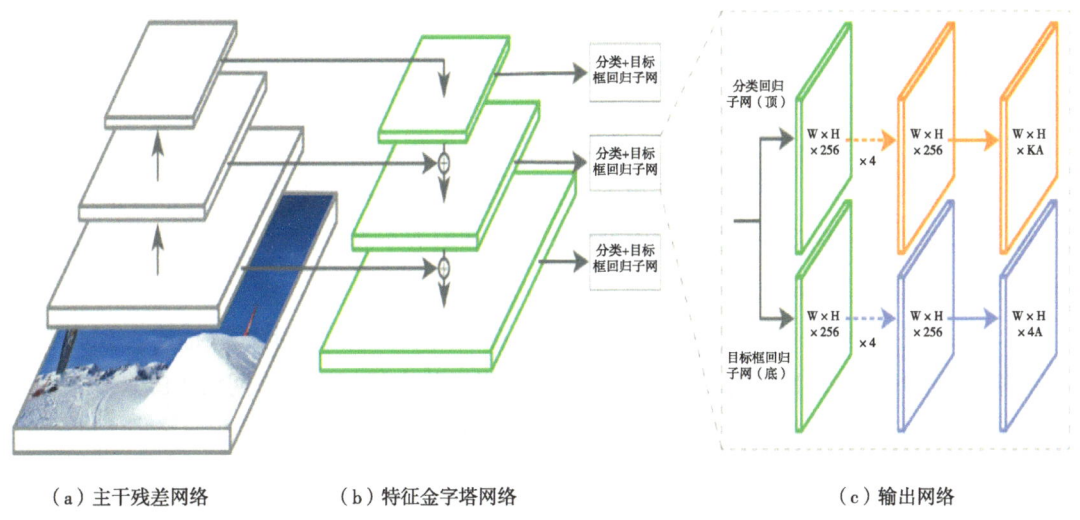

（a）主干残差网络　　（b）特征金字塔网络　　（c）输出网络

图4-24　RetinaNet网络结构

4.4.3.1　Backbone部分

输入图像经过Backbone的特征提取后，得到P3—P7特征图金字塔，RetinaNet网络详细结构如图4-25所示。

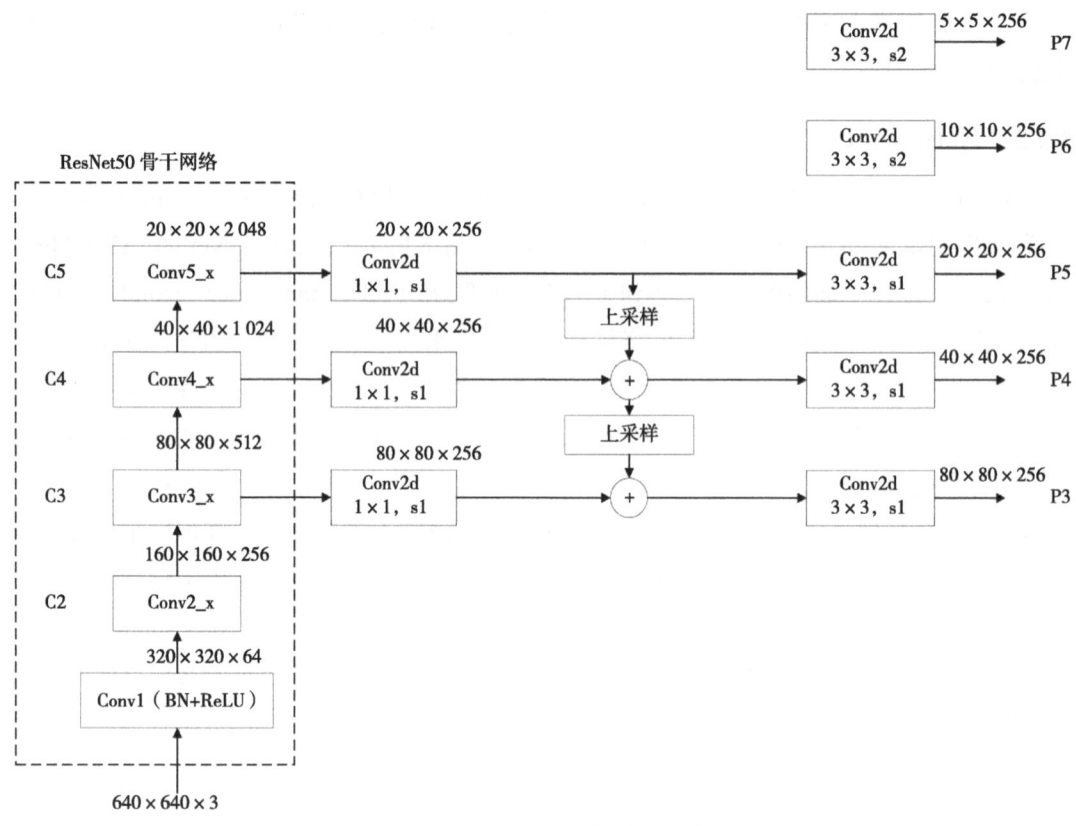

图4-25 RetinaNet网络详细结构

其中Conv1（BN+ReLU）表示模型的第一个卷积层操作，包括批归一化（Batch normalization，BN）和整流线性单元（Rectified linear unit，ReLU）激活函数。Conv2_x～Conv5_x表示整个残差块内部的第二个到第五个卷积序列。C2特征图的尺寸为160×160，通道数为256。

Conv2d表示模型中使用的卷积操作，用于在不同层级和尺度上提取特征，有助于捕捉图像中不同尺度和级别的特征。Upsample上采样操作在特征金字塔网络（FPN）中的不同层级之间进行，以便将低分辨率的特征图增加到更高的分辨率。

P3通常对应较低的空间分辨率，但具有较高的语义信息，适用于检测相对较大的目标。P4通过在P3上执行上采样（通常使用双线性插值）得到，具有较低的空间分辨率，但适用于检测中等大小的目标。同理，P5具有更低的空间分辨率，对于检测较小的目标非常有用。RetinaNet还通过进一步的下采样获得P6和P7特征图。这些特征图在更高的尺度上进行目标检测，对于检测极小的目标很有帮助。考虑到C2生成的P2会占用更多的计算资源，RetinaNet从C3而非C2开始生成P3，这一点与FPN不同。此外，RetinaNet在P6处进行下采样，而不是在C5的基础上生成（最大池化下采样得到的），使用3×3卷积层进行下采样。另一个不同点是FPN是从P2到P6，而RetinaNet是从P3到P7。

4.4.3.2 锚框（Anchor）

RetinaNet使用了与RPN（Region proposal network，区域生成网络）变体相似的Anchor box，其特点是具有平移不变性。在金字塔等级P3到P7上，锚框的面积分别从322到5 122。在每个金字塔等级上，采用了3种不同的长宽比{1∶2，1∶1，2∶1}，以实现更密集的覆盖比例。另外，在每个长宽比上增加不同尺寸的Anchor，分别为$\{2^0, 2^{1/3}, 2^{2/3}\}$。这样的设置提高了平均精度（AP）。每个金字塔层级有9个锚点，可以覆盖输入图像的像素范围，从最小的32×32到最大的813×813。

每个锚点都被分配一个长度为K的one-hot的分类对象，其中K是物体类别的数量。每个锚点还有4个用于回归的框目标。基于Faster R-CNN中使用的区域生成网络设定规则，使其适应多类别检测任务，并对阈值进行了调整。特别是，采用极大抑制（NMS）的方法，将IoU大于0.5的锚点分配给与之重叠最大的真实目标框，而IoU在[0，0.4]之间的锚点被视为背景。由于每个锚点只能被分配给一个目标框，因此在对应于目标类别的K维标签向量中，只有一个条目被设置为1，其他条目为0。对于未分配的锚点，如果它们之间存在0.4～0.5的IoU重叠，它们将在训练过程中被忽略。对于边界框的回归目标，计算每个锚点与其分配的目标框之间的偏移量，如果没有分配目标框，则相应的偏移量将被省略。

4.4.3.3 框回归和分类子网络

（1）分类子网络（Class subnets）

分类子网用于预测每个A（Anchor）锚框和K（类别个数）在每个空间位置上的存在概率。这个子网是一个小型全卷积网络（Fully convolutional neural network，FCN），连接到每个FPN级别。子网的参数在所有金字塔级别上共享。从给定的金字塔层获取一个具有C通道的输入特征图，子网应用4个3×3卷积层，每个层带有C滤波器，每个层后是ReLU激活，然后是带有KA滤波器（常见的数字滤波器）的3×3卷积层。最后，s型激活（Sigmoid function）连接到每个空间位置的KA二进制预测，见图4-24（c）。与RPN相比，RetinaNet的分类子网使用了更深的3×3卷积，并且不与检测框位置回归子网共享参数。

（2）目标框回归子网络（Box subnets）

目标框回归子网与分类子网络并行，在每个金字塔层级上附加了另一个小型全卷积网络，用于将每个锚框的偏移回归到附近的地面真实对象。目标框回归子网络的设计与分类子网络相同，在每个空间位置终止于通道维数为4×A锚框数的线性输出。对于每个空间位置的每个锚点A，这4个输出预测了锚框和真实目标框之间的相对偏移量（使用了来自RCNN的标准框参数化方法）。使用一个类不可知的边界盒回归器，能够使用更少的参数，但同样有效。虽然对象分类子网络和目标框回归子网共享相同的结构，但它们使用独立的参数。

4.4.4 RetinaNet实现及实例分析

RetinaNet源代码来自Github，基于PyTorch实现，代码地址为https://github.com/fizyr/keras-retinanet。本试验所使用的数据集为cow300，请扫描附录中的二维码，从对应部分下载。

4.5 SSD模型

4.5.1 研发团队介绍及算法简介

SSD（The single shot detector）算法是Liu在ECCV2016上提出的一种目标检测算法[10]。对于输入尺寸300×300的网络使用Nvida Titan X在VOC2007测试集上达到74.3%mAP以及59 FPS，对于输入图像尺寸为512×512的SSD网络，其mAP为76.9%，超越了当时最强的Faster R-CNN（其mAP为73.2%）。

SSD是经典的单阶段的目标检测模型，与先生成候选区域、通过卷积神经网络预测目标的分类与定位的双阶段目标检测网络相比，SSD只有一个阶段，即直接通过卷积神经网络提取特征，预测目标的分类与定位，因此速度相比于双阶段的算法要快一些。

此外，与Faster R-CNN相比，SSD有一个显著的优势是其更适合小目标检测。这主要是因为Faster R-CNN只有一个预测特征层，特征提取时抽象层数比较高，容易丢失细节信息。而SSD有不同输入尺寸共6个预测特征层，因此对大小目标都具有良好的检测性能。

4.5.2 网络结构

SSD的网络结构是在VGG-16的基础上优化完成的，如图4-26网络结构所示，输入的数据是300×300的RGB图像，虚线部分对应的是VGG-16模型从Conv1到Conv5_3，其中在Conv4_3后加入了第一个特征预测层，大小为38×38，深度为512；对VGG-16的pool5层进行修改，将池化核改为大小为3×3步长为1，因此在SSD中通过新的pool5层，特征层的大小不再发生改变，输出的特征矩阵大小为19×19，深度为512。SSD

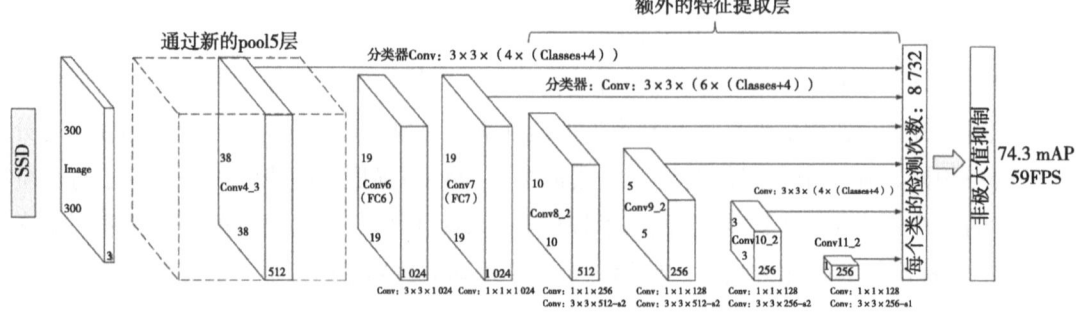

图4-26　SSD网络结构

在VGG-16网络的卷积末端添加了卷积特征层,即去掉了VGG-16网络中的全连接层,继续添加了从Conv6到Conv11的卷积层,因此SSD是一个全卷积神经网络。其中,Conv6取代了原VGG-16中FC6的位置,Conv7取代了原VGG-16中FC7的位置[10]。

添加的这些卷积特征层从尺寸上逐渐减小,支持在多个尺度上进行检测预测。如图4-27所示,对于大小不同的检测目标猫和狗,在尺度为8×8的特征图上,SSD的默认边界框更接近猫的边界框,在尺度为4×4的特征图上,SSD的默认边界框更接近狗的边界框,因此能够在不同尺度上进行检测预测使SSD对大小目标的检测都有良好的准确度。在这个过程中通过预测得到所有对象的预测框的位置与形状损失$\Delta(c_x, c_y, w, h)$和分类损失$(c_1, c_2, ..., c_p)$。

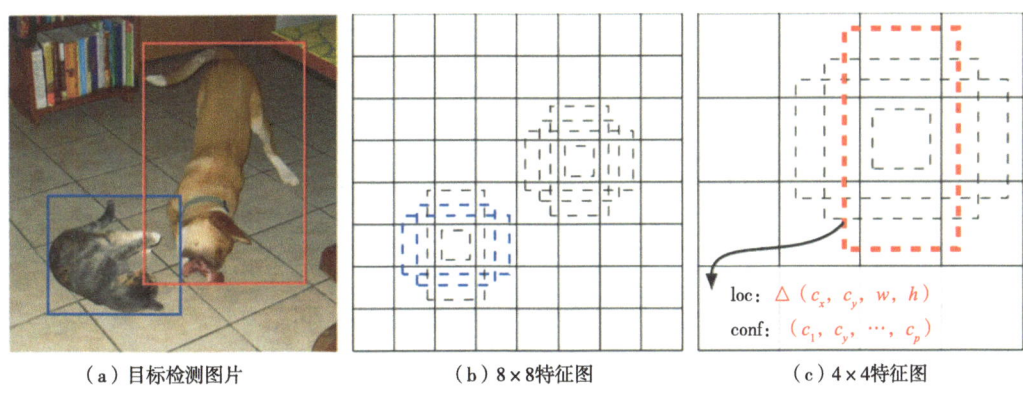

（a）目标检测图片　　（b）8×8特征图　　（c）4×4特征图

图4-27 默认边界框检测示例

4.5.3 默认边界框（Default bounding box）

SSD中的检测框大小是默认的,称为默认边界框,类似于Faster-RCNN中的锚定框。默认边界框以特征图的每个单元为中心,按照卷积的方式扫描特征图,从而每个边界框相对于对应单元的位置是固定的。对每个特征图单元格,对默认边界框相对于特征图单元的坐标偏移量和每个框中各类存在的概率分数进行预测。每个特征图层的默认边界框的尺寸计算公式为:

$$s_k = s_{\min} + \frac{s_{\max} - s_{\min}}{m-1}(k-1) \qquad k \in [1, m] \qquad (4-26)$$

式中,$s_{\min}$为0.2,$s_{\max}$为0.9,即最底层的比例为0.2,最高层的比例为0.9,并且中间的所有层都有规律的间隔。对默认边界框设置不同的高宽比,并表示为$a_r \in \left\{1, 2, 3, \frac{1}{2}, \frac{1}{3}\right\}$。它们当高宽比为1时,额外添加了一个默认框,其尺寸是$s'_k = \sqrt{s_k s_{k+1}}$。对于Conv4_3、Conv10_2和Conv11_2,忽略高宽比为3和$\frac{1}{3}$的情况,仅有4种默认边界框。因此,每个特征图位置有6个默认框,则有默认边界框的长宽计算公式如下:

$$w_k^a = s_k\sqrt{a_r}$$
$$h_k^a = s_k/\sqrt{a_r}$$
（4-27）

在VGG-16基础上的设计的SSD网络的所有特征图层的默认框尺寸如表4-2所示，每个$n\times n$的特征图都会有$n\times n$个特征点，每个特征点产生k（$k=4,6$）个默认框，总计默认框数量为：

$$38\times38\times4+19\times19\times6+10\times10\times6+5\times5\times6+3\times3\times4+1\times1\times4=8732$$

表4-2 SSD默认框尺寸

特征图层	特征图层大小	默认框大小	默认框数量（个）
Conv4_3	38×38	21\{1/2, 1, 2\}；$\sqrt{21\times45}$ \{1\}	$38\times38\times4$
Conv7	19×19	45\{1/3, 1/2, 1, 2, 3\}；$\sqrt{45\times99}$ \{1\}	$19\times19\times6$
Conv8_2	10×10	99\{1/3, 1/2, 1, 2, 3\}；$\sqrt{99\times153}$ \{1\}	$10\times10\times6$
Conv9_2	5×5	153\{1/3, 1/2, 1, 2, 3\}；$\sqrt{153\times207}$ \{1\}	$5\times5\times6$
Conv10_2	3×3	207\{1/2, 1, 2\}；$\sqrt{207\times261}$ \{1\}	$3\times3\times4$
Conv11_2	1×1	261\{1/2, 1, 2\}；$\sqrt{261\times315}$ \{1\}	$1\times1\times4$

结合不同尺度特征图的全部位置的所有默认边界框，可以得到一系列预测结果，包括不同的输入对象的大小和形状。例如，在图4-27中，狗与4×4特征图中的一个默认框匹配，但不与8×8特征图中的任何默认框匹配，这是因为这些默认边界框有不同的尺寸，与狗的边界框不匹配，因此在训练中是负样本。

4.5.4 用于检测的卷积预测器（Convolutional predictors for detector）

对于SSD中的每个特征层都可以使用一组卷积滤波器生成一组固定的检测预测。对于这些大小为$m\times n$，深度为p的特征层，预测的卷积核的大小是$3\times3\times p$，可以为每一个目标类别产生一个分数，或相对于默认框坐标的坐标偏移量（又称边界框回归参数）。具体而言，对于特征图上给定的一个位置会有固定的k个默认边界框，每个边界框要计算c个类别分数（Class scores）和4个坐标偏移量（包括x,y,w,h）。因此对于一个尺寸为$m\times n$的特征图，将会有$(c+4)\times k\times m\times n$个输出。

4.5.5 正负样本的选取

SSD目标检测模型中正样本的选取遵循两个原则：一是对于每个Groud truth box，匹配与其IoU最大的默认边界框；二是对于任意的默认边界框，只要与任何一个GT box的IoU＞0.5。

虽然除去正样本以外其余的区域都能作为负样本，但是不能全部用于计算与训练。因为在正样本的匹配步骤之后，大多数默认框都是负的，如果简单的都作为负样本就会造成正样本与负样本之间的显著不平衡。因此，对未被选为正样本的默认边界框，计算它的最高置信损失（Confidence loss，越高越容易被当作检测目标），选取最高的一部分使负样本与正样本的比例为3∶1。

4.5.6 模型损失的计算

SSD模型的总体目标损失分为两个部分：类别损失（L_{conf}）和定位损失（L_{loc}）。

$$L(x,c,l,g)=\frac{1}{N}\left[L_{\text{conf}}(x,c)+\alpha L_{\text{loc}}(x,l,g)\right] \quad (4-28)$$

式中，N是匹配的默认边界框的数量。下面分别介绍如何计算L_{conf}和L_{loc}。

（1）类别损失（Confidence loss）

类别损失是对于多个类的Softmax损失。

$$L_{\text{conf}}(x,c)=-\sum_{i\in \text{Pos}}^{N} x_{ij}^{p}\log(\hat{c}_i^p)-\sum_{i\in \text{Neg}}\log(\hat{c}_i^0) \quad (4-29)$$

其中，$\hat{c}_i^p=\dfrac{\exp(c_i^p)}{\sum_p \exp(c_i^p)}$ 表示预测的第i个默认框对应的GT box（类别是p）的类别概率（由Softmax计算得到），$x_{ij}^p=\{0,1\}$为第i个默认框匹配到的第j个GT box（类别是p）。

（2）定位损失（Localization loss）

定位损失是预测框（l）与GT box（g）的参数之间的smooth L1损失。与Faster-RCNN类似，定位损失使用边界框（d）的中心的坐标（c_x，c_y）以及其宽（w）和高（h）的偏移量。

$$\begin{aligned}
L_{\text{loc}}(x,l,g) &= \sum_{i\in \text{pos}}^{N}\sum_{m\in\{c_x,c_y,w,h\}} x_{ij}^{k}\text{smooth}_{\text{L1}}(l_i^m-\hat{g}_j^m) \\
\hat{g}_j^{c_x} &= (g_j^{c_x}-d_i^{c_x})/d_i^w \qquad \hat{g}_j^{c_y}=(g_j^{c_y}-d_i^{c_y})/d_i^h \\
\hat{g}_j^{w} &= \log\left(\frac{g_j^w}{d_j^w}\right) \qquad\qquad \hat{g}_j^{h}=\log\left(\frac{g_j^h}{d_j^h}\right) \\
\text{smooth}_{\text{L1}}(x) &= \begin{cases} 0.5x^2 & |x|<1 \\ |x|-0.5 & |x|\geq 1 \end{cases}
\end{aligned} \quad (4-30)$$

其中，l_i^m为预测对应第i个正样本的回归参数，$\hat{g}_j^m$为正样本i匹配的第j个GT box的回归参数。

4.5.7 SSD的关键代码与实例分析

SSD源代码来自Github，本试验所使用的数据集为cow300。相关代码解释和运行过程，以及所使用的数据集，请扫描附录中的二维码，从对应部分下载。

4.6 YOLO模型

4.6.1 YOLO算法作者简介

YOLO（You only look once）算法的作者为Joseph Redmon，华盛顿大学博士，从事计算机视觉行业，是YOLO算法以及Darknet框架的作者，曾在IBM和美国国家标准与技术研究院（NIST）实习，在米德尔伯里学院计算机学院任助教，曾获Timothy T. Huang学术成就奖。

4.6.2 YOLO算法设计的背景、应用范围、优缺点和泛化能力

YOLO是You only look once的缩写，意味着神经网络只需要看一次图片就能够得出结果。在YOLO算法发明前，目标检测通常是二阶段目标检测，即先生成目标候选区域，然后将所有的区域放入分类器进行分类，这种方法通常速度较慢。而YOLO算法使用的是单阶段目标检测，仅靠一个神经网络就可以完成边界框的预测，具有较快的速度。YOLO发布了多个版本，其中YOLOv1奠定了整个YOLO系列的基础，之后版本的YOLO算法是对其的不断改进创新。

4.6.3 YOLO算法原理描述

本部分将介绍YOLO系列算法，其中YOLOv5和YOLOv7模型更常用，因此在代码详解以及案例实现部分仅针对YOLOv5和YOLOv7模型。

4.6.3.1 YOLOV1算法

（1）简介

YOLOv1是Joseph Redmon在2016年提出的基于深度学习的视觉目标检测方法。该方法将目标检测转化为回归问题，并开创性的用单个深度神经网络实现整个目标检测过程，被称为单阶段（One stage）方法。YOLOv1模型能够以每秒45帧的速度实时处理图像，首次将基于深度学习的目标检测方法处理速度提升到视频实时处理的标准。

（2）网络结构

YOLOv1网络结构如图4-28所示，其中每个立方体代表一个特征图[11]。该模型输入为448×448×3的图片，输出为7×7×30的预测结果。模型由24个卷积层、2个全连接层组成，图像首先经过24个卷积层提取图像特征，得到7×7×1 024的张量；然后经过一个4 096个神经元的全连接层得到一个4 096维的向量，再经过一个1 470个神经元的全连接层

得到一个1 470维的向量;之后经过重组(Reshape)得到一个7×7×30的张量。

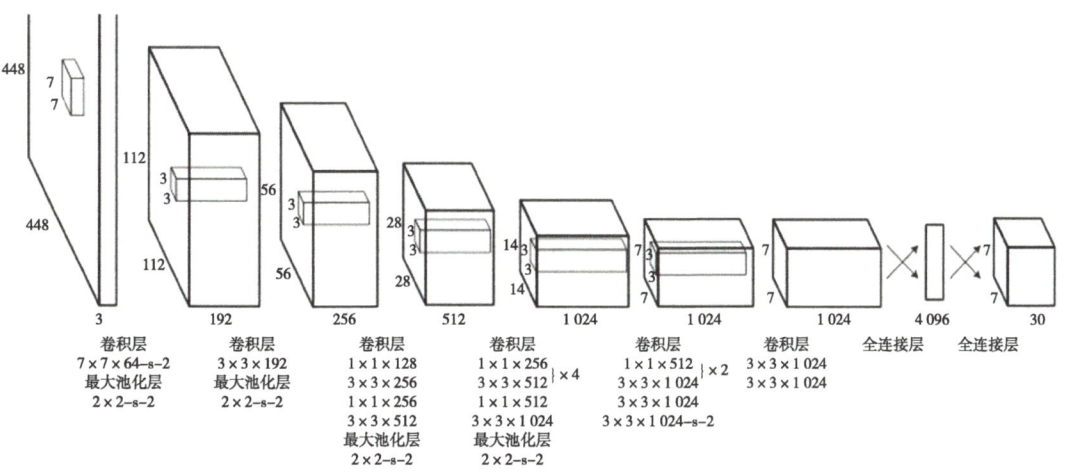

图4-28　YOLOv1网络架构

（3）算法亮点

检测方法：YOLOv1的检测流程如图4-29所示：首先，将待检测的输入图像划分$S×S$个相同大小的网格（Grid cell），负责预测中心点落在该网格内的目标。每个小网格需要检测B个边界盒（Bounding boxes），每个边界盒都包含5个信息：x，y，w，h，置信度（Confidence）。其中x、y是边界盒的中心坐标，w、h为边界盒的长宽，置信度表示该出是否有该目标物体的准确度。每个网格还要预测类别信息，总共有C个类。在实际使用中

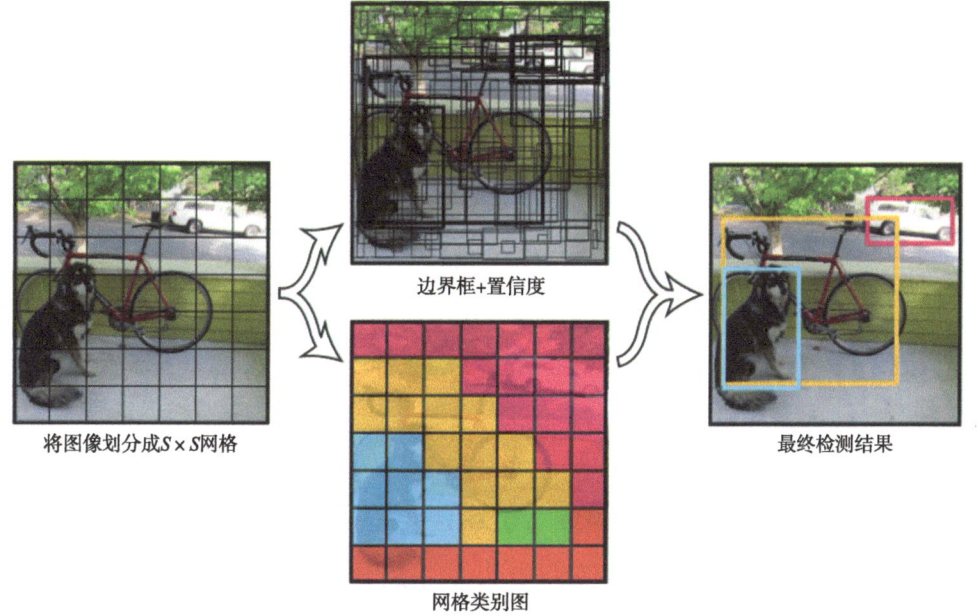

图4-29　YOLOv1检测流程

$S=7$，$B=2$，$C=20$，因此网络输出为一个 $S \times S \times (5 \times B \times C)$ 的张量。一个网格预测的两个边界盒共用一个类别预测，在训练时会选取与标签交并比（IoU）更大的一个边界盒负责回归该真实物体框，在测试时会选取置信度更高的一个边界盒，另一个会被舍弃，因此整张图能够获得49个边界盒。图中各种颜色的彩色方格分别代表要检测的物体，例如，黄色方格检测自行车，红色方格检测小轿车[11]。

YOLOv1损失函数如图4-30所示[12]。坐标预测损失分为两部分，坐标中心误差和长宽误差，其中 1_{ij}^{obj} 表示第 i 个网格中的第 j 个边界盒是否负责物体的预测，若负责物体的预测则为1，否则为0。x_i、y_i、ω_i 和 h_i 分别在网格 i 中代表预测边界盒坐标中心的坐标以及边界盒的长宽，$\hat{x}_i$、$\hat{y}_i$、$\hat{\omega}_i$ 和 $\hat{h}_i$ 分别代表网格 i 中真实边界盒坐标中心的坐标以及边界盒的长宽。当边界盒对某个物体负责的时候，对边界盒的坐标中心误差和长宽误差进行惩罚，使边界盒尽可能地贴近真值框。λ_{coord} 表示负责检测物体的正样本的坐标损失权重，实际使用时设置为5。

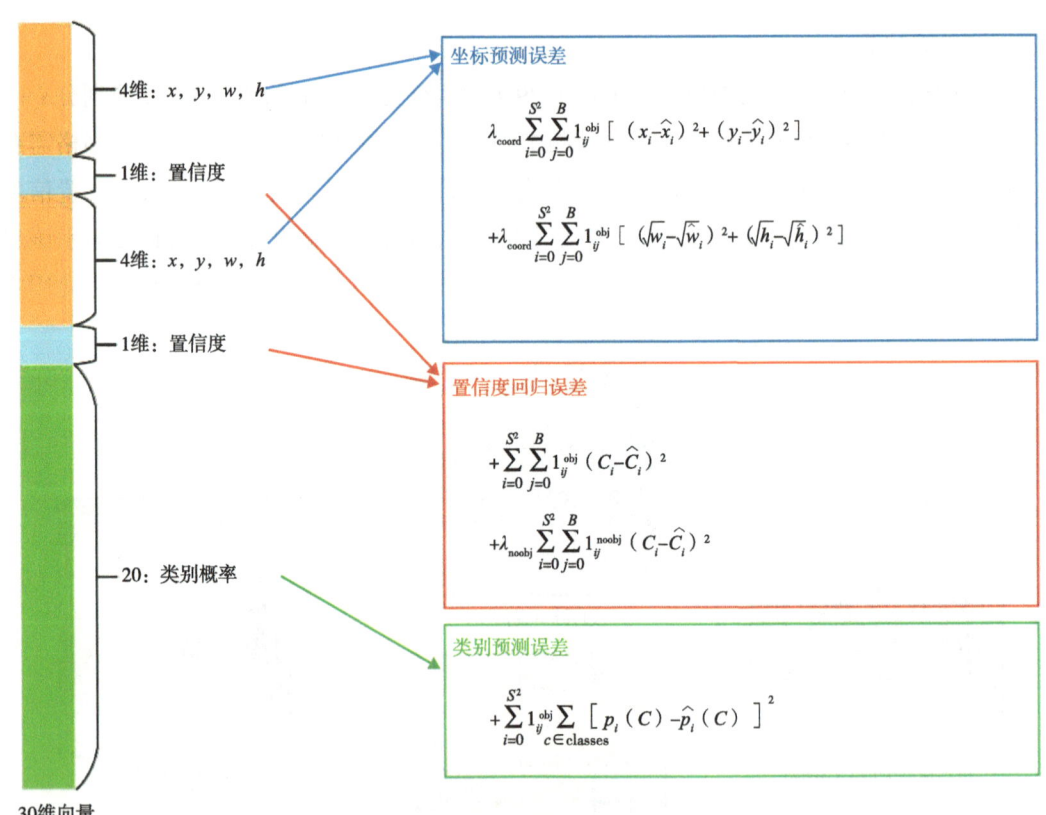

图4-30 YOLOv1损失函数

置信度损失也分成了两部分，一部分是包含物体时置信度的损失，一个是不包含物体时置信度的值，其中 C_i 表示置信度，$\hat{C}_i$ 表示边界盒和真值框的IoU，1_{ij}^{noobj} 表示第 i 个网格中的第 j 个边界盒是否不负责物体的预测。类别损失则表示负责检测物体的网格的分类误差，判断网格i中是否有负责物体检测的边界盒。p_i和$\hat{p}_i$分别表示在网格i中预测类别以及实际类别。λ_{noobj}表示不负责检测物体负样本的坐标损失权重，实际使用时设置为0.5。

4.6.3.2 YOLOV2算法

（1）简介

2017年，Joseph Redmon和Ali Farhadi在YOLOv1的基础上，进行了大量改进，提出了YOLOv2。重点解决YOLOv1召回率和定位精度不足的缺陷。

YOLOv2是一个先进的目标检测算法，比其他的检测器检测速度更快。除此之外，该网络可以适应多种尺寸的图片输入，并且能在检测精度和速度之间进行很好的权衡。相比于YOLOv1利用全连接层直接预测Bounding box的坐标，YOLOv2借鉴了Faster R-CNN的思想，引入Anchor机制。利用K-means聚类的方法在训练集中聚类计算出更好的Anchor模板，大大提高了算法的召回率。同时结合图像细粒度特征，将浅层特征与深层特征相连，有助于对小尺寸目标的检测。

（2）网络结构

YOLOv2的检测流程与YOLOv1基本相同，在结构上，YOLOv2网络由9个卷积层和6个池化层组成。输入图像为416×416×3，通过卷积层提取特征、再通过最大池化层下采样操作和批标准化（Batch normalization，BN）处理后，输出的结果输入下一层卷积进行计算，循环执行这些操作，最后输出结果为13×13×125的输出特征图，最后通过非极大值抑制（NMS）算法滤除多余的边界框，得到最终目标检测结果[13]。

（3）改进方法

YOLOv2主要做了以下改进。

增加了批标准化层 YOLOv2网络通过在每一个卷积层后面添加批标准化，对数据进行归一化预处理，极大地改善了收敛速度的同时减少了对其他正则化方法的依赖，使mAP获得了2%的提升。批标准化的表达式如式4-31所示，其中，y_i表示输入数据经过批标准化后的归一化结果；x_i表示输入数据；μ表示训练时最小批量数据集的平均值，由式4-32计算可得；σ^2表示训练时最小批量数据集的方差，由式4-33计算可得；ε表示一个很小的正数，目的是防止$\sigma^2=0$而导致公式运算出错；γ、β分别表示比例系数和偏移量，目的是增加标准化之后的数据的稳定性。

$$y_i = \gamma \frac{x_i - \mu}{\sqrt{\sigma^2 + \varepsilon}} + \beta \quad (4-31)$$

$$\mu = \frac{1}{m}\sum_{1}^{m} x_i \quad (4-32)$$

$$\sigma^2 = \frac{1}{m}\sum_{1}^{m}(x_i - \mu)^2 \quad (4-33)$$

采用高分辨率的分类器 YOLOv1先以分辨率为224×224的图像进行分类网络训练，然后将分辨率提高到448×448进行检测。而YOLOv2是以448×448的全分辨率在ImageNet上训练10轮，这让网络有足够的时间调整其滤波器（Filters）以更好地处理高分辨率的输入，再对检测网络进行微调。这个高分辨率的分类网络使mAP获得了4%的提升。

使用锚定盒取代边界盒 如图4-31所示，YOLOv2将位置预测与类别预测分离开，单独计算每个锚定盒的类别。之前没有使用锚定盒的算法模型，mAP为69.5%，召回率为81%；而使用了锚定盒的算法模型，mAP为69.2%，召回率为88%。尽管mAP有小幅减少，但是召回率得到了7%的提升。

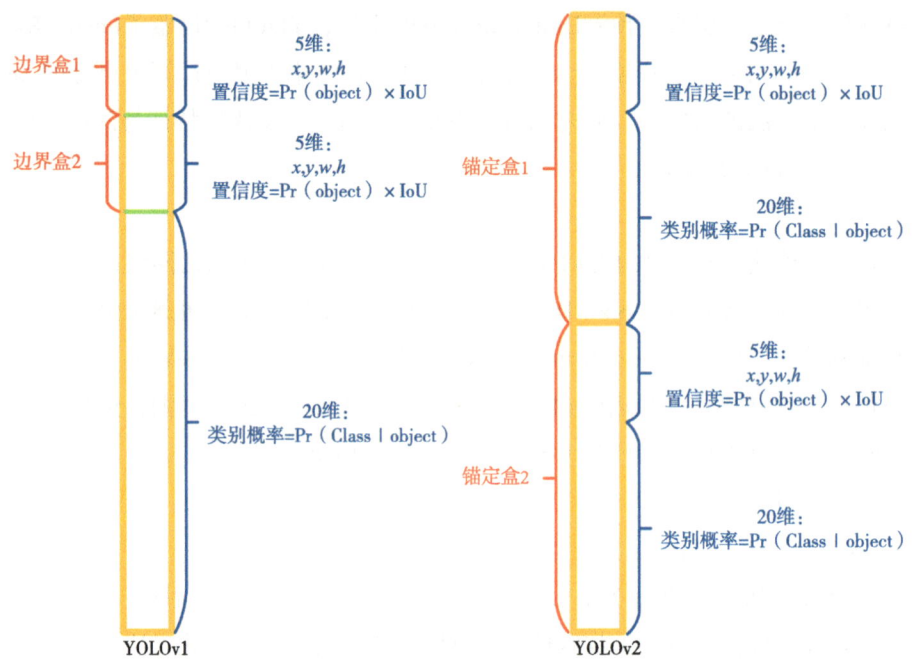

图4-31 YOLOv1与YOLOv2使用的预测盒子对比

采用维度聚类方法选择更好的先验预测盒子的维度 采用k均值聚类（k-mean）的方法，实验表示，随着k值的增大，交并比（IoU）增大，因此召回率也在增大，但是复杂度也在增加。最后在模型复杂度和高召回率之间进行良好的折中，选择$k=5$，神经网络会更容易学习预测到准确的检测结果。

增加细粒度特征 YOLOv2模型需要在13×13的特征图上进行推理预测。为了增加网络对小尺度的物体的检测精度使用细粒度特征，模型添加转移层（Passthrough layer），把浅层特征图连接到深层特征图上，进行特征重组，如图4-32所示，把$2h×2w×2c$的特征图按行和按列间隔采样的方法，就可以得到4个新特征图，维度都是$h×w×2c$，然后做连接操作，得到$h×w×8c$的特征图，将其拼接到后面的层，相当于做了一次特征融合，有利于检测小目标。根据此方法就可以将26×26×512的特征图转变为13×13×2 048的特征图。

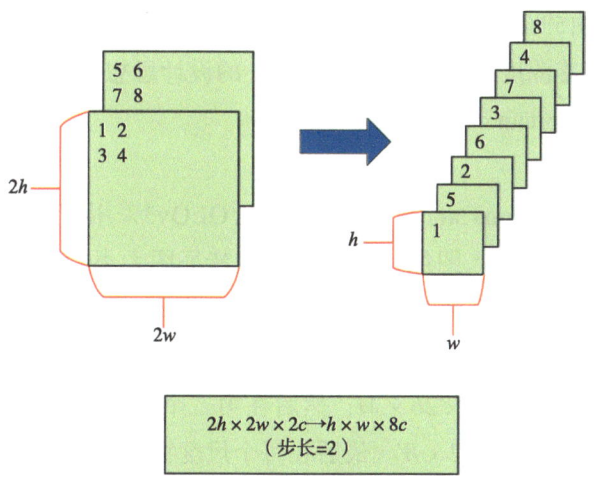

$$2h \times 2w \times 2c \to h \times w \times 8c$$
（步长=2）

图4-32 特征图重组示意

4.6.3.3 YOLOV3算法

（1）简介

2018年，Redmon又在YOLOv2的基础上做了一些改进。特征提取部分采用Darknet-53网络结构代替原来的Darknet-19，利用特征金字塔网络结构实现了多尺度检测，分类方法使用逻辑回归代替了Softmax，在兼顾实时性的同时保证了目标检测的准确性。在YOLOv3中，作者不仅提供了Darknet-53，还提供了轻量级的Tiny-darknet，可以达到更快的检测速度，但是会略微降低检测精度。

（2）网络结构

YOLOv3网络结构如图4-33所示。每个立方体代表一个特征图，416×416×3代表输入RGB图像大小。YOLOv3模型结构主要由Darknet-53特征提取网络、多尺度融合特征网络组成。y1,y2,y3表示YOLOv3在3个不同尺度的特征图输出，输出目标位置和类别[12]。

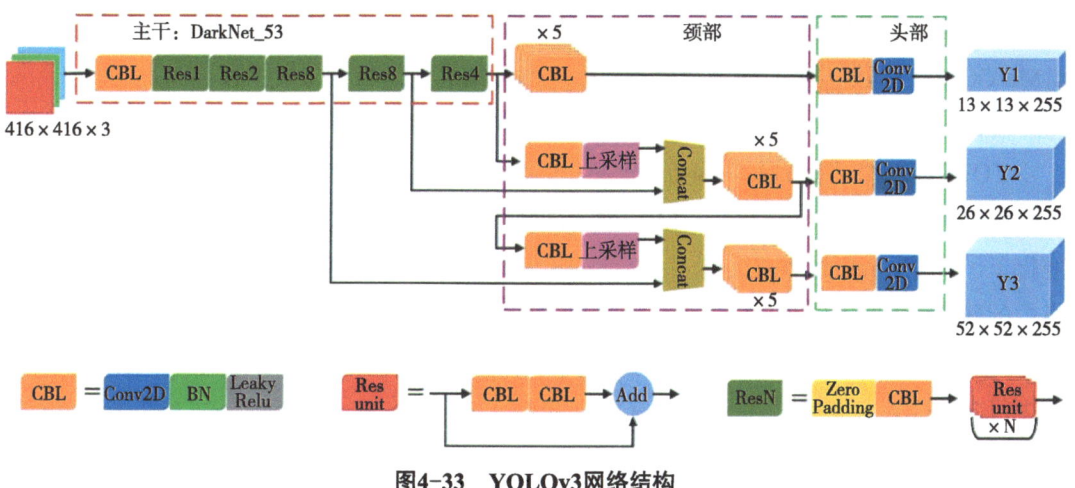

图4-33 YOLOv3网络结构

Darknet-53主要由53个卷积层构成,并大量采用3×3,1×1的卷积核。为了训练多达53层的深度网络,借鉴深度残差网络(ResNet)的设计思想,在卷积层之间构建残差模块、设置跳跃连接(Shortcut connections)。

(3)改进方法

多尺度预测(Predictions across scales) YOLOv3采用3个不同的尺度特征图预测检测结果。对于某分辨率输入图像,其基础尺度特征图大小为原分辨率的1/32,剩余2个尺度分别为原分辨率的1/16和1/8。例如416×416训练图像,基础尺度特征图大小是$13×13×N$,通过向上采样(Upsample)得到$26×26×N$特征图,将它与前面卷积层输出融合得到第二个尺度特征图$26×26×M$;然后在第二个尺度特征图基础上采用同样的方法获得第三个尺度特征图$52×52×W$。最后在每个尺度特征图上预测由检测框(Bounding box)、目标评价(Objectness score)、类别预测3种信息编码的$3-d$张量(Tensor)。检测框有4个参数,目标评价1个参数,类别数为80个,每个尺度特征图单元格预测3组这样的信息,即$3×(4+1+80)=255$维信息。最终3个尺度的输出张量维度分别为$y1=13×13×255$,$y2=26×26×255$,$y3=52×52×255$。

检测框及相关量预测 YOLOv3检测框及相关量预测包含检测框、目标评分、类别预测。检测框相对位置(b_x,b_y,b_w,b_h)预测方式与YOLOv2相同,不同的是,YOLOv3采用9个聚类获得的先验框(Anchor boxes)辅助坐标预测,并且9个不同尺度的Anchor boxes平分为3组应用在3个不同的尺度特征图,即每个尺度特征图的单位网格利用Anchor boxes预测3组信息,而YOLOv2是单位网格预测6组信息。当输入图像为416×416时,YOLOv3总共输出($52×52+26×26+13×13$)×3=10 647个候选测框。

4.6.3.4 YOLOV4算法

(1)简介

2020年,在YOLO系列的作者Redmon宣布退出计算机视觉领域后,Alexey Bochkovskiy对传统的YOLO算法进行了改进,实现了检测速度和精度的最佳权衡,在Tesla V100上,对MS COCO数据集的实时检测速度达到65 FPS,精度达到43.5%的AP。

(2)网络结构

YOLOv4网络结构如图4-34所示[14]。CBM是YOLOv4网络结构的最小组件,由Conv(卷积层)、BN(批标准化)、Mish激活函数组成;CBL由Conv(卷积层)、BN(批标准化)、Leaky_relu激活函数组成;Res unit是YOLOv4的残差模块,主要结构与Resnet网络中的残差结构类似;CSPX主要借鉴了CSPNet网络结构,由CBM和x个残差模块拼接组成;SPP模块主要是采用1×1、5×5、9×9、13×13共4种最大值池化核心的池化操作,并进行多尺度融合。

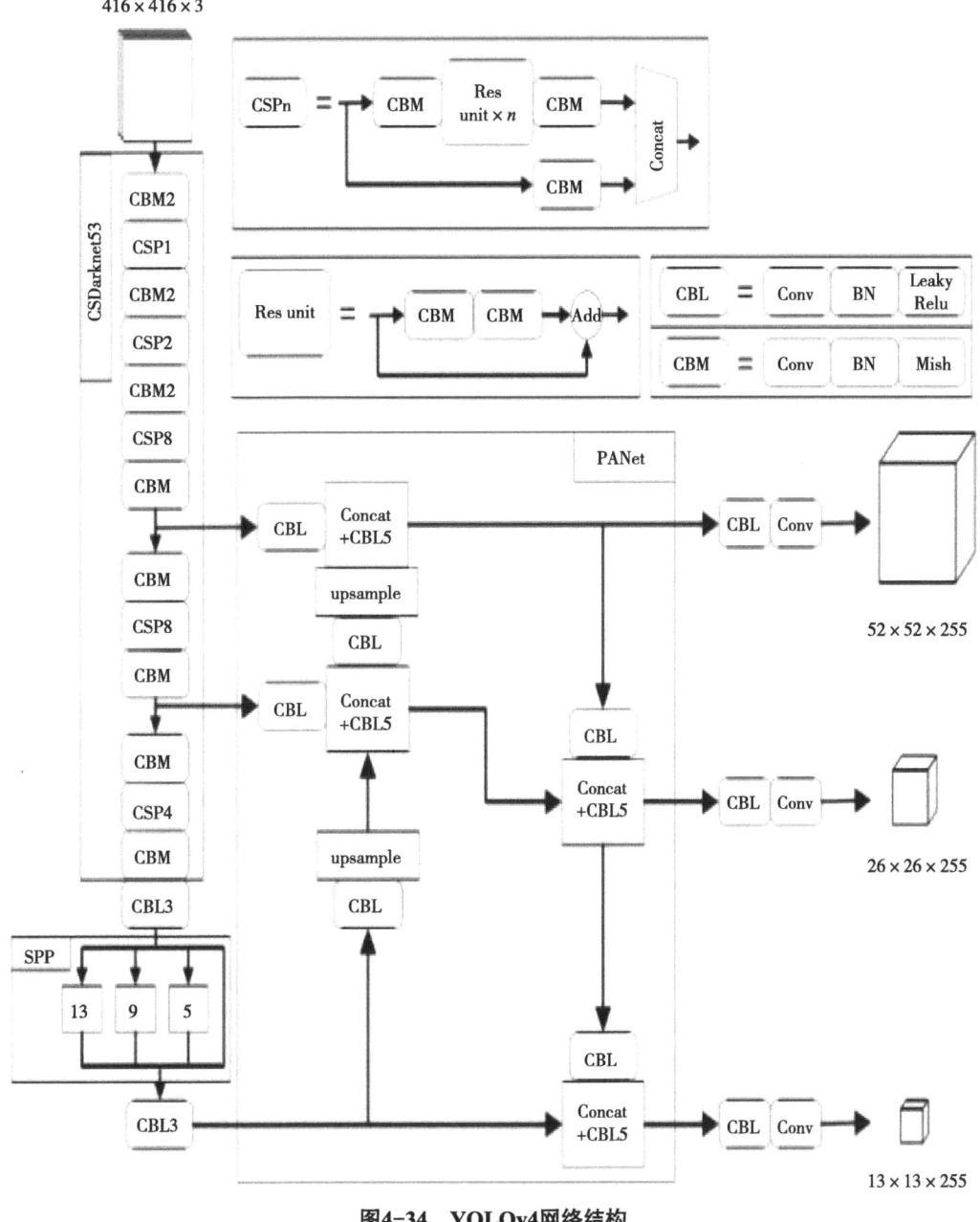

图4-34 YOLOv4网络结构

（3）改进方法

一是借鉴CSPnet的网络结构，将卷积层与多个残差网络进行通道融合，使原本的Darknet53被改进为CSP Darknet53。改进后的残差块如图4-35所示。

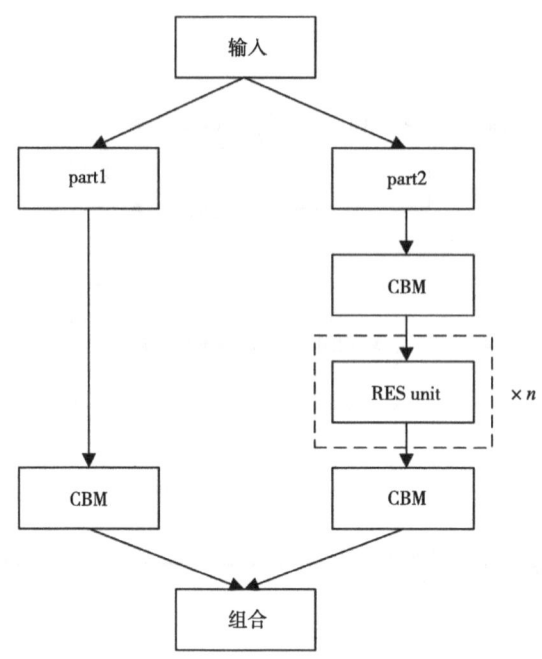

图4-35 改进后的残差块

首先输入经过1个CBM模块进行初步的特征提取，然后特征数据将在特征层维度上被分为两个部分，Part1和Part2；然后，Part1经过一个CBM模块处理得到处理后的Part1，Part2经过一个CBM模块、n个残差模块、1个CBM模块得到处理后的Part2，两部分数据在特征层维度上重新进行通道融合获得最后的特征数据。相对于以往的残差网络，这种残差网络结构大大降低了计算量，同时提升了网络的特征提取能力。

二是修改激活函数。CSPDarknet53将原来网络结构中首个卷积层中的激活函数由LeakyRelu改成了Mish。Mish激活函数相对于LeakyRelu激活函数更加平滑，全局没有一个不可导点，且在正区间与LeakyRelu函数类似，负区间仍然存在梯度，只有在趋向于$-\infty$的时候存在梯度消失的情况，利于反向求导。LeakyRelu激活函数的表达式如式（4-34）所示，Mish激活函数的表达式如式4-35所示。

$$\text{LeakyReLu} = \begin{cases} x & x \geqslant 0 \\ \alpha \times x & x < 0,\ 0.01 \leqslant \alpha \leqslant 0.3 \end{cases} \quad (4-34)$$

$$\text{Mish} = x \times \tanh[\ln(1 + e^x)] \quad (4-35)$$

三是对池化方法的改进。YOLOv4池化结构如图4-36所示。特征数据首先复制成4组，然后四份数据分别在大小为1×1、5×5、9×9和13×13的池化层进行最大值池化，最后，将4组数据在特征层维度上进行通道拼接。采用SPP结构能够使卷积在一次运算过程中获得多个维度的特征数据，显著提高网络特征的传递能力，减少网络训练时间。

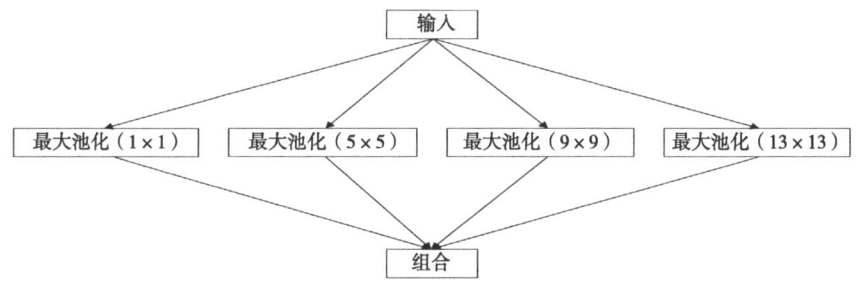

图4-36 YOLOv4池化结构

4.6.3.5 YOLOV5算法

（1）简介

YOLOv5网络模型是在2020年6月由Ultralytics首次发布的。相比于YOLOv4，YOLOv5在灵活性和速度上远高于YOLOv4，在模型的硬件部署上具有很大优势。YOLOv5s是最小的YOLOv5模型，在COCO数据集上使用一块Telsa V100显卡训练，达到了2.2 ms的检测速度和55.6%的AP，而参数量和计算量分别只有7.3 MFlops和17 GFlops。在模型大小方面，相比于轻量化的YOLOv4模型（YOLOv4-tiny）的23.1 MB，YOLOv5s只有14.8 MB。

（2）网络结构

YOLOv5网络结构如图4-37所示，以YOLOv5s为例，其输入图像大小为608×608，下面分别介绍网络结构的每一个组件。

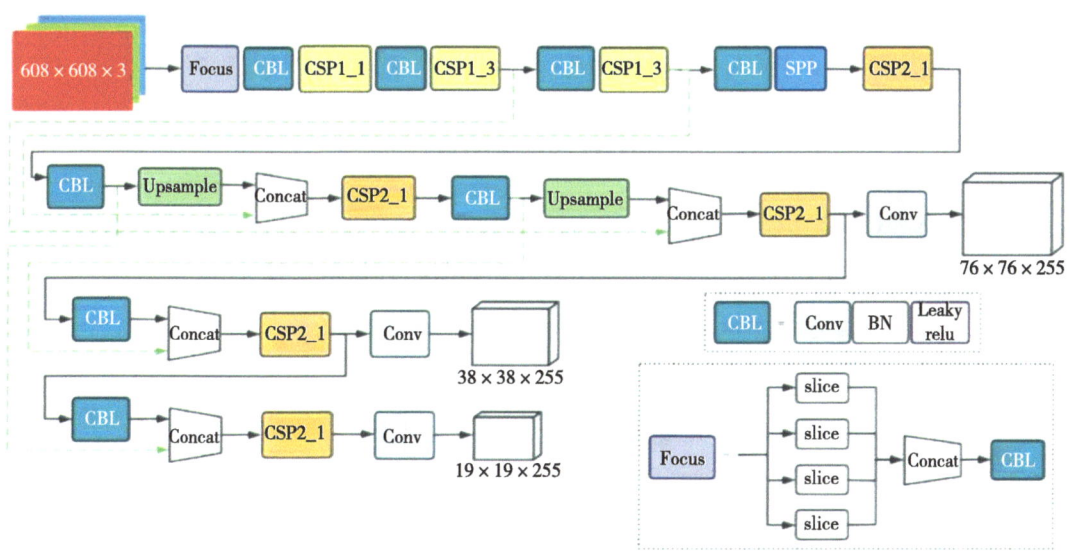

图4-37 YOLOv5网络结构[15]

CBL模块 该模块由卷积操作（Conv）、批标准化操作（BN）和激活函数

（LeakyRelu，L-Relu）3个部分组成，如图4-38所示。

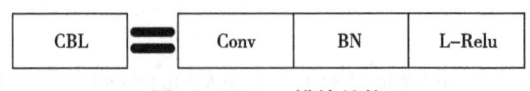

图4-38　CBL模块结构

Focus模块：如图4-39所示，该结构将输入图像进行切片操作，再将切片后的结果拼接。

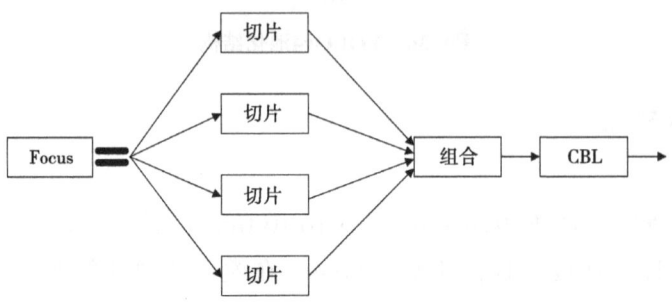

图4-39　Focus模块结构

SPP模块　如图4-40所示，该结构分别采用5×5、9×9和13×13的最大池化，再将3次最大池化的结果与未进行池化操作的数据拼接，得到融合后的特征。

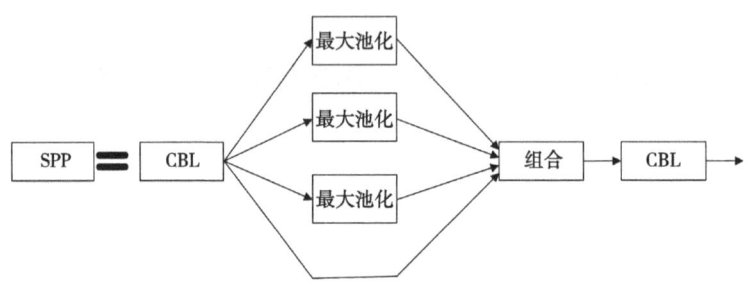

图4-40　SPP模块结构

CSP1_X和CSP2_X模块　借鉴CSPNet的思想，该模块由卷积层、CBL模块和残差模块3个部分组成。CSP1_X和CSP2_X模块结构分别如图4-41和图4-42所示。

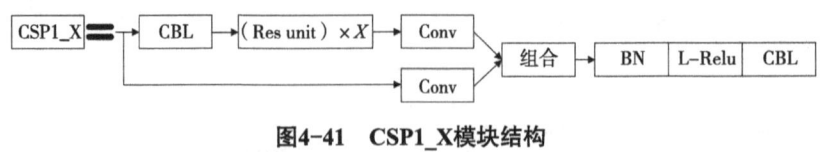

图4-41　CSP1_X模块结构

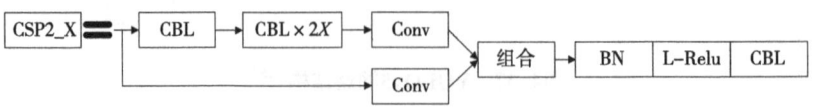

图4-42　CSP2_X模块结构

（3）改进方法

Focus结构　与YOLOv4相比，Focus结构是YOLOv5中特有的结构，其中的关键是切片操作。Focus结构是指在图片进入骨干网络之前，将图片每隔一个像素取一个值，与邻近下采样操作相似，即可得到4组图片。Focus操作将图像的宽和高信息集中到了通道空间，通道的维数扩大为原来的4倍，即拼接后的结果相当于是将原RGB的3个通道模式变成了12个通道，最后将得到的结果再经过卷积操作，得到最终的2倍下采样的特征图。切片操作的过程如图4-43所示[15]。

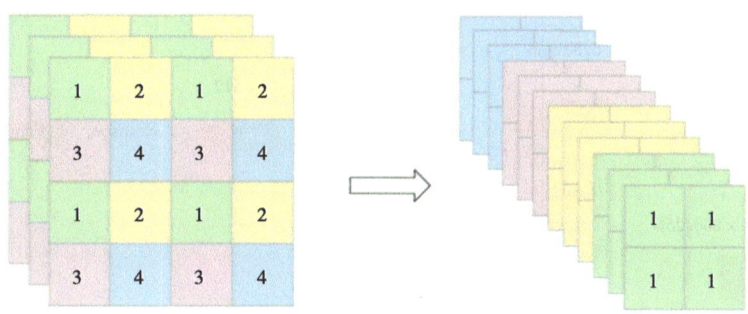

图4-43　Focus结构中的切片操作过程

CSP结构　YOLOv5与YOLOv4结构的不同点在于，YOLOv4只是在骨干网络部分运用了CSPNet结构，而YOLOv5设计了两种CSPNet结构，分别为CSP1_X和CSP2_X。CSP1_X结构应用于骨干网络，另一种CSP2_X结构则应用于Neck部分。利用CSPNet改进骨干网络提升了检测的性能，增强了CNN的学习能力，同时减少计算量，提升推理的速度。

损失函数：YOLOv5算法采用的是GIoU作为边界框回归的损失函数，GIoU方法在克服了IoU缺点的同时又充分利用IoU的优点。假设A为预测框，B为真实框，令C表示包含A与B的最小凸闭合框。GIoU的计算如式4-36所示，损失函数GIoUloss的计算如式4-37所示。

$$\mathrm{GIoU} = \mathrm{IoU} - \frac{|C/(A \cup B)|}{|C|} \quad (4\text{-}36)$$

$$\mathrm{GIoU}_{loss} = 1 - \mathrm{GIoU} \quad (4\text{-}37)$$

4.6.3.6　YOLOX算法

（1）简介

YOLOX是旷世科技（MEGVII）于2021年推出的YOLO系列改进算法，在YOLOX-L和YOLOv4-CSP、YOLOv5-L有差不多参数量的情况下，YOLOX-L在COCO上取得50.0%的AP（比YOLOv5-L高出1.8%的AP），且YOLOX-L在单张Tesla V100上能达到68.9 FPS。轻量化的YOLOX-Tiny面向CPU和移动端低算力设备的YOLOX-Nano（只有0.91 M参数量和1.08 G FLOPs）比对应的YOLOv4-Tiny和NanoDet分别高出10%的AP和1.8%的AP。

（2）网络结构

YOLOX网络结构如图4-44所示[16]。使用Darknet53作为主干网络提取图像特征，使用PAFPN作为Neck进行特征融合，在Head部分使用解耦头（Decoupled head）、Anchor-free、Multi positives进行结果预测。

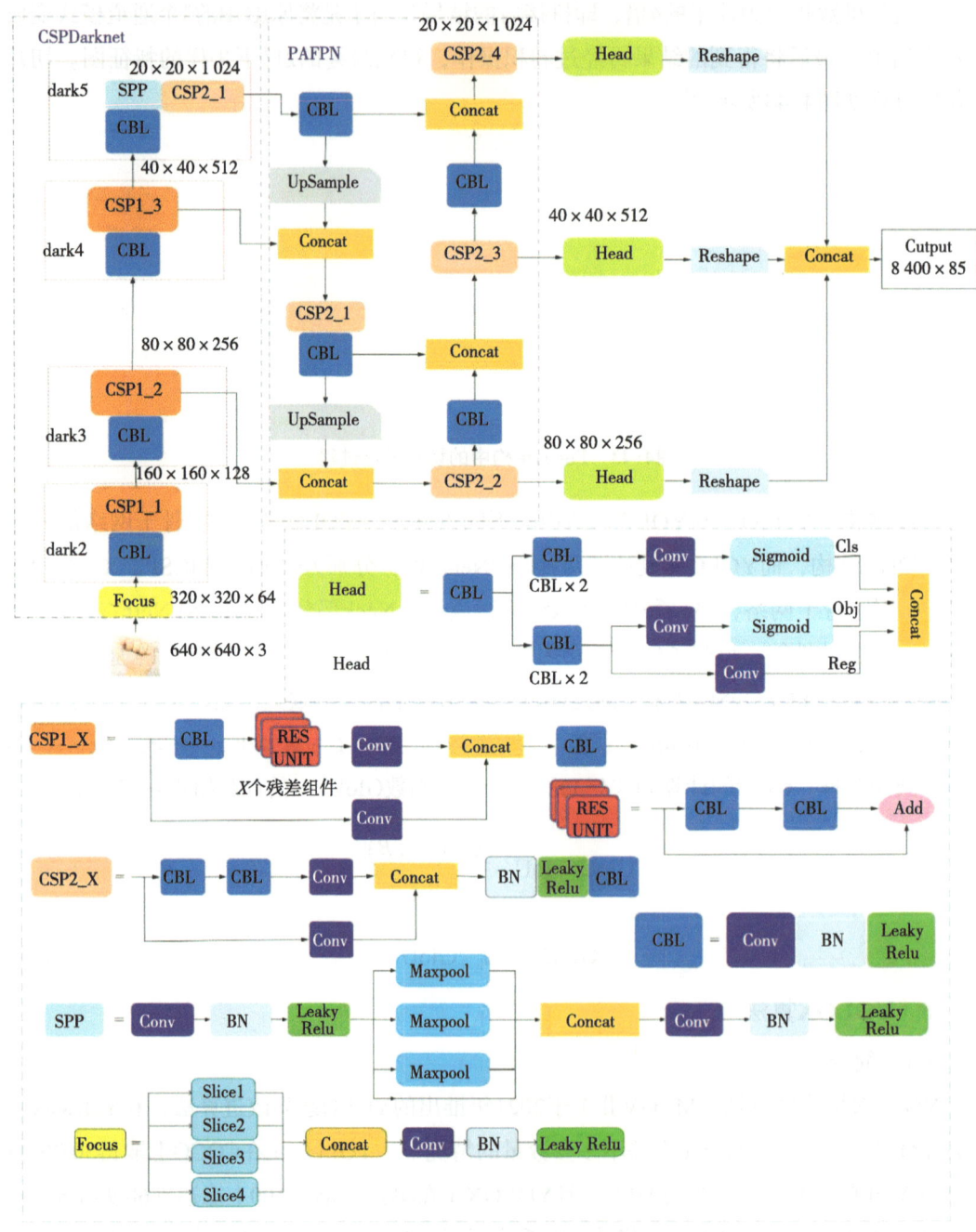

图4-44　YOLOX网络结构

（3）改进方法

Anchor-free

在目标检测算法中主要有Anchor-based和Anchor-free两种方式。在Yolov3、Yolov4、Yolov5中，通常都是采用Anchor-based的方式来提取目标框，进而和标注的Groundtruth进行比对，判断两者的差距。

而在使用Anchor-Based时，为了调优模型，需要对数据聚类分析以确定最优锚点，损失了一定的泛化性。此外，还增加了检测头复杂度，增加了每幅图像预测数量。例如在COCO数据集中，使用Yolov3对16×416图像推理，会产生3×（13×13+26×26+52×52）×85 = 10 647个预测结果。使用Anchor-Free可以减少调整参数数量，减少涉及的使用技巧。从原有一个特征图预测3组Anchor减少为只预测1组，直接预测4个值（左上角xy坐标和Box高宽）。Anchor-free使模型减少了参数量和计算量，使速度更快，且表现更好。

因此，使用简化最优输运分配（Smplified optimal transport assignment，SimOTA）替代之前的锚点方案去拟合锚点，从而实现Anchor-Free。

SimOTA

SimOTA的主要的作用是为每个正样本（网络输出预测框）分配一个真值框，让正样本去拟合该真值框。

首先，确定正样本预测框的候选区域，将预测框中心落在目标框内以及预测框落在目标框中心一定范围内的预测框初步筛选出来；然后，计算每个正样本与目标框的回归损失及分类损失。

回归损失L_{reg}计算如下：

$$\begin{cases} \text{IOU} = \dfrac{S_{\text{pred} \cap \text{GT}}}{S_{\text{pred} \cup \text{GT}}} \\ L_{\text{reg}} = -\log\left[\text{IOU}(B_{\text{GT}}, B_{\text{pred}})\right] \end{cases} \quad (4\text{-}38)$$

式中，S为候选区域，pred为预测框，GT为真值框。

分类损失L_{cls}是类别的预测概率t与置信度的预测概率p乘积所得的目标类别分数的二分类交叉熵，其中，分类损失计算如式4-39所示：

$$L_{\text{cls}} = -\sum_{i=1}^{n}\left[t_i \cdot \log(p_i) + (1-t_i) \cdot \log(1-p_i)\right] \quad (4\text{-}39)$$

接着计算cost代价矩阵，如式4-40所示：

$$C_{ij} = L_{ij}^{\text{cls}} + \lambda L_{ij}^{\text{reg}} \quad (4\text{-}40)$$

式中，L_{ij}^{cls}与L_{ij}^{reg}分别为真值g_i和预测值p_j的分类损失与回归损失，λ为权重系数。

使用每个目标框的预测样本确定其需要分配到的正样本数K_D，将当前目标框IoU值前num样本的IoU求和取整即为当前目标框的正样本数K_D，且至少为1，其中num取值为5～15。

将每个目标框cost值最小的前K_D个预测框作为正样本，剩余的为负样本。其中还要处理同个样本被分配给多个目标框的问题。

完成了SimOTA筛选后，即可进行最后的网络损失计算。但此时的回归损失计算和分类损失计算仅针对经过SimOTA筛选出来的正样本预测框，但置信度损失还是针对之前的预测框进行计算的。

解耦头

YOLOX-s的Prediction层将Yolohead部分改为了解耦头结构，如图4-45所示，将回归和分类分两部分实现，预测时进行整合，同时提升了算法的收敛速度和精度[16]。其中，Reg为预测框位置信息，包含预测框的中心坐标和宽高信息，系4维向量；Obj为预测框内物体信息，表示框内包含待检测物体存在概率的置信度信息，系1维向量；Cls表示预测框分类信息，表示框内属每种待检测类别物体的概率，维度等同于物体类别数目。

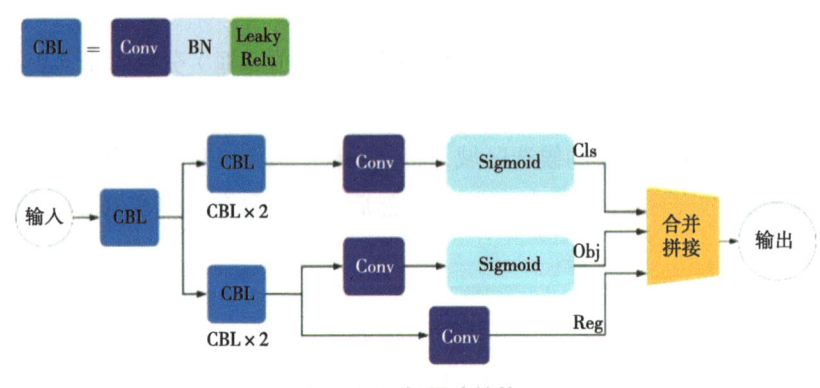

图4-45　解耦头结构

4.6.3.7　YOLOV6算法

（1）简介

YOLOv6是美团视觉智能部研发的一款目标检测框架，致力于工业应用。本框架同时专注于检测的精度和推理效率，在工业界常用的尺寸模型中，YOLOv6-nano在COCO上精度可达35.0%的AP，在T4上推理速度可达1 242 FPS；YOLOv6-s在COCO上精度可达43.1%的AP，在T4上推理速度可达520 FPS。在部署方面，YOLOv6基于GPU、CPU和ARM等架构的不同平台，极大地简化工程部署时的适配工作。

（2）网络结构

YOLOv6网络结构如图4-46所示[17]。在YOLOv6中，基于硬件友好的网络设计原则，作者提出了两个可缩放和重构的主干（Backbone）和颈部（Neck），以适应不同大小的模型，还提出了一个高效的解耦头（Decoupled head）与混合信道策略。

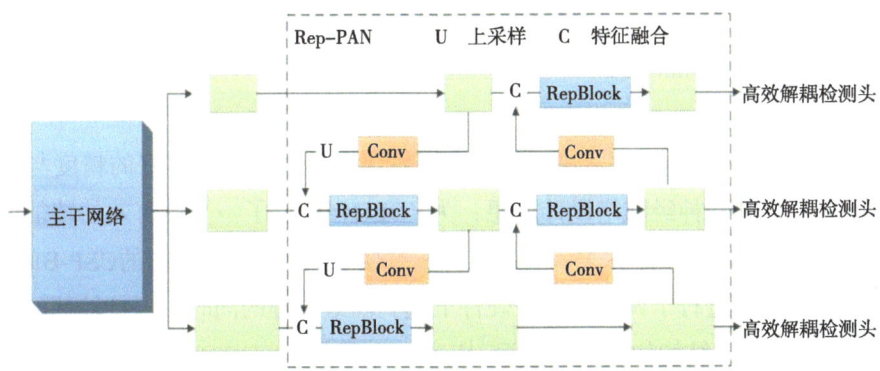

图4-46 YOLOv6网络结构

（3）改进方法

YOLOv5使用的Backbone和Neck都基于CSPNet搭建，采用了多分支的方式和残差结构。对于GPU等硬件来说，这种结构会一定程度上增加延时，同时减小内存带宽利用率。因此，基于硬件感知神经网络设计的思想，在Yolov6的设计中对Backbone和Neck进行了重新设计和优化。该思想基于硬件的特性、推理框架/编译框架的特点，以硬件和编译友好的结构作为设计原则，在网络构建时，综合考虑硬件计算能力、内存带宽、编译优化特性、网络表征能力等，进而获得又快又好的网络结构。

EfficientRep主干网络（EfficientRep backbone）

相比于YOLOv5采用的CSP-Backbone，该Backbone能够高效利用GPU算力，且具有较强的表征能力。图4-47为EfficientRep主干网络具体设计结构图，将主干网络中stride=2的普通卷积层层替换成了stride=2的RepConv层。同时，将原始的CSP-Block都重新设计为RepBlock，

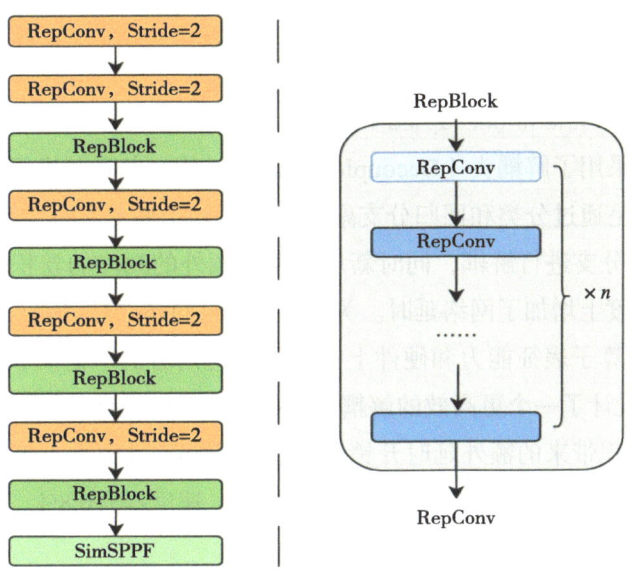

图4-47 EfficientRep主干网络结构

其中RepBlock的第一个RepConv会做Channel维度的变换和对齐。另外，还将原始的SPPF优化设计为更加高效的SimSPPF[18]。

Rep-PAN

在Neck设计方面，为了让其在硬件上推理更加高效，以达到更好的精度与速度的平衡，作者基于硬件感知神经网络设计思想，为YOLOv6设计了一个更有效的特征融合网络结构Rep-PAN：基于PAN拓扑方式，用RepBlock替换了YOLOv5中使用的CSP-Block，同时对整体Neck中的算子进行了调整，使在硬件上达到高效推理的同时，保持较好的多尺度特征融合能力。Rep-PAN结构如图4-48所示[18]。

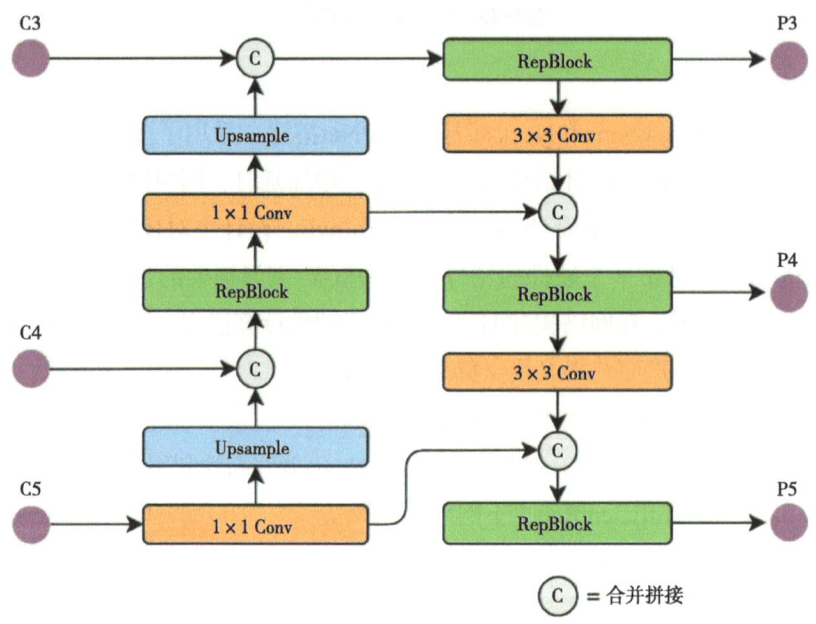

图4-48　Rep-PAN结构

高效解耦头（Efficient decoupled head）

在YOLOv6中采用了解耦头（Decoupled head）结构，并对其进行了精简设计。原始YOLOv5的检测头是通过分类和回归分支融合共享的方式来实现的，而YOLOX的检测头则是将分类和回归分支进行解耦，同时新增了两个额外的3×3的卷积层，虽然提升了检测精度，但一定程度上增加了网络延时。为此，在YOLOv6中对解耦头进行了精简设计，并综合考虑到相关算子表征能力和硬件上计算开销这两者的平衡。YOLOv6采用Hybrid channels策略重新设计了一个更高效的解耦头结构，在维持精度的同时降低了延时，缓解了解耦头中3×3卷积带来的额外延时开销。通过在nano尺寸模型上进行消融实验，对比相同通道数的解耦头结构，精度提升0.2%AP的同时，速度提升6.8%。高效解耦头结构如图4-49所示[17]。

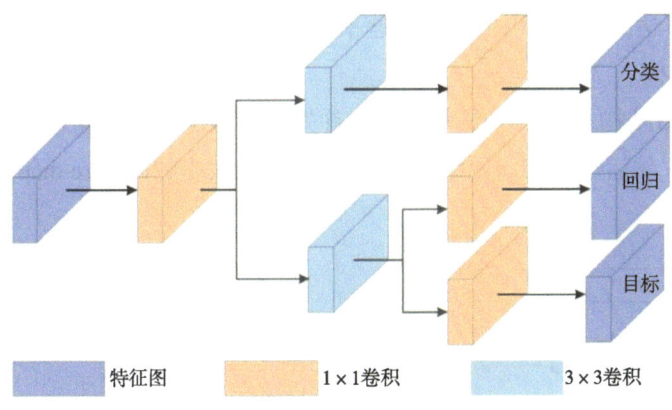

图4-49 高效解耦头结构

Anchor-free无锚范式

YOLOv6采用了更简洁的Anchor-free检测方法。由于Anchor-based检测器需要在训练之前进行聚类分析以确定最佳Anchor集合，这会一定程度提高检测器的复杂度；同时，在一些边缘端的应用中，需要在硬件之间搬运大量检测结果的步骤，也会带来额外的延时。而Anchor-free无锚范式因其泛化能力强，解码逻辑更简单，在近几年中应用比较广泛。经过对Anchor-free的实验调研，相较于Anchor-based检测器的复杂度而带来的额外延时，Anchor-free检测器的速度有51%的提升。

SimOTA标签分配策略

为了获得更多高质量的正样本，YOLOv6引入了SimOTA算法动态分配正样本，进一步提高检测精度。YOLOv5的标签分配策略是基于Shape匹配，并通过跨网格匹配策略增加正样本数量，从而使网络快速收敛，但是该方法属于静态分配方法，并不会随着网络训练的过程而调整。YOLOv6采用了SimOTA动态分配策略，并结合无锚范式，在nano尺寸模型上平均检测精度提升1.3%AP。

SIoU边界框回归损失

为了进一步提升回归精度，YOLOv6采用了SIoU边界框回归损失函数来监督网络的学习。目标检测网络的训练一般需要至少定义两个损失函数：分类损失和边界框回归损失，而损失函数的定义往往对检测精度以及训练速度产生较大的影响。SIoU损失函数通过引入了所需回归之间的向量角度，重新定义了距离损失，有效降低了回归的自由度，加快网络收敛，进一步提升了回归精度。通过在YOLOv6s上采用SIoU loss进行实验，对比CIoU loss，平均检测精度提升0.3%AP。

4.6.3.8 YOLOV7算法

（1）简介

2022年，原YOLOv4作者团队提出了YOLOv7算法。YOLOv7在5～160 FPS范围内的速度和准确度都超过了所有已知的目标检测器，并且在GPU V100上进行测试，准确度

56.8%AP的模型可达到30 FPS以上的检测速率。

（2）网络结构

YOLOv7网络结构如图4-50所示[19]。首先对输入大小为640×640的图片，输入到Backbone网络中，然后经Head层网络输出3层不同尺寸大小的Feature map，经过Rep和卷积输出预测结果。

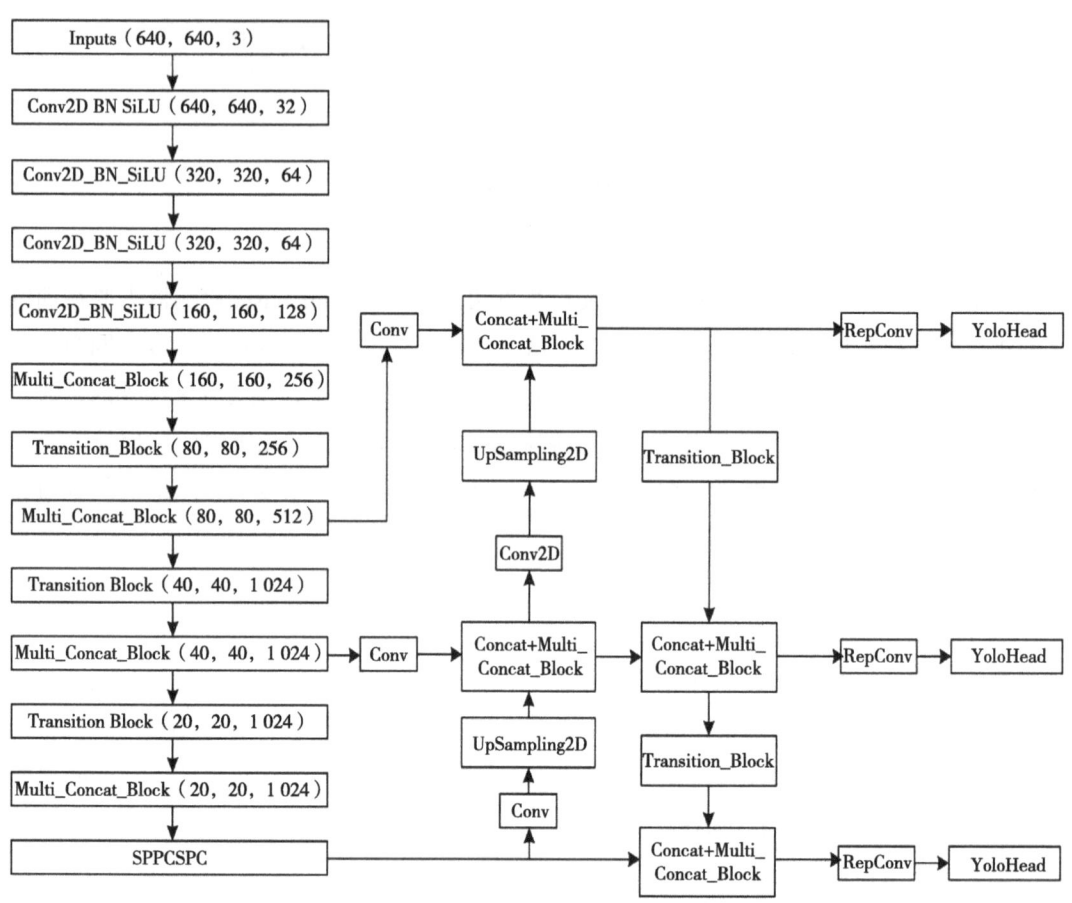

图4-50　YOLOv7网络结构

（3）改进方法

扩展的高效层聚合网络（Extended efficient layer aggregation networks）

图4-51（b）中CSPVoVNet的设计是VoVNet的一种变体。CSPVoVNet的架构除了考虑上述基本设计问题外，还分析了梯度路径，以使不同层的权重能够学习到更多样化的特征[20]。

图4-51（c）中的ELAN考虑了"如何设计一个高效的网络"，并得出了一个结论：通过控制最短最长的梯度路径，更深的网络可以有效地学习和收敛。YOLOv7作者提出了基于ELAN的Extended-ELAN（E-ELAN），其主要架构如图4-51（d）所示。

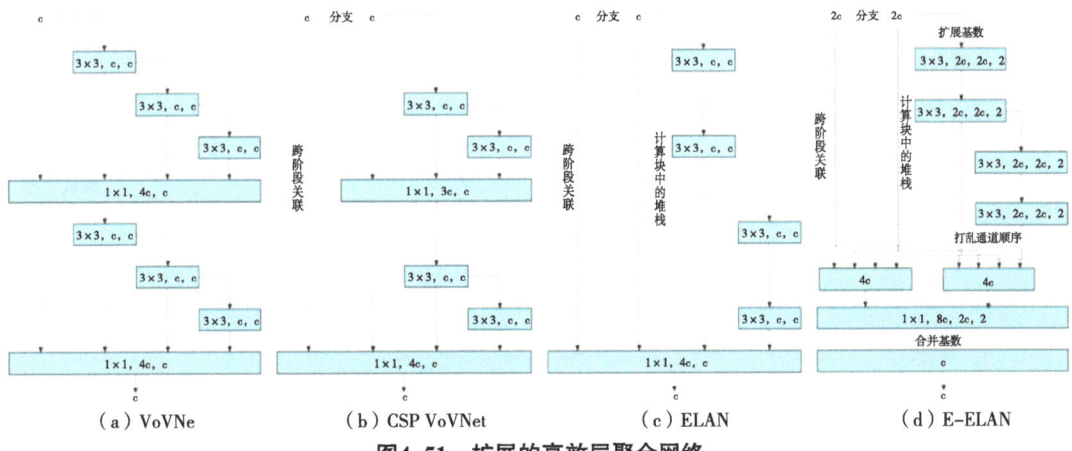

图4-51 扩展的高效层聚合网络

无论梯度路径长度和大规模ELAN中计算块的堆叠数量如何，它都达到了稳定状态。如果无限堆叠更多的计算块，可能会破坏这种稳定状态，参数利用率会降低。作者提出的E-ELAN使用Expand、Shuffle、Merge Cardinality来实现在不破坏原有梯度路径的情况下不断增强网络学习能力的能力。

在架构方面，E-ELAN只改变了计算块的架构，而过渡层的架构完全没有改变。策略是使用组卷积来扩展计算块的通道和基数，将对计算层的所有计算块应用相同的组参数和通道乘数；然后，每个计算块计算出的特征图会根据设置的组参数被打乱成g个组，然后将它们连接在一起。此时，每组特征图的通道数将与原始架构中的通道数相同；最后，添加g组特征图来执行合并基数。E-ELAN除了保持原有的ELAN设计架构外，还可以引导不同组的计算块学习更多样化的特征。

基于concatenate模型的模型缩放

该方法主要用于诸如PlainNet或ResNet等架构中。当这些架构在执行放大或缩小过程时，每一层的In-degree和Out-degree都不会发生变化，因此可以独立分析每个缩放因子对参数量和计算量的影响[20]。然而，如果这些方法应用于基于Concatenate的架构时会发现当扩大或缩小执行深度，基于Concatenate的转换层计算块将减少或增加，如图4-52（a）和（b）所示。

从上述现象可以推断，对于基于Concatenate的模型不能单独分析不同的缩放因子，而必须一起考虑。以Scaling-up depth为例，这样的动作会导致Transition layer的输入通道和输出通道的比例发生变化，这可能会导致模型的硬件使用率下降。

因此，必须为基于Concatenate的模型提出相应的复合模型缩放方法。当缩放一个计算块的深度因子时，还必须计算该块的输出通道的变化。然后，将对过渡层进行等量变化的宽度因子缩放，结果如图4-52（c）所示。本研究提出的复合缩放方法可以保持模型在初始设计时的特性并保持最佳结构。

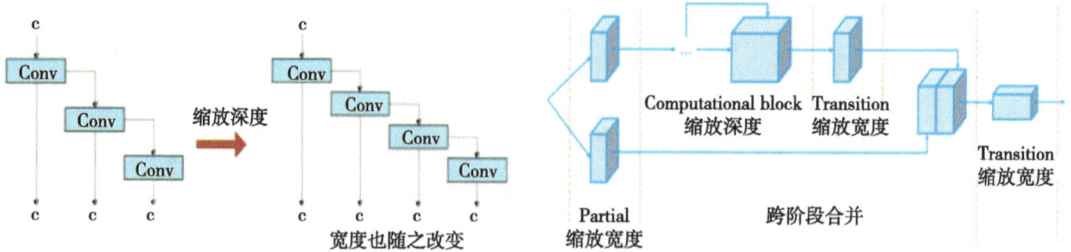

（a）基于Concatenate的模型　（b）缩放深度的基于Concatenate的模型　　（c）复合缩放深度和宽度的基于Concatenate的模型

图4-52　Concatenate模型缩放示意

Planned re-parameterized convolution

尽管RepConv在VGG基础上取得了优异的性能，但当将它直接应用于ResNet、DenseNet和其他架构时，它的精度将显著降低。为此，这里使用梯度流传播路径来分析重参数化的卷积应该如何与不同的网络相结合，还相应地设计了计划中的重参数化的卷积。

RepConv实际上结合了3×3卷积、1×1卷积和在1个卷积层中的id连接。通过分析RepConv与不同架构的组合及其性能，发现RepConv中的id连接破坏了ResNet中的残差和DenseNet中的连接，为不同的特征图提供了梯度多样性。

基于上述原因，使用没有id连接的RepConv（RepConvN）来设计计划中的重参数化卷积的体系结构。当具有残差或连接的卷积层被重新参数化的卷积所取代时，不应该存在id连接。图4-53显示了在PlainNet和ResNet中使用Planned re-parameterized convolution的一个示例[20]。

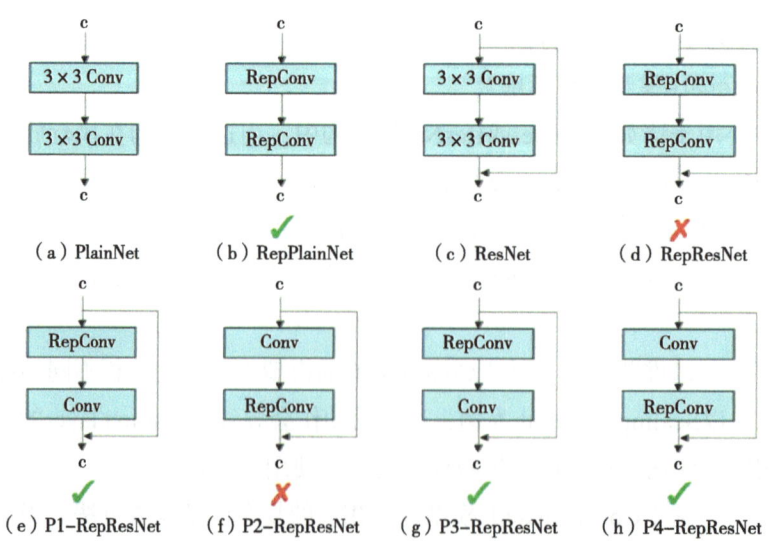

图4-53　Planned re-parameterized convolution示例

标签匹配

深度监督是一种常用于训练深度网络的技术。其主要概念是在网络的中间层增加额外的Auxiliary head，以及以Auxiliary损失为导向的浅层网络权值。即使对于像ResNet和DenseNet这样通常收敛得很好的体系结构，深度监督仍然可以显著提高模型在许多任务上的性能。图4-54（a）和（b）分别显示了"没有"和"有"深度监督的目标检测器架构。在本研究中，将负责最终输出的Head称为Lead head，将用于辅助训练的Head称为Auxiliary head。

过去，在深度网络的训练中，标签分配通常直接指GT，并根据给定的规则生成硬标签。近年来，如果以目标检测为例，研究者经常利用网络预测输出的质量和分布，然后结合GT考虑，使用一些计算和优化方法来生成可靠的软标签。例如，YOLO使用边界框回归预测和GT的IoU作为客观性的软标签。在本研究中，将网络预测结果与GT一起考虑，然后将软标签分配为Label assigner。

无论Auxiliary head或Lead head的情况如何，都需要对目标目标进行深度监督培训。在软标签分配相关技术的开发过程中，偶然发现了一个新的衍生问题，即"如何将软标签分配给Auxiliary head和Lead head？"相关文献迄今尚未对这一问题进行探讨。目前最常用的方法的结果如图4-54（c）所示，即将Auxiliary head和Lead head分开，然后使用它们自己的预测结果和GT来执行标签分配。这里提出的方法是一种新的标签分配方法，通过Lead head预测来引导Auxiliary head和Lead head。换句话说，使用Lead head预测作为指导，生成从粗到细的层次标签，分别用于Auxiliary head和Lead head的学习。所提出的两种深度监督标签分配策略分别如图4-54（d）和（e）所示[20]。

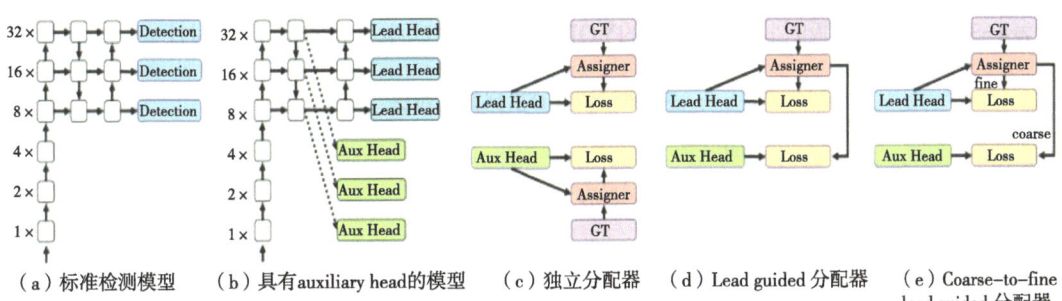

（a）标准检测模型　（b）具有auxiliary head的模型　（c）独立分配器　（d）Lead guided 分配器　（e）Coarse-to-fine lead guided 分配器

图4-54　深度监督目标检测器架构

4.6.4　YOLO算法案例测试及结果分析

YOLOv5代码目前已开源，可在Github网站上自行下载，YOLOv5代码下载地址为：https://github.com/ultralytics/yolov5。YOLOv7可在Github网站上自行下载，YOLOv7代码下载地址为https://github.com/WongKinYiu/yolov7。YOLOv7检测结果示例如图4-55所示。本试验所使用的数据集为cow300。

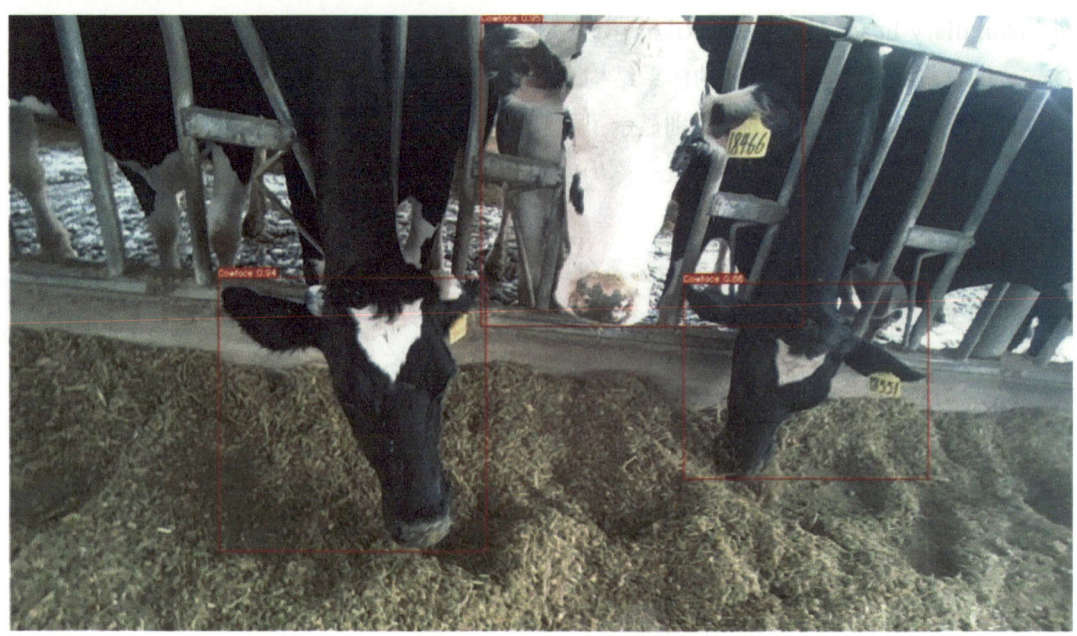

图4-55 YOLOv7检测示意

4.6.5 YOLO系列算法对比

本研究对YOLO系列算法在3个数据集COCO、VOC2007和COV2012上进行性能对比,并简述了各自的优缺点,以方便读者在实际使用时选择适合自己的YOLO算法(表4-3)。本书出版时肯定已有新的YOLO系列算法产生,请读者自行对比。

表4-3 YOLO系列算法对比

算法	发布年份	Map(%)			优缺点
		COCO	VOC2007	COV2012	
YOLO	2016	—	63.4	57.9	检测速度快;对小目标检测效果不佳
YOLOv2	2017	21.6	78.6	73.5	分类精度提高;使用预训练,迁移较难
YOLOv3	2018	57.9	—	—	实现多尺度检测;对中、大目标检测效果较差
YOLOv4	2020	43.5	—	—	在检测精度和速度之间取得平衡;检测精度有待提高
YOLOv5	2020	48.2	—	—	模型小,速度快;检测性能有待提高
YOLOX	2021	50.0	—	—	速度和精度有所增加;对高分辨率图像检测精度较低
YOLOv6	2022	52.5	—	—	精度与速度取得较好的平衡
YOLOv7	2022	56.8	—	—	检测速度快,精度高
……					

4.7 Swin transformer模型

4.7.1 作者及所在团队简介

该方法是发表在ICCV2021的一篇文章，并且获得ICCV2021最佳论文的荣誉称号。论文通讯作者是胡瀚，微软亚洲研究院视觉计算组研究员，分别于2008年和2014年在清华大学自动化系获得本科和博士学位，毕业后曾在百度研究院深度学习实验室工作，担任CVPR2021/2022领域主席。目前主要研究兴趣是基本视觉建模，视觉自监督学习，以及视觉—语言联合表征学习，是关于Swin transformer、关系网络系列和可变形卷积系列论文的作者。

4.7.2 算法的原理描述

4.7.2.1 Swin transformer基本框架

Swin transformer是一个较新的视觉Transformer，可作为视觉任务的一个通用的骨干网络使用，如图4-56所示，与Vision transformer模型相比，Swin transformer的特征层是有层次性的，这一变化过程与卷积神经网络（CNN）类似，随着网络层数的加深，通过4倍、8倍和16倍下采样操作，特征层的尺寸不断减小，而小的特征块则是逐层合并相邻的特征块变为大的特征块，这种具有层次性的特征图对图像分割、目标检测等下游任务更加友好；而Vision transformer模型则是始终保持16倍下采样的倍率，特征层大小保持不变。另外，Swin transformer的特征块是以窗口的形式在特征层上进行分割，没有重叠；而Vision transformer模型的特征层并没有进行分割，而是保持一个整体的形式[21]。

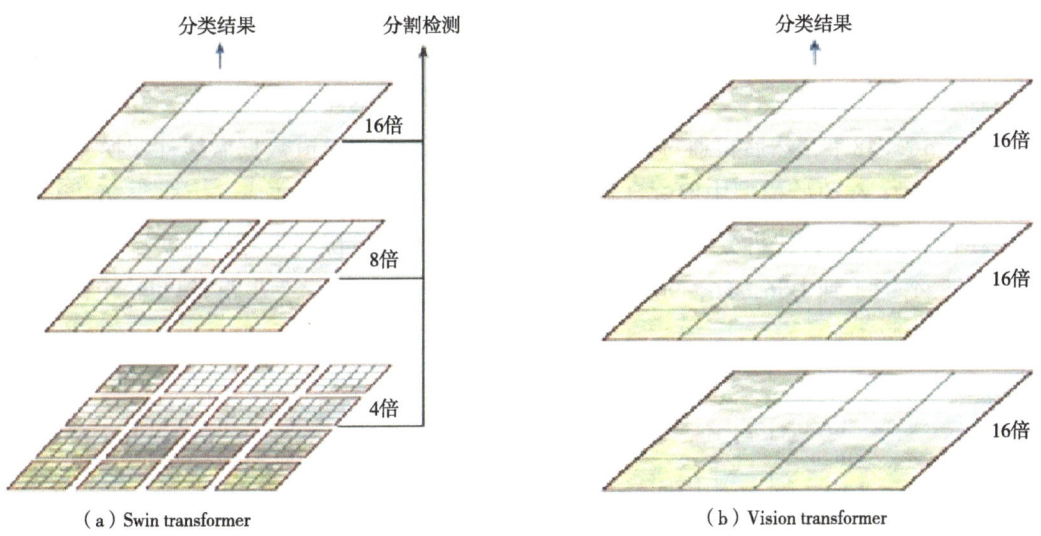

图4-56 Swin transformer和Vision transformer比较

Swin transformer的结构如图4-57所示，整个Swin transformer建立了4个阶段，RGB三

通道图像首先经过Patch partition模块进行Patch划分，通过Patch partition后图像的Shape由［H，W，3］变成了［H/4，W/4，48］，再经过线性嵌入（Linear embedding）模块将通道数变成C，然后数据通过4个阶段构建不同大小的特征图。除了阶段1中先通过一个线性嵌入外，剩下3个阶段中每一个阶段都是先通过一个块合并层（Patch merging）进行下采样，每次行和列都变为上一次的一半，通道数则变为各自阶段输入的2倍，之后再放入重复堆叠的Swin transformer block中。Swin transformer block有两种结构，这两种结构的不同之处仅在于一个使用了基于窗口的多头自注意力机制（W-MSA）结构，另一个使用了基于移位窗口的多头注意机制（SW-MSA）结构，而且这两个结构是成对使用的，先使用一个W-MSA结构再使用一个SW-MSA结构[21]。

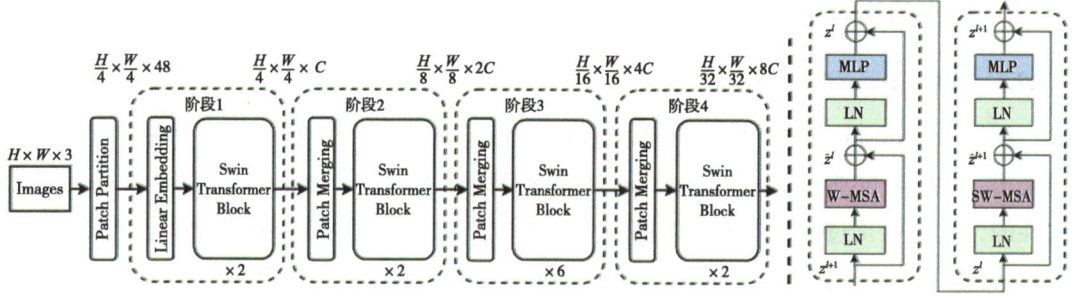

图4-57　Swin transformer框架

4.7.2.2　块拆分层（Patch partition）与线性嵌入层（Lear embedding）

如图4-58所示，首先将图片输入到块拆分层中进行分块，即每4×4个相邻的像素为一个Patch，然后在通道方向展平。假设输入的是RGB三通道图片，H为224，W为224，那么每个Patch就有4×4=16个像素，然后每个像素有R、G、B三个值，所以展平后是16×3=48，224÷4=56。Partition之后，原始图像的shape由［224，224，3］变成了［56，56，48］，然后再通过线性嵌入层对每个像素的通道数据做线性变换，由48变成C，通道数C在原始模型中取96，则shape由［56，56，48］变成了［56，56，96］，在实际代码实现中，块拆分层与线性嵌入层可通过一个卷积层来巧妙地实现：通过卷积［224，224，3］到［56，56，96］，直接使用一个卷积核4×4、步距为4和卷积核个数为96个的卷积来实现。

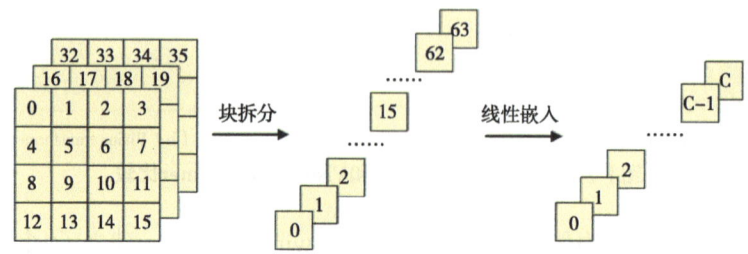

图4-58　块拆分层与线性嵌入层示意

4.7.2.3 块合并层（Patch merging）

除了阶段1以外的其他阶段都存在一个块合并层，其功能便是对上一个阶段的特征图进行下采样，如图4-59所示，假设输入Patch merging的是一个4×4×3大小的特征图，块合并层会将每个2×2的相邻像素块合并层块划分为一个Patch，然后将每个Patch中相同位置（同一颜色）像素给拼在一起就得到了4个新的特征图。然后，将这4个特征图在深度方向进行拼接（Concat），再通过一个归一化（LayerNorm）。最后，在特征图的深度方向上通过一个全连接层进行线性变化，将特征图的深度由3变成6。例如，如果输入的特征图Shape为［56，56，96］，则经过Patch merging后Shape变为［28，28，192］[22]。

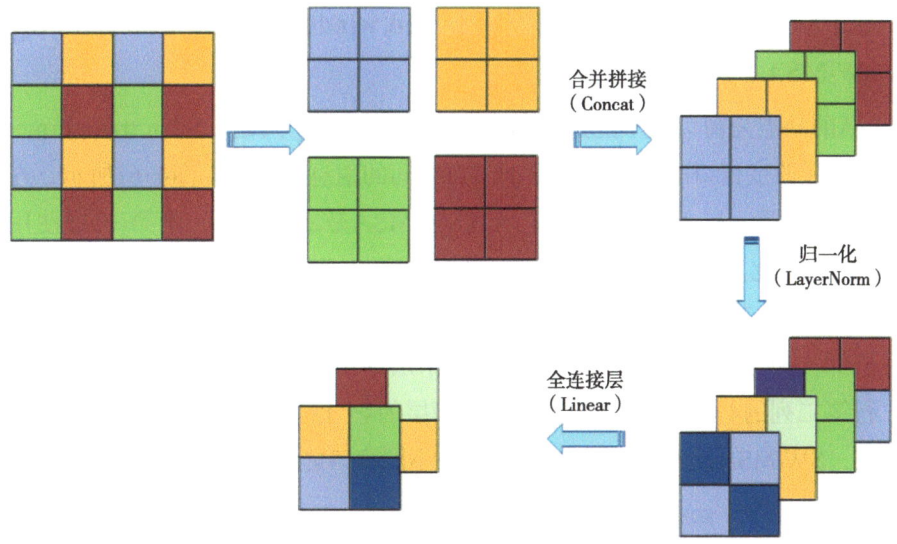

图4-59　Patch merging操作

4.7.2.4 基于窗口的多头自注意力机制（Windows multi-head self-attention，W-MSA）

多头自注意力（Multi-head self-attention，MSA）是对每个Patch进行多头注意力机制的计算得到其最终的注意力，与使用单独的一个注意力池化不同，可以独立学习得到多组不同的线性投影（Linear projections）来变换查询、键和值；然后，这组变换后的查询、键和值将并行地进行注意力池化；最后，将这些注意力池化的输出拼接在一起，并且通过另一个可以学习的线性投影进行变换，以产生最终输出。这种设计被称为多头注意力，它不适用进行视觉领域的密集预测等下游任务以及高分辨率图像输入的情况。而在Swin transformer block中的W-MSA，通过以下方式来减少计算量：对于一个Patch，首先将特征图按照$M×M$（图4-60中的$M=2$）大小划分成若干个窗口（Windows），然后单独对每个窗口内部进行多头自注意力计算，这虽然可以减少计算量，但缺点是窗口之间无法进行信息交互。在实际Swin transformer模型中M为7，共有64个窗口[22]。

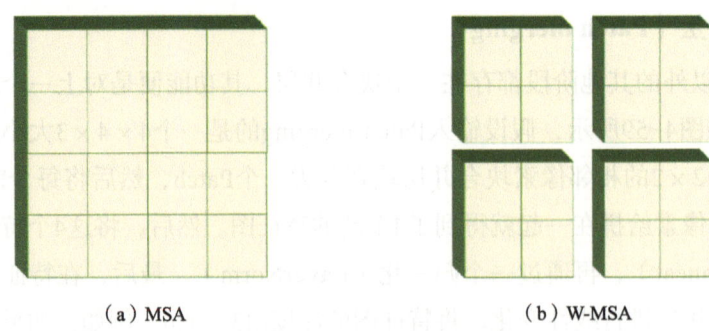

(a) MSA　　　　　　　　　　　(b) W-MSA

图4-60　W-MSA和MSA比较

4.7.2.5　基于移位窗口的多头注意机制（Shifted windows multi-head self-attention，SW-MSA）

W-MSA的缺点是窗口间不能进行信息交互。针对这一问题，Swin transformer提出了SW-MSA，通过改变窗口的尺寸来实现不同窗口间的信息交互。如图4-61所示，左侧使用W-MSA（假设是第一层），由于W-MSA和SW-MSA是成对使用，则第l+1层使用的就是SW-MSA[21]。对比左右两幅图可见窗口发生了偏移：窗口从左上角分别向右侧和下方各偏移了M/2个像素，其中M是单个Patch的高或者宽。在右侧图中第l+1层中偏移后的窗口，比如第一行第二列的2×4的窗口，它能够使第l层的第一排的2个窗口信息进行交流；再如，第二行第二列的4×4的窗口，它能够使第l层的4个窗口信息进行交流；以此类推。通过这种方式，SW-MSA就解决了原先W-MSA中不同窗口之间无法进行信息交流的问题。

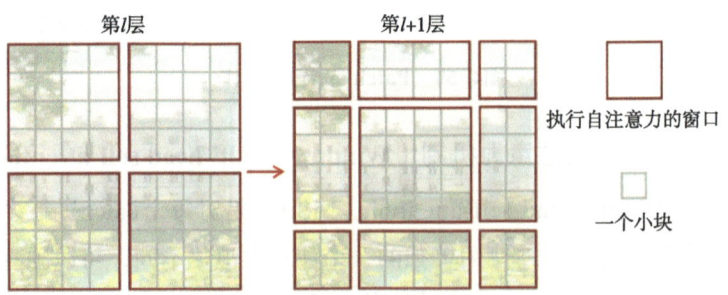

图4-61　SW-MSA操作

通过将窗口进行偏移后，原来的4个窗口变成9个窗口了，然后对每个窗口内部进行MSA，这样做反而又提高了计算量。为了解决这个问题，Swin transformer引入一种更加高效的计算方法，如图4-62所示[22]，左侧图是通过偏移后得到的新窗口，中间图为了方便大家理解，对每个窗口的像素区域加上一个标识，分别为A、B、C。然后，先将区域A和C移到最下方；接着，再将区域A和B移至最右侧，就得到右侧图。右侧图中，窗口可以重新划分为4个窗口。其中左上角的窗口是原本的中心区域，右上角和左下角的窗口则分别是原图左右4×2的两个区域、上下2×4的两个窗口，右下角的窗口则包含了原图4个角的

2×2区域。然后，先将区域A和C移到最下方，接着再将区域A和区域B移至最右侧，最后得到右侧图。这样又和原来一样是4个4×4的窗口了，能够保证计算量一致。通过循环移位，批处理窗口的数量与常规划分的窗口数相同。经过了循环移位，一个窗口可包含来自不同窗口的内容。因此，要采用Masked MSA机制将先正常计算自注意力，再进行Mask操作将不需要的注意力置0，从而将自注意力计算限制在各子窗口内。最后，通过逆循环移位方法将每个窗口的自注意力结果返回。

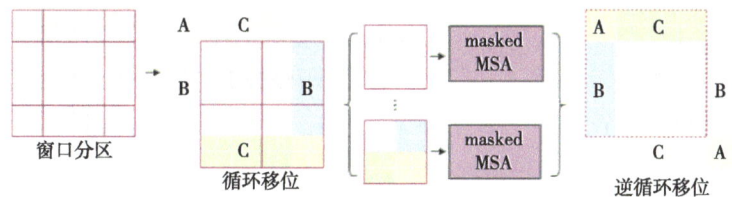

图4-62　降低SW-MSA计算量的方法

4.7.2.6　相对位置偏置参数

在计算多头自注意力时，还会引入相对位置偏置参数，此时的多头自注意力计算公式如下：

$$\text{Attention}(Q,K,V) = \text{Softmax}\left(\frac{QK^T}{\sqrt{d_k}} + B\right)V \quad (4-41)$$

式中，$Q,K,V \in R^{M^2 \times d}$是自注意力中的查询（Query），键（Key）和值（Value），分别表示；$B \in R^{M^2 \times M^2}$为偏置，用于衡量Patch之间的位置信息索引，是可以训练的参数，其中M^2是窗口的中像素区域的大小；d_k是自注意力中Query和Key的维度。B可通过如下方式进行计算，假设输入的特征图高和宽都为2，如图4-63所示[22]，首先构建出每个像素的绝对位置，如右上方的矩阵所示；对于每个像素的绝对位置是使用行号和列号表示的，比如蓝色的像素对应的是第0行第0列，其绝对位置索引是（0，0）。然后，计算相对位置索引：首先在蓝色像素使用查询（q）与所有像素的键（k）进行匹配过程中，是以蓝色像素为参考点；然后用蓝色像素的绝对位置索引与其他位置索引相减，就得到其他位置相对于蓝色像素的相对位置索引。例如，黄色像素的绝对位置索引是（0，1），则它相对蓝色像素的相对位置索引为（0，-1）。那么同理可以得到其他位置相对蓝色像素的相对位置索引矩阵。同样，也能得到相对黄色、红色和绿色像素的相对位置索引矩阵。接下来将每个相对位置索引矩阵按行展平，并拼接在一起得到图4-64左下面的4×4矩阵。从该矩阵中可以发现，黄色像素是在蓝色像素的右边，所以相对蓝色像素的相对位置索引为（0，-1）；绿色像素是在红色像素的右边，所以相对红色像素的相对位置索引为（0，-1）。这两者的相对位置索引都是（0，-1），因此其使用的相对位置偏置参数也是一样的。随后，在原始的相对位置索引上加上$M-1$（为窗口的大小，在本示例中$M=2$），加上之后索引中就不会有负数了。接着,将所有的行标都乘以2M-1,并将行标和列标进行相加,这样就得到了最后的相对位置索引矩阵。相对位置索引总共有(2M-1)×(2M-1)种,即:随机生成了(2M-1)×(2M-1)个随机相对位置偏置,也就是式4-41中的B。

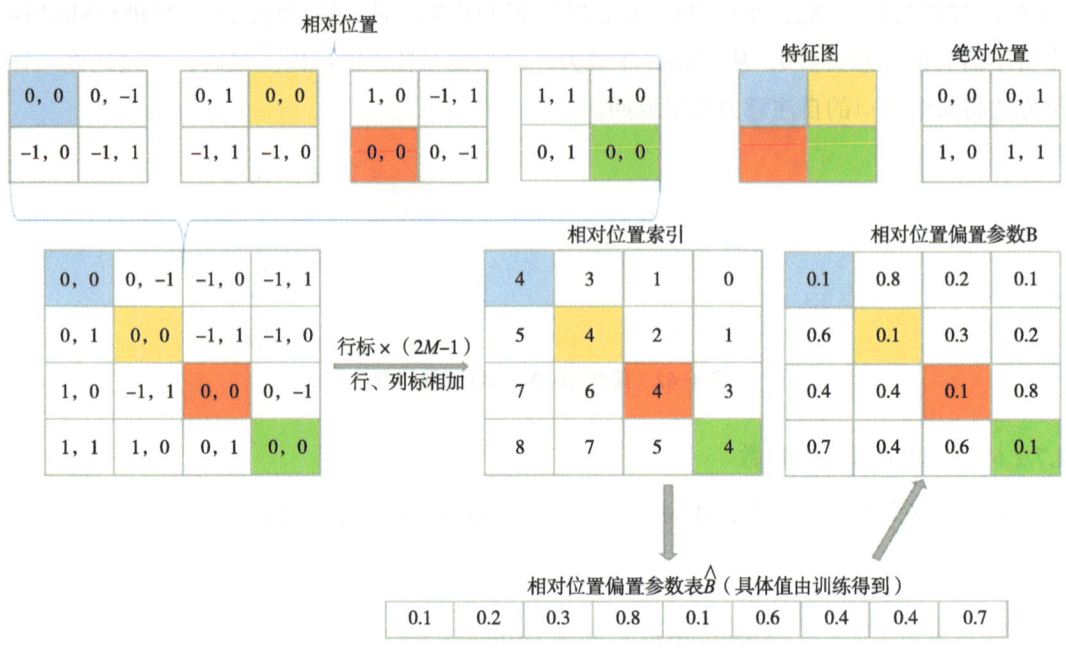

图4-63　相对位置偏置参数计算流程

4.7.3　Swin Transformer关键代码分析及模型训练测试

Swin Transformer测试结果如图4-64所示。Swin Transformer源代码来自Github,基于PyTorch实现,其作为骨干网络应用于目标检测的代码地址为https://github.com/open-mmlab/mmdetection/tree/master/configs/swin。本试验所使用的数据集为semantic_segXXX。相关代码解释和运行过程,请扫描附录中的二维码,从对应部分下载。

图4-64　测试结果示意

参考文献

[1] GIRSHICK R, Donahue J, Darrell T, et al. Rich feature hierarchies for accurate object detection and semantic segmentation. 2014 IEEE Conference on Computer Vision and Pattern Recognition, 2014: 1040-1057.

[2] KRIZHEVSKY A, SUTSKEVER I, HINTON G E. ImageNet classification with deep convolutional neural networks. Advances in Neural Information Processing Systems, 2012: 1097-1105.

[3] KOEN J, et al. Segmentation as selective search for object recognition. 2011 International Conference on Computer Vision, 2011: 1007-1015.

[4] GIRSHICK R. Fast R-CNN. 2015 IEEE International Conference on Computer Vision (ICCV), Santiago, Chile, 2015: 1440-1448.

[5] REN S, HE K, GIRSHICK R, et al. Faster R-CNN: Towards real-time object detection with region proposal Networks. IEEE Transactions on Pattern Analysis and Machine Intelligence, 2016: 1137-1149.

[6] LIN T Y, DOLLÁR P, GIRSHICK R, et al. Feature pyramid networks for object detection. 2017 IEEE Conference on Computer Vision and Pattern Recognition, 2017: 2117-2125.

[7] HE K, GKIOXARI G, DOLLÁR P, et al. Mask r-cnn. 2017 Proceedings of the IEEE International Conference on Computer Vision, 2017: 2961-2969.

[8] 肖力炀. 基于改进型Mask R-CNN模型的路面裂缝自动化识别方法. 西安: 长安大学, 2021.

[9] LIN T Y, GOYAL P, GIRSHICK R, et al. Focal loss for dense object detection. 2017 IEEE International Conference on Computer Vision, 2017: 2980-2988.

[10] LIU WAAD. SSD: Single shot MultiBox detector computer vision. ECCV 2016 Cham, 2016: 21-37.

[11] REDMON J, DIVVALA S, GIRSHICK R, et al. You only look once: Unified, real-time object detection.Proceedings of the IEEE Conference on Computer Vision and Pattern Recognition, 2016, 91: 779-788.

[12] REDMON JOSEPH, FARHADI ALI. YOLO9000: Better, faster, stronger. 2017 IEEE Conference on Computer Vision and Pattern Recognition (CVPR), 2016: 6517-6525.

[13] 张世龙. 基于深度学习的阿尔巴斯绒山羊面部识别研究. 呼和浩特, 2023: 内蒙古大学.

［14］刘怡帆.基于卷积神经网络的道路目标检测研究.汉中：陕西理工大学，2022.

［15］贾世娜.基于改进YOLOv5的小目标检测算法研究.南昌：南昌大学，2023.

［16］刘冬雨.基于YOLOX的手势识别算法研究.哈尔滨：哈尔滨理工大学，2023.

［17］李少帅.基于深度学习的家庭服务机器人抓取技术研究.哈尔滨：哈尔滨理工大学，2023.

［18］赵泽民.基于改进YOLOv6的轧钢表面细小缺陷检测研究与应用.太原：中北大学，2023.

［19］冯欣玉.基于改进YOLOv7的架空线路危物辨识方法研究.西安：西安理工大学，2023.

［20］WANG C, BOCHKOVSKIY A, LIAO H, et al. YOLOv7：Trainable bag-of-freebies sets newstate-of-the-art for real-time object detectors，2022. http://arxiv.org/abs/2207.02696

［21］LIU Z, LIN Y, CAO Y, et al. Swin transformer：Hierarchical vision transformer using shifted windows. IEEE/CVF International Conference on Computer Vision. 2021：10012-10022.

［22］步泽聪，2022.基于生成对抗网络与自注意力机制的遥感建筑物提取研究.桂林：桂林理工大学.

5 3D目标检测经典模型构建与开发实战

本部分精心挑选了五大经典的三维目标检测模型，包括PointRCNN、CBGS、VoteNet、Centerpoint和Voxel R-CNN，分别介绍了每个模型的提出背景、网络结构和关键技术等知识，并附上了模型用于牛图像数据的测试结果。

5.1 PointRCNN模型

5.1.1 PointRCNN模型设计者简介

PointRCNN算法设计者为史少帅，博士毕业于香港中文大学多媒体实验室，师从王晓刚教授和李鸿升教授。主要研究方向是三维场景的感知和理解及其在自动驾驶场景中的应用。在CVPR/ICCV/ECCV/TPAMI等顶级会议和期刊上发表多篇论文。攻读博士学位期间曾获香港特区政府奖学金、谷歌博士生奖学金、WAIC云帆奖明日之星等荣誉。

5.1.2 PointRCNN模型设计的背景、应用范围、优缺点和泛化能力

在自动驾驶中，最常用的3D传感器是激光雷达传感器，它可以生成3D点云来捕捉场景的3D结构。基于点云的3D目标检测的难点主要在于点云的不规则性。如图5-1（a）所示，目前的3D检测方法通常是将3D点云投影到鸟瞰图或正面视图，利用成熟的2D检测模型进行检测，或者是将点云量化成3D体素，再进行3D卷积的方法实现检测，这些方法在点云量化过程中常常导致信息丢失[1]。

Qi等提出了PointNet，直接从点云数据中学习3D表示用于点云分类和分割，而不是将点云转换为用于特征学习的体素。如图5-1（b）所示，他们将PointNet应用于3D对象检测，基于2D RGB检测结果中裁剪的视锥点云（Frustum-Pointnet）来估计3D边界框。Frustum是一种用于限定感兴趣区域（RoI）的方法，通常表示为一个视锥体，其中包含可能包含目标物体的点云，然后使用PointNet来处理这些Frustum，以检测和识别物体。然而，该方法的表现严重依赖于2D检测性能，且无法利用3D信息的优势来生成鲁棒的边界框。

与2D图像物体检测不同，自动驾驶场景中的3D物体被带注释的3D边界框自然地分离

好。换句话说，用于3D目标检测的训练数据可以直接提供用于3D对象分割的语义掩码。这是3D检测和2D检测训练数据之间的关键区别。在2D目标检测中，边界框只能为语义分割提供弱监督。针对这一问题，史少帅等提出了一种新的3D目标检测框架PointRCNN，可以直接在点云上实现鲁棒且准确的检测，如图5-1（c）所示，该框架由两个阶段组成。第一阶段首先自下而上地生成3D边界框，然后利用3D边界框生成地面实况分割掩模，最后对前景点进行分割并同时从分割的点生成少量边界框。这种策略避免了在整个3D空间中使用大量的3D锚盒，并提高了计算效率。第二阶段首先对3D锚盒进行细化，并在生成3D目标框之后，对第一阶段学习的点云表示进行区域池化。不同于直接估计全局框坐标的其他3D目标检测方法，池化后的点被转换到规范坐标后与池化后的点特征以及来自第一阶段的分割掩模相结合，一起用于优化相对坐标。这一新的做法充分利用了第一阶段分割信息和目标框子网络信息。为了更有效地优化坐标，作者还提出了基于区间bin的3D盒回归损失来生成和优化目标框，并通过大量消融实验验证：与其他3D盒回归损失方法相比，该方法收敛更快且召回率更高。

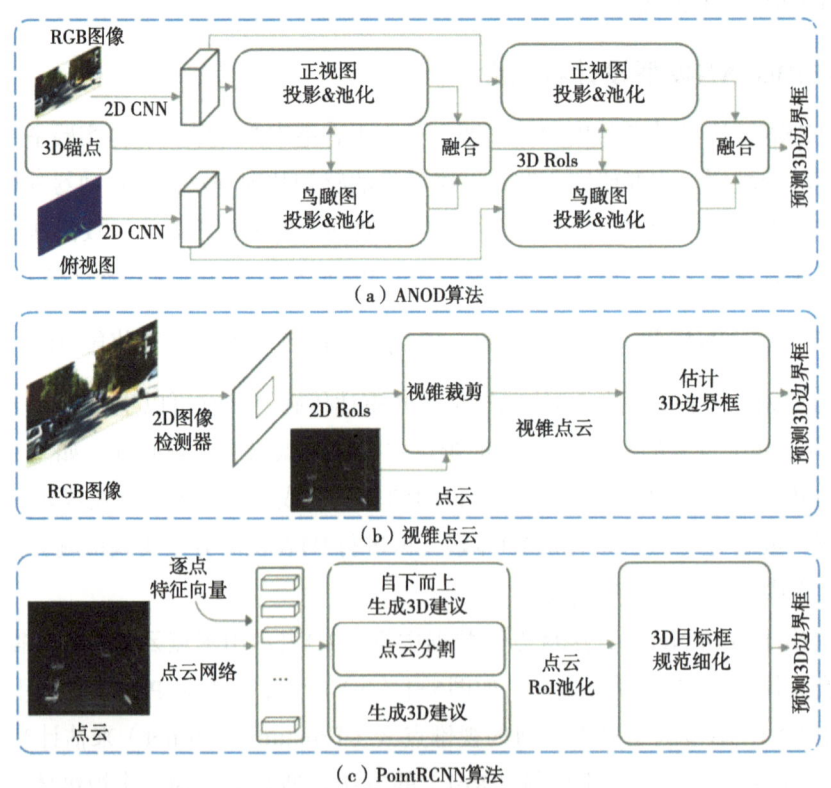

图5-1 与现有方法比较

5.1.3 PointRCNN模型原理描述

PointRCNN是一个用于检测不规则点云中3D目标对象的二阶段框架，总体结构如图

5-2所示。该网络结构可以分为以下阶段，首先，通过点云分割算法自下而上的生成3D目标框；然后，对点云区域进行池化；最后，利用规范化对3D边界框进行细化[1]。

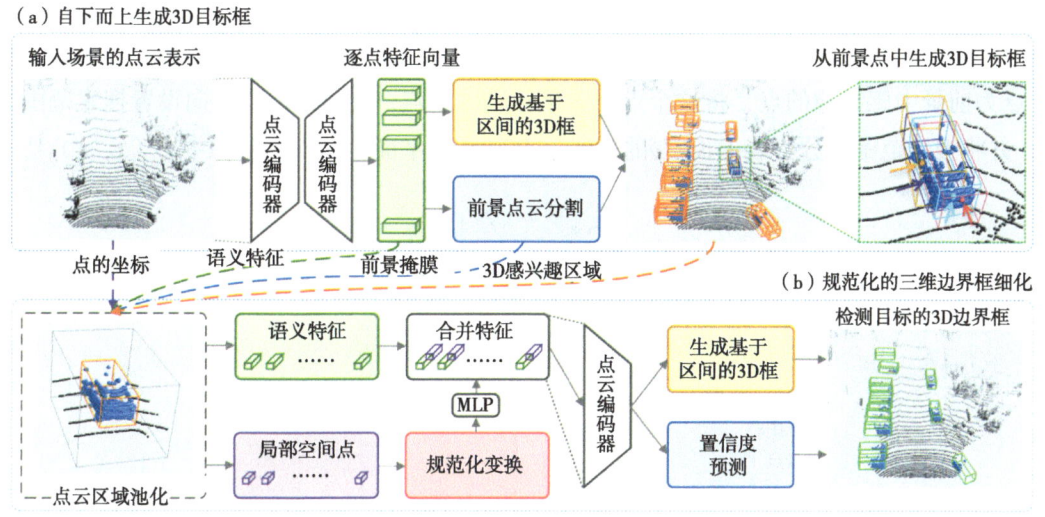

图5-2　PointRCNN结构

（1）通过点云分割算法自下而上的生成3D目标框

现有的2D目标检测方法有一阶段和二阶段两种检测方法：一阶段检测方法不经过细化直接估计目标边界框；相比之下，二阶段检测方法首先在第一个阶段生成目标框，然后在第二个阶段进一步细化目标框和置信度。但由于3D搜索空间巨大以及点云格式的不规则，将二阶段方法从2D直接扩展到3D具有较大难度。

为此，PointRCNN的作者提出了一种精确且稳健的3D目标框生成算法作为基于3D全场景点云分割的第一阶段子网络。由于3D场景中的对象是自然分离且不会相互重叠，因此所有3D目标的分割掩码都可以通过其3D边界框注释直接获得：即将3D框内的点被视为前景点。此外，这里采用了自下而上的生成方式：通过逐点学习目标特征来分割原始点云，同时从分割的前景点中生成3D目标框。这种方式有效地避免了在3D空间中使用大量预定义的3D框，并显著地缩小了3D目标框生成的搜索空间。试验表明，此3D目标框生成方法比基于3D锚点的目标框生成方法有更高的召回率。

为了实现逐点特征编码，在骨干点云网络上附加了一个用于估计前景掩码的分割头和一个用于生成3D目标框回归头。针对大型户外场景中前景点的数量通常比背景点数量少得多的问题，使用焦点损失（Focal Loss）来处理这种不平衡问题，计算公式如下：

$$L_{\text{focal}}(p_t) = -a_t(1-p_t)^\gamma \log(p_t) \tag{5-1}$$

式中，$p_t = \begin{cases} p & \text{前景点} \\ 1-p & \text{其他} \end{cases}$

同时，在训练点云分割过程中保留默认设置$a_t=0.25$和$\gamma=2$。

在雷达成像坐标系中，3D边界框表示为$(x, y, z, h, w, l, \theta)$，其中$(x, y, z)$是目标中心点的位置，$(h, w, l)$是目标尺寸，$\theta$是鸟瞰图中的目标方向。为了细化生成的3D目标框，提出了基于区间bin的回归损失来评估目标的3D边界框。如图5-3所示，紫色点为前景中感兴趣的点，将这个点作为坐标轴的原点，在x轴和y轴方向设置搜索范围为S，并将搜索范围划分为若干长度δ的区间，以表示x-z平面上的不同目标中心(x, z)[1]。

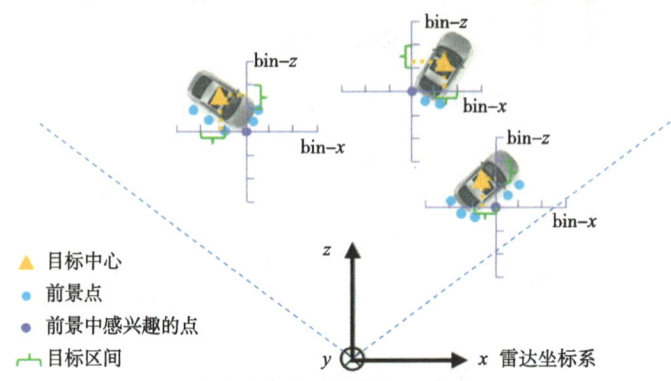

图5-3　基于区域bin的图示说明

PointRCNN采用两部分损失来对物体的位置进行回归，一部分是x轴和z轴方向的区间分类损失，另一部分是在相应区间内的回归残差损失。而对于物体在垂直方向即k轴方向的损失，考虑到物体在y轴方向上的变化都比较小，因此直接采用smooth L1损失进行回归。物体在x轴和z轴方向的位置计算如下：

$$\begin{aligned}
\text{bin}_x^{(p)} &= \frac{x^p - x^{(p)} + S}{\delta} \\
\text{bin}_z^{(p)} &= \frac{z^p - z^{(p)} + S}{\delta} \\
\text{res}_{u \in \{x,z\}}^{(p)} &= \frac{1}{C}\left[u^p - u^{(p)} + S - \left(\text{bin}_u^{(p)} \times \delta + \frac{\delta}{2}\right)\right] \\
\text{res}_y^{(p)} &= y^p - y^{(p)}
\end{aligned} \quad (5-2)$$

其中，$[x^{(p)}, y^{(p)}, z^{(p)}]$是前景感兴趣点的坐标，$(x^p, y^p, z^p)$是对应目标的坐标中心，$\text{bin}_x^{(p)}$和$\text{bin}_z^{(p)}$是沿着x轴和z轴的bin分配真值，$\text{res}_x^{(p)}$和$\text{res}_z^{(p)}$是在所分配bin内进一步细化定位的真值残差，$C$是用于归一化的bin长度。

对于物体角度信息θ的衡量，设计者将2π角度划分为n个bin，并以同样的方式计算区间划分的分类损失$\text{bin}_\theta^{(p)}$和区间内的回归损失$\text{res}_\theta^{(p)}$。对于目标框的参数h、w、l，将所有训练集中每个目标的平均尺寸作为参考，通过残差$[\text{res}_h^{(p)}, \text{res}_w^{(p)}, \text{res}_l^{(p)}]$直接回归。

在推理阶段，对于参数x、z、θ，首先选择预测置信度最高的bin中心，并将预测残差相加，得到最终的结果。对于其他直接回归的参数y、h、w和l，将预测残差添加到它们的初始值中来更新其参数值。包含不同损失项的总体3D边界框回归损失函数$\mathcal{L}_{reg}$可以公式化为：

$$\mathcal{L}_{bin}^{(p)} = \sum_{u \in \{x,z,\theta\}} \left[\mathcal{F}_{cls}(\hat{bin}_u^{(p)}, bin_u^{(p)}) + \mathcal{F}_{res}(\hat{res}_u^{(p)}, res_u^{(p)}) \right],$$

$$\mathcal{L}_{res}^{(p)} = \sum_{v \in \{y,h,w,l\}} \mathcal{F}_{res}(\hat{res}_v^{(p)}, res_v^{(p)}), \quad (5-3)$$

$$\mathcal{L}_{reg} = \frac{1}{N_{pos}} \sum_{p \in pos} (\mathcal{L}_{bin}^{(p)} + \mathcal{L}_{res}^{(p)})$$

其中，N_{pos}是前景点的数量，$\hat{bin}_u^{(p)}$和$\hat{res}_u^{(p)}$是预测的bin分配和前景点p的残差，$bin_u^{(p)}$和$res_u^{(p)}$是如上计算的真值目标，$\mathcal{F}_{cls}$表示交叉熵分类损失，$\mathcal{F}_{reg}$表示平滑L1损失。

为了去除多余的目标框，从鸟瞰图的角度出发，基于定向IoU进行非最大值抑制，以生成少量高质量的目标框。

（2）点云区域池化

在获得3D边界框后，基于先前生成的目标框来进一步细化框的位置和方向。为了了解每个目标框更具体的局部特征，根据每个3D目标框的位置从第一阶段汇集3D点及其对应的点特征。对于每个3D目标框$b_i = (x_i, y_i, z_i, h_i, w_i, l_i, \theta_i)$进行放大，以创建一个新的3D框，记为：$b_i^e = (x_i, y_i, z_i, h_i + \eta, w_i + \eta, l_i + \eta, \theta_i)$，在其本身编码上附加更多有效信息，其中$\eta$是用于扩大框尺寸的常量。

对于每个前景点$p = (x^{(p)}, y^{(p)}, z^{(p)})$，通过测试来确定点$p$是否在放大的边界框$b_i^e$内。如果满足，则该点及其特征将被保留以用于细化3D目标框$b_i = (x_i, y_i, z_i, h_i, w_i, l_i, \theta_i)$。与内部点$p$相关联的特征包括：该点的3D坐标$(x^{(p)}, y^{(p)}, z^{(p)}) \in R^3$，该点的这些激光反射强度$r^{(p)} \in R$，第一阶段预测的分割掩模$m^{(p)} \in \{0,1\}$和第一阶段的$C$维学习点特征表示$f^{(p)} \in R^C$。

（3）规范化的三维边界框细化

为更好地提取前景点的局部特征，Pointrcnn对第一阶段提取到的候选区域进行坐标变换，将经过点云池化后的点变换到规范坐标系下，3D目标框的规范坐标系如图5-4所示[1]：①原点位于目标框的中心；②局部x'轴和z'轴大致平行于地平面，其中x'轴指向目标框的头部方向，而另一个z'轴垂直于x'轴；③y'轴保持与雷达坐标系的y轴相同。

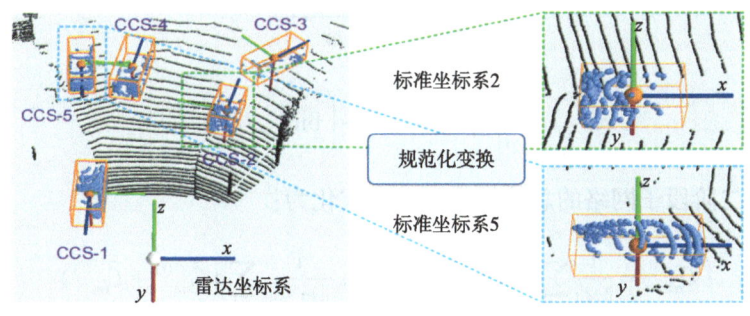

图5-4 规范化变化示意

每个目标框所有集合点在雷达坐标系下的坐标p通过适当的旋转和平移转换到该框所

在规范坐标系下的坐标 $\tilde{p}$。所提出的规范坐标系使方框细化阶段能够更好地学习每个目标框的局部空间特征。

尽管规范化变换能够实现稳健的局部空间特征学习，但它不可避免地会丢失每个对象的深度信息。例如，由于激光雷达传感器的固定角度扫描分辨率，远处的物体通常比附近的物体具有更少的点。为了补偿丢失的深度信息，将到传感器的距离 $d^{(p)} = \sqrt{\left[x^{(p)}\right]^2 + \left[y^{(p)}\right]^2 + \left[z^{(p)}\right]^2}$ 也放到点 p 的特征中。

对于每个目标框，将其关联点的局部空间特征 $\tilde{p}$ 和额外特征 $[r^{(p)}; m^{(p)}, d^{(p)}]$ 级联，馈送到几个全连接层，以使其局部特征编码与全局特征 $f^{(p)}$ 的维度相同。然后，再将局部特征和全局特征连接并馈送到网络中，以获得用于之后的置信度分类和框细化的判别特征向量。

采用类似的基于bin的回归损失来进行目标框细化。如果3D目标框的IoU大于0.55，则将真值框分配给3D目标框用于学习框细化。3D目标框 $b_i = (x_i, y_i, z_i, h_i, w_i, l_i, \theta_i)$ 及其相应的3D真实框 $b_i^{gt} = (x_i^{gt}, y_i^{gt}, z_i^{gt}, h_i^{gt}, w_i^{gt}, l_i^{gt}, \theta_i^{gt})$ 将被转换为：

$$\tilde{b}_i = (0, 0, 0, h_i, w_i, l_i, 0),$$

$$\tilde{b}_i^{gt} = (x_i^{gt} - x_i, y_i^{gt} - y_i, z_i^{gt} - z_i, h_i^{gt}, w_i^{gt}, l_i^{gt}, \theta_i^{gt} - \theta_i) \tag{5-4}$$

其中，第 i 个目标框中心位置的训练目标 $(\text{bin}_{\Delta x}^i, \text{bin}_{\Delta z}^i, \text{res}_{\Delta x}^i, \text{res}_{\Delta z}^i, \text{res}_{\Delta y}^i)$ 与式5-2设置方式相同，但其不同之处在于，使用了较小的搜索范围S来细化3D目标框的位置。由于汇集的稀疏点通常无法提供足够的目标框大小信息（h_i, w_i, l_i），直接将框尺寸残差 $(\text{res}_{\Delta h}^i, \text{res}_{\Delta w}^i, \text{res}_{\Delta l}^i)$ 与训练集中每个类的平均目标大小进行回归。

此外，为了细化方位，基于目标框和其真值框之间的3D IoU至少为0.55的事实，假设相对于真实方位的角度差 $\theta_i^{gt} - \theta_i$ 在 $\left[-\frac{\pi}{4}, \frac{\pi}{4}\right]$ 的范围内。用大小为 ω 的bin划分 $\frac{\pi}{2}$，并将基于bin的定向目标预测为：

$$\text{bin}_{\Delta\theta}^i = \frac{\theta_i^{gt} - \theta_i + \frac{\pi}{4}}{\omega}$$

$$\text{res}_{\Delta\theta}^i = \frac{2}{\omega}\left[\theta_i^{gt} - \theta_i + \frac{\pi}{4} - \left(\text{bin}_{\Delta\theta}^i \cdot \omega + \frac{\omega}{2}\right)\right] \tag{5-5}$$

进而，第二阶段子网络的总体损失可以公式化为：

$$\mathcal{L}_{\text{redine}} = \frac{1}{\|\mathcal{B}\|}\sum_{i\in\mathcal{B}}\mathcal{F}_{\text{cls}}(\text{prob}_i, \text{label}_i) + \frac{1}{\|\mathcal{B}_{\text{pos}}\|}\sum_{i\in\mathcal{B}_{\text{pos}}}(\tilde{\mathcal{L}}_{\text{bin}}^{(i)} + \tilde{\mathcal{L}}_{\text{res}}^{(i)}) \tag{5-6}$$

其中，$\mathcal{B}$ 是来自第一阶段的3D目标框的集合，$\mathcal{B}_{\text{pos}}$ 是存储回归的正目标框，prob_i 是 $\tilde{b}_i$

的估计置信度，label$_i$是对应的标签，$\mathcal{F}_{cls}$是监督预测置信度的交叉熵损失，$\tilde{\mathcal{L}}_{bin}^{(i)}$和$\tilde{\mathcal{L}}_{res}^{(i)}$类似于式5-3中的$\mathcal{L}_{bin}^{(p)}$和$\mathcal{L}_{res}^{(p)}$。

最后，作者利用具有鸟瞰IoU阈值0.01的定向NMS来去除重叠的边界框，并为检测到的目标生成3D边界框。

5.1.4 PointRCNN算法案例测试

PointRCNN算法中的关键代码注释与分析参考Github源码链接是https://github.com/sshaoshuai/PointRCNN.git。相关代码解释和运行过程，请扫描附录中的二维码，参考对应的部分。PointRCNN测试使用的Data是KITTI数据集，其官网下载地址为https://www.cvlibs.net/datasets/kitti/eval_object.php?obj_benchmark=3d。

5.2 CBGS模型

5.2.1 CBGS模型简介

CBGS（Class-balanced grouping and sampling）模型在自动驾驶研讨会（WAD，CVPR2019）上举行的nuScenes 3D目标检测挑战赛中赢得了冠军。概括地讲，算法利用稀疏3D卷积提取丰富的语义特征，然后将其输入到类别平衡的多头网络中进行3D目标检测。为了解决自动驾驶场景中固有的严重类别不平衡问题，CBGS算法设计了一种类别平衡采样和增强策略，以实现更平衡的数据分布。此外，该算法还提出了平衡分组网络头，以提升具有相似形状类别的分类性能。挑战赛上的最终结果显示，该算法在所有评估指标上都大大优于基准算法，当时在nuScenes数据集中达到了最先进的（State-of-the-art，SOTA）检测性能。

5.2.2 CBGS模型使用方法

5.2.2.1 类别平衡采样策略（DS Sampling）

nuScenes数据集存在严重的类不平衡问题，该数据集共有10个不同类别，其中50%的类别只占注释总数的一小部分。为了缓解严重的类不平衡，CBGS算法的设计者提出了DS采样，它可以生成更平滑的实例分布。为此，与图像分类任务中使用的采样策略一样，首先根据一个类别在所有样本中所占的比例复制该类别的样本。一个类别的样本越少，则复制该类别样本越多，以形成最终的训练数据集。

具体而言，DS Sampling方法分为两步：①首先统计在训练中存在特定类别的点云样本总数，然后将所有类别的样本数加起来为128 106个样本。需要注意的是，其中存在重复的情况，因为同一个点云样本中可能存在不同类别的多个对象。直观地说，为了实现类平衡的数据集，所有类别在训练拆分中的比例应该很接近，于是便有了第二步。②从上述特定类别的样本中为每个类别随机抽取128 106个点云样本的10%（12 810个样本）。因此，将训练集从28 130个样本扩展到128 100个样本，这大约是原始数据集的4.5倍。

经过上述两步，DS Sampling可以被视为提高了训练拆分中稀有类别的平均密度。

如表5-1所示，将训练集从28 130个样本扩展到128 100个样本，实例的情况相同。考虑到多个类别可以出现在同一点云样本中，样本总数表示训练数据集的大小，而不是上面列出的所有类别的总和。

表5-1 应用DS sampling前后训练拆分的实例和样本分布[2]

项目	实例数量（个）	样本数量（个）	数据集采样后的实例数量（个）	数据集采样后的样本数量（个）
小汽车	413 318	27 558	1 962 556	126 811
卡车	72 815	20 120	394 195	104 092
公共汽车	13 163	9 156	70 795	49 745
拖车	20 701	7 276	125 003	45 573
工程车辆	11 993	6 770	82 253	46 710
行人	185 847	22 923	962 123	110 425
摩托车	10 109	6 435	60 925	38 875
自行车	9 478	6 263	58 276	39 301
交通锥	82 362	12 336	534 692	73 070
障碍物	125 095	9 269	881 469	60 443
总计	944 881	28 130	5 132 287	128 100

不平衡的数据分布会使模型将在很大程度上由那些丰富的头部类主导，而对于许多其他尾部类则会一定程度忽略。例如，数据集对小汽车的标注占整个数据集的43.7%，是自行车的40倍，这使得模型很难充分学习尾部类的特征。也就是说，如果将车和自行车放在一起训练，在一个批次中基本没有自行车的数据，网络对自行车的分类效果就会很差。另外，如果将不同形状或大小的类放在一起训练，回归目标将具有更大的类间差异，这将使不同形状的类别相互干扰。这就是为什么网络在同时学习不同形状类别时的性能不如分开单独训练的原因。实验证明，形状或大小相似的类别更容易从同一任务中学习。

直观上看，如果一起训练，那么形状或大小相似的类别可以促进彼此的性能，因为这些相对类别之间存在着共同的特征，所以它们可以实现互补，以共同获得更好的检测结果。为此，设计者根据一些原则将所有类别手动划分为几组。对于多组头模块中的特定头，它只需要识别类并定位属于该组类的对象。CBGS主要应用以下两个原则将10个类分组。

一是应将形状或大小相似的类别分组。形状相似的类通常具有许多共同的属性。例如，所有的车辆看起来都很相似，因为它们都有轮子，整体看起来像一个立方体。摩托车和自行车、交通锥和行人也有类似的关系。通过对形状或大小相似的类进行分组，在逻辑上将分类分为两个步骤。首先，该模型识别"超类"，即组，然后在每个组中，不同的类共享相同的头部。结果，不同的组学习对不同的形状和大小模式进行建模，并且在特定的组中，网络被迫学习相似形状或大小的类间差异。

二是不同组的实例数量应适当平衡。考虑到不同组的实例数量不应有太大差异，这将使学习过程以大类为主导。因此，CBGS设计者将主要类别与形状或大小相似的组分开。例如，小汽车、卡车和工程车辆的形状和尺寸相似，但如果将这3个类别放在一起，小汽车将占据主导地位，所以设计者将小汽车作为一个单独的组，将卡车和工程车辆作为一个组。通过这种方式，可以控制不同组的权重，以进一步缓解不平衡问题。

在上述两个原则的指导下，最终将10个类别手动分为6组：（小汽车）、（卡车、工程车辆）、（公共汽车、拖车）、（障碍物）、（摩托车、自行车）、（行人、交通锥）。根据消融研究，如表5-2所示，类别平衡分组对最终结果的贡献最大[2]。

表5-2 验证拆分方法中使用不同组件的消融研究

GT-AUG	DB采样	多组头	Res编码	SE	复杂头部	WS	Hi-res	mAP	NDS
×	×	×	×	×	×	×	×	35.68	45.17
√	×	×	×	×	×	×	×	37.69	53.66
√	√	×	×	×	×	×	×	42.64	56.66
√	√	√	×	×	×	×	×	44.86	58.13
√	√	√	√	×	×	×	×	48.64	60.08
√	√	√	√	√	×	×	×	48.14	59.66
√	√	√	√	√	√	×	×	49.55	60.20
√	√	√	√	√	√	√	×	49.43	50.56
√	√	√	√	√	√	√	√	51.44	62.56

5.2.2.2 采样方法GT-AUG

CBGS使用SECOND[3]中提出的GT-AUG策略从离线生成的标记数据库中对基准真实值（Groud truths）采样，并将这些采样框放置到另一个点云中。在正确放置对象框之前，需要计算点云样本的地平面位置。因此，利用最小二乘法和RANSAC来估计每个样本的地平面，可以公式化为$A_x+B_y+C_z+D=0$。地平面探测模块的Open3D可视化示例如图5-5所示：属于地平面的点以颜色显示，平均而言，地平面沿z轴约为-1.82米。

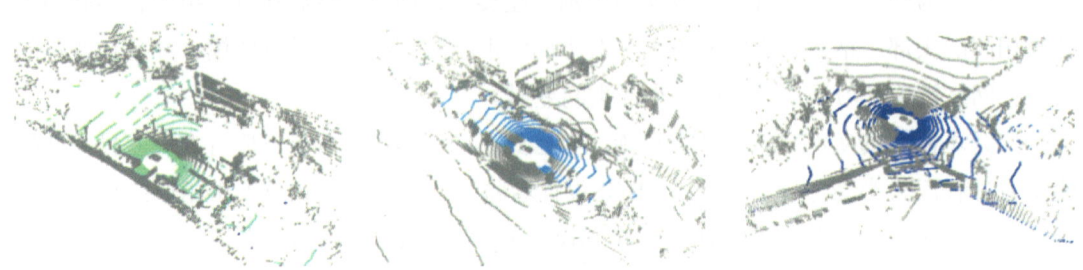

图5-5　地平面检测结果示例

在上述两个原则的帮助下，模型在所有方面都表现得更好。尤其是靠后位置的类别，对缓解类别不平衡问题显示出明显的促进作用。

5.2.2.3 损失函数

损失函数部分参照SECOND，如果运用SECOND中方向分类，许多预测的边界框的方向正好与地面实况相反，在这部分进行小改进，额外加入方向分类目标并添加偏移量以消除方向模糊性。至于速度估计，与添加额外的归一化操作相比，没有归一化的回归可以达到最佳性能。设计者使用Anchor导入先验知识以降低学习难度。Anchor被配置为VoxelNet。也就是说，不同类别的锚点具有不同的高度和宽度配置，由类别均值决定。一个类别有1种尺寸配置和2个不同的方向。对于速度，锚点在x轴和y轴上都设置为0。物体沿着地面移动，所以不需要估计z轴上的速度。

在每组中，使用加权Focal loss进行分类，Smooth-l1损失用于x，y，z，l，w，h，yaw，vx，vy参数的回归，还使用Softmax交叉熵损失进行方向分类。此外，设计者通过考虑速度来进一步改进属性估计。例如，大多数自行车都没有骑手，但如果模型预测自行车的速度高于阈值，那么应该有骑手，所以将相应的自行车属性更改为有骑手。实验中，多组头被视为一个多任务学习过程。设计者使用Uniform scaling来配置不同分支的权重。

5.2.2.4 其他改进

除了上述改进外，设计者还发现SENet、权重标准化在正确使用时也有助于检测任务。此外，如果使用更重的头部网络，性能仍然可以提高。最终集成了多个模型以实现最佳性能。

如表5-3所示，提出CBGS的队伍MEGV Ⅱ在除mAAE指标外的所有指标上都实现了最佳性能。如表5-4所示，CBGS在尾部类上显示出更具竞争力和平衡的性能。例如，自行车的检测性能改进了14倍。摩托车、工程车辆、拖车和交通锥的检测性能提高了2倍以上。

表5-3 总体性能比较

队伍	Modality	Map	Exernal	mAP	mATE	mASE	mAOE	mAVE	mAAE	NDS
PointPillars	Lidar	×	×	30.5	0.517	0.290	0.500	0.316	0.368	45.3
BRAVE	Lidar	×	×	32.4	0.400	0.249	0.763	0.272	0.090	48.4
Tolist	Lidar	×	×	42.0	0.364	0.255	0.438	0.270	0.319	54.5
MEGV Ⅱ	Lidar	×	×	52.8	0.300	0.247	0.380	0.245	0.140	63.3

表5-4 CBGS与PointPillars按类别划分的mAP对比

队伍	小汽车	行人	公共汽车	障碍物	交通锥	卡车	拖车	摩托车	工程车辆	自行车	平均
PointPillars	70.5	59.9	34.4	33.2	29.6	25.0	16.7	20.0	4.5	1.6	29.5
MEGV Ⅱ	81.1	80.1	54.9	65.7	70.9	48.5	42.9	51.5	10.5	22.3	52.8

5.2.3 CBGS算法网络结构

CBGS算法的整体网络架构如图5-6所示，整体包含4个子部分，分别是输入模块、3D特征提取、区域提议网络和多组头网络。CBGS使用具有跳跃连接的稀疏3D卷积来为3D特征提取器网络构建类似Resnet的架构。对于一个$N \times C \times H \times W$的输入张量，特征提取器输出一个$N \times l \times \dfrac{C}{m} \times \dfrac{H}{n} \times \dfrac{W}{n}$特征图，$m$、$n$分别是$z$、$x$、$y$维度的缩小因子，$l$是3D特征提取器最后一层的输出通道。为了使该3D特征图更适合下面的Region proposal network和多组头，将特征图重塑为$N \times \dfrac{C \times l}{m} \times \dfrac{H}{n} \times \dfrac{W}{n}$，然后使用VoxelNet等区域建议网络来执行正则2D卷积和反卷积，以进一步聚合特征并获得更高分辨率的特征图。基于这些特征图，多组头部网络能够高效且有效地检测不同类别的对象。其中，3D特征提取器由子流形和正则三维稀疏卷积组成。3D特征提取器的输出为16倍的缩小比例，沿输出轴进行展平，并输入以下区域建议网络以生成8倍特征图，然后输入多组头网络以生成最终预测。头中的组数是根据Grouping specification设置的[2]。

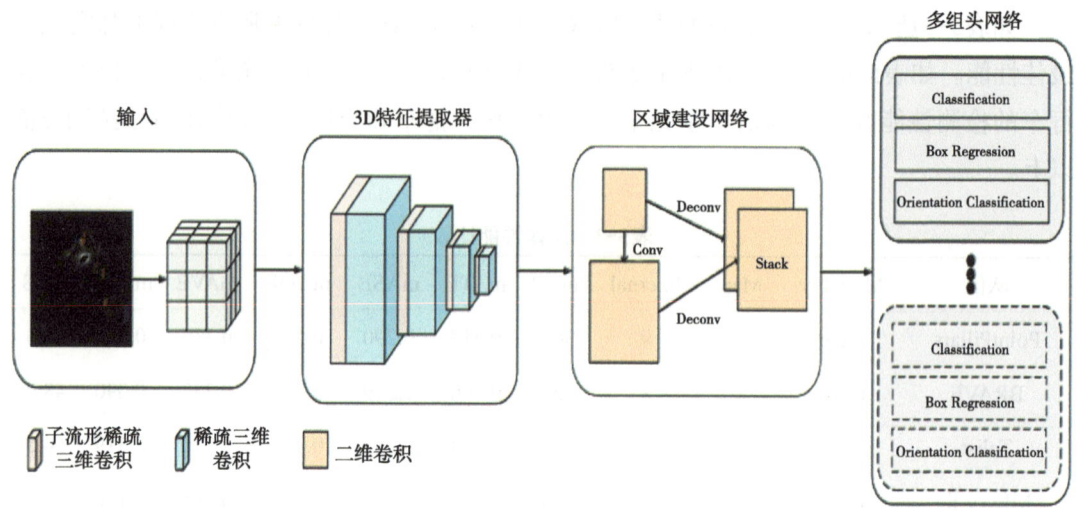

图5-6 CBGS网络体系结构

不同类别的锚点是根据其平均高度和宽度设置的，在分配类标签时具有不同的阈值。对于注释足够的类别，将正面积阈值设置为0.6，对于注释较少的类别，则将阈值设置为0.4。对于（$x, y, z, l, w, h, yaw, vx, vy$）回归，使用0.2进行速度预测，其他设置为1.0以实现平衡和稳定的训练过程。

5.2.4 CBGS算法测试与关键代码分析

CBGS算法中的关键代码注释与分析参考Github源码链接https://github.com/poodarchu/Det3D。

5.3 VoteNet模型

5.3.1 设计者及所在团队简介

该方法源自发表于ICCV2019的一篇文章，论文第一作者祁芮中台（Charles Qi）博士目前在Waymo担任高级研究科学家，从事3D感知和自动驾驶算法研发。他2013年本科毕业于清华大学电子系，2018年博士毕业于斯坦福大学，2018—2019年在Facebook人工智能实验室（FAIR）博士后访问。他的研究兴趣包括深度学习、3D表征学习、3D场景理解以及它们在自动驾驶、机器人中的应用。祁博士在CVPR、ICCV、ECCV、Neurips等顶级会议发表论文20余篇，引用数达1.4万余次，曾在ICCV 2019获得最佳论文提名奖。他提出的3D表征学习（PointNet系列）和物体检测算法（Frustum pointNets，VoteNet）被广泛应用于工业界。他提出了一种基于VoteNet的结构，该结构引入了投票机制，通过投票，使用原来的点，不断生成真正靠近目标的新点。同时，由于传统的霍夫投票（Hough voting）机制存在很多问题且不容易优化，所以将传统方法中的很多模块使用小的网络进行了代替。

5.3.2 算法原理描述

5.3.2.1 VoteNet基本框架

由于点云数据的稀疏性，直接从场景点预测边界框参数时面临着一个重大挑战：3D对象的质心可能远离任何表面点，因此很难用一个步骤准确地回归。为了解决这一问题，设计者提出赋予点云深度网络一种类似于经典霍夫投票的投票机制。通过投票，生成了靠近目标对象中心的新点，可以对这些新点进行分组和聚合，以生成候选框；同时，对于每个新点，都可以对该点所在物体的中心点进行投票，给出自己的建议。最终，每个点都提出一个中心点的位置，根据这些大部分靠近目标对象点的建议值，就可以大概得出该物体的中心点。整个网络可以分为两部分：一部分处理现有的点来生成投票；另一部分处理虚拟点投票提议和分类对象（图5-7）。对于特征提取的部分，使用PointNet++来自适应学习特征以代替传统的人工特征，利用前一步PointNet++某一层的采样点作为种子点，然后利用逐点的MLP（多层感知机）学习了每个点坐标以及特征的位移；在聚合部分，作者使用最远点采样以及球查询（Ball query）的方式去聚合特征；在候选框提取部分，采用了和之前工作类似的方法[4]。

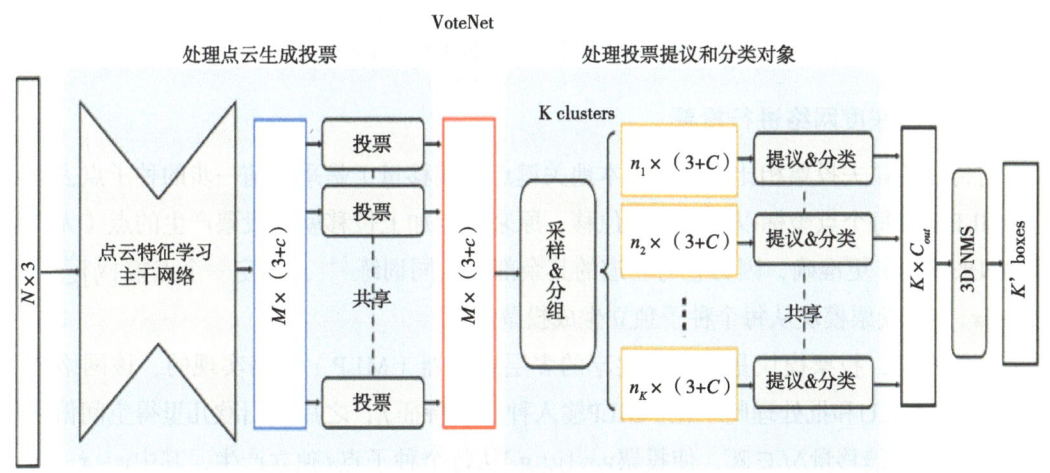

图5-7　VoteNet框架

5.3.2.2 点云特征学习

本算法每一张选票都应该包含周围其他点的信息，使用PointNet++作为骨干网络提取兴趣点和特征。经过PointNet++处理后，网络会输出M个种子点（Seed），每个点的维度是$3+C$，C为点云的提取后的特征，并且每个点都会在后面生成一张选票。在PointNet++中，采用分层特征学习，包含4个Set abstraction（SA）卷积层和2个Feature propagation（FP）反卷积层。其中，SA在小区域中使用先点云采样、再分组和最后提取局部特征的方式，从局部到全局逐渐扩大感受野；FP则进行上采样，将下采样过的点再上采样后增加点数[4]。如图5-8所示，若输入点个数为2万个，经过点云特征学习骨干网络后得到1 024个种子点，每个种子点包含3个x、y、z坐标信息和256维特征信息。

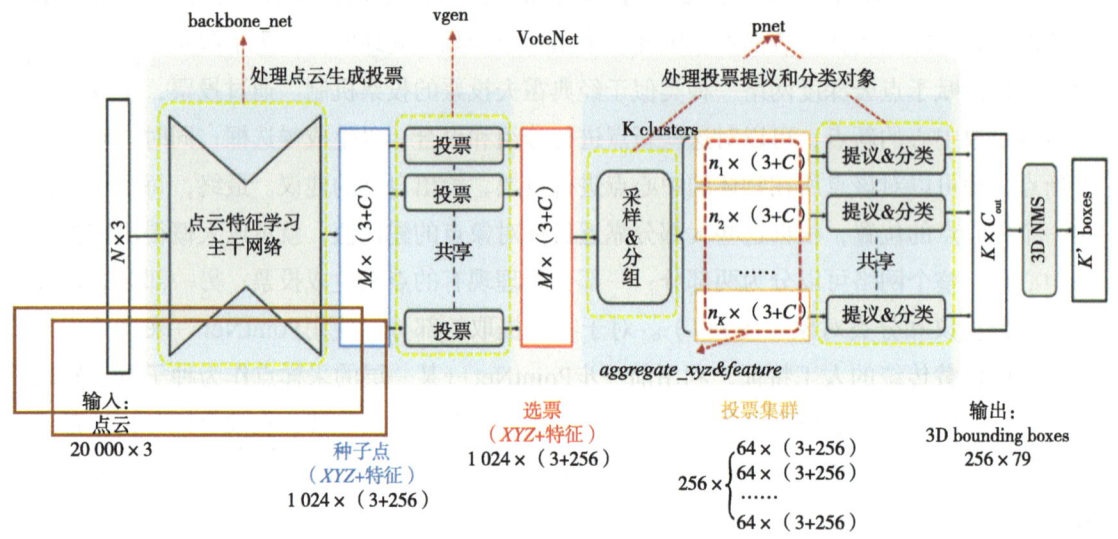

图5-8　点云特征学习示意

注：输入为原始点云，输出为种子点集合

5.3.2.3　通过深度网络进行投票

与传统的霍夫投票相比，投票（本地关键点的偏移量）是采用前一步的种子点去逐点使用MLP学习每个点坐标以及特征的位移，原来的点加上位移就是投票产生的点（无须利用kNN来查找）更准确，因为它与管道的其余部分共同训练[4]。给定一个点集$\{s_i\}_{i=1}^{M}$，其中$s_i=[x_i;f_i]$，投票模块从每个种子独立生成投票。

具体来说，投票模块是用一个共享的多层感知器（MLP）网络实现的，该网络具有全连接层、ReLU和批处理归一化。MLP输入种子点特征f_i，之后输出欧几里得空间偏移量$\Delta x_i \in \mathbb{R}^3$和特征偏移量$\Delta f_i \in \mathbb{R}^c$，使投票$v_i=[y_i;g_i]$从每个种子点$s_i$独立产生，其中$y_i=x_i+\Delta x_i$，$g_i=f_i+\Delta f_i$。所预测的三维位置偏移$\Delta x_i$由回归损失函数监督：

$$L_{\text{vote-reg}}=\frac{1}{M_{\text{pos}}}\sum_i \|\Delta x_i - \Delta x_i^*\| \mathbb{1}[s_i \text{ on object}] \quad (5-7)$$

式中，$\mathbb{1}[s_i \text{ on object}]$表示种子点是否在目标表面，$M_{\text{pos}}$是目标表面上的种子点总数，$\Delta x_i^*$是种子点位置到它所属物体的边界框中心的真实偏移量。如图5-9所示，对于每一个点的256维Feature，通过一个MLP层来生成一个3+256维特征向量。

5 3D目标检测经典模型构建与开发实战

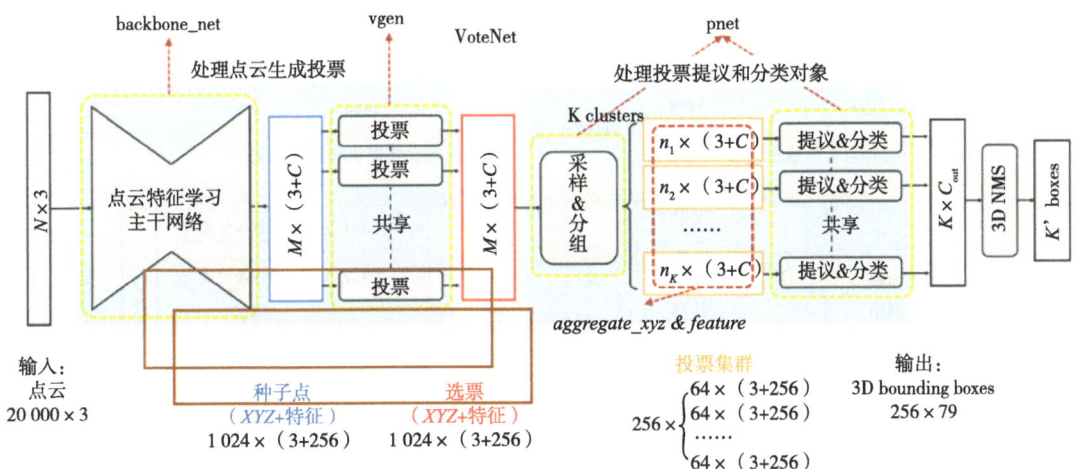

图5-9 深度网络进行投票

注：输出为每个种子点的坐标偏移量和特征偏移

5.3.2.4 通过抽样和分组进行投票聚类

关于抽样和分组，采用PointNet++的思想，简单地使用了最远点采样法进行采样，获得了K个采样点$\{v_{i_k}\}$，然后采用球半径查询法以采样点为球心，做一个半径为R的球，球内的所有点作为一个簇。其中，FPS具体步骤为：①随机选取一个点作为查询点，从剩余点中取一个距离它最远的点；②继续以该点为查询点，从剩余点中选取最远的点，需要考虑选取点到所有点集的距离，选取距离最大的点；③重复上一步骤，一直采样到目标数量为止（图5-10）。

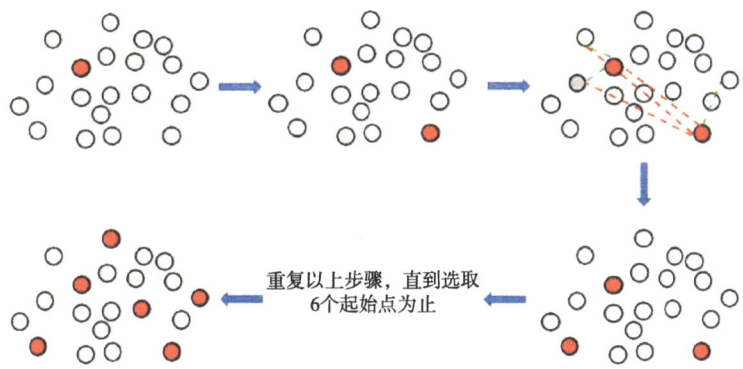

图5-10 最远点采样法示意

每一个簇表示为：

$$C_k = \left\{ v_i^{(k)} \big| \left\| v_i - v_{i_k} \right\| \leq r \right\} \text{for} \quad k = 1, \ldots, K \tag{5-8}$$

如图5-11所示，对1 024个投票结果的坐标进行FPS采样，得到256个聚集中心，若有4

个簇，则每个簇中有64个投票[4]。

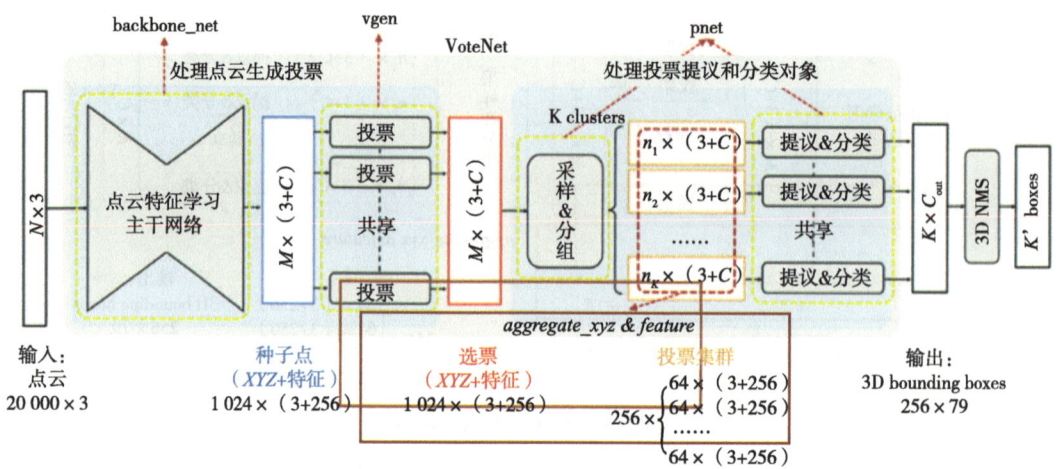

图5-11 抽样和分组进行投票聚类示意

5.3.2.5 从投票簇中进行候选和分类

给定一个投票聚类后的簇$c = \{w_i\}$，其中$w_i = [z_i; h_i]$，z_i为投票位置，h_i为投票特征，聚类簇中心为w_i，然后聚类c的目标候选$p(c)$通过将集合输入到候选模块，生成最终的候选结果：

$$p(c) = \text{MLP}_2 \left\{ \max_{i=1,\dots,n} \left[\text{MLP}_1 \left(\left[z_i'; h_i \right] \right) \right] \right\} \quad (5\text{-}9)$$

式中，$z_i' = (z_i - z_j)/r$为标准化后的投票位置。每个聚类的投票由MLP_1独立处理，然后按通道最大池化为单特征向量并传递到MLP_2进行不同投票的组合，候选$p(c)$表示为一个多维向量，包括目标性得分和边界参数，也就是先对簇内投票得到的点各自进行MLP，然后所有点的特征向量经最大池化汇聚成一个向量，作为该组的特征向量，再通过MLP进行候选。

通过在局部区域使用局部中心化的PointNet去输出$5+2NH+3NS+NC$个通道的值。其中，前5个通道分别输出2个是否为目标物体的得分和3个中心回归值。$2NH$个方向回归：NH个［偏航角，该偏航角的得分］。$4NS$个边界框大小回归：NS个［长、宽、高尺度，Box得分］，NC个类别各自的概率，N是投票个数，H是投票特征个数，S是种子点个数，C是聚类个数。

VoteNet最终的损失函数为：

$$L_{\text{VoteNet}} = L_{\text{vote-reg}} + \lambda_1 L_{\text{obj-cls}} + \lambda_2 L_{\text{box}} + \lambda_3 L_{\text{sem-cls}} \quad (5\text{-}10)$$

其中包含了$L1$距离的vote回归的$L_{\text{vote-reg}}$，分类是不是目标的$L_{\text{obj-cls}}$，回归边界框的L_{box}和分类语义的$L_{\text{sem-cls}}$。如图5-12所示，其中回归边界框的损失由回归边界框的中心，航向角度以及盒子尺寸估计组成，最后使用了3D NMS对多个候选进行处理，得到最终检测结果[4]。

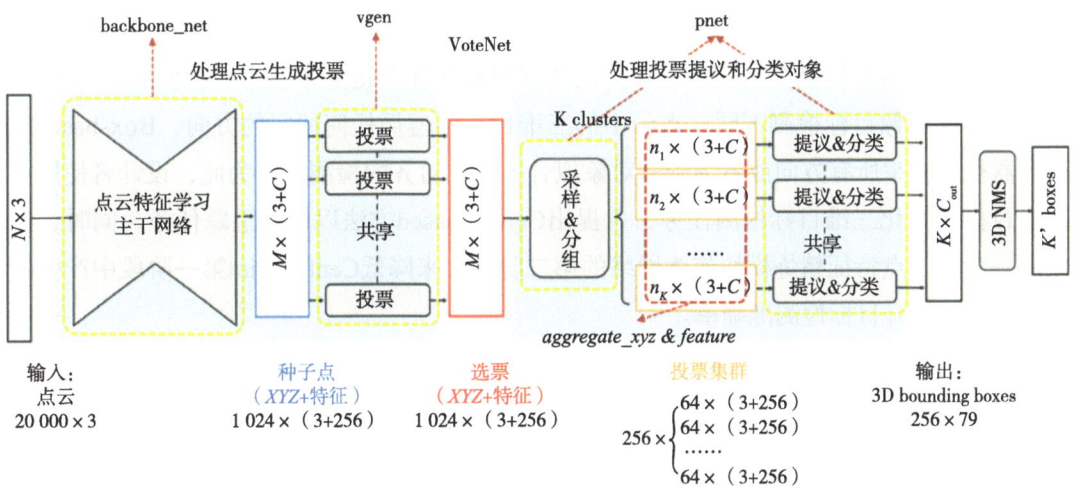

图5-12 进行候选和分类示意

5.3.3 VoteNet算法测试与关键代码分析

VoteNet算法中的关键代码注释与分析参考Github源码链接是https://github.com/facebookresearch/votenet。相关代码解释和运行过程，请扫描附录中的二维码，参考对应的部分。图5-13为VoteNet三维目标检测输出可视化案例。

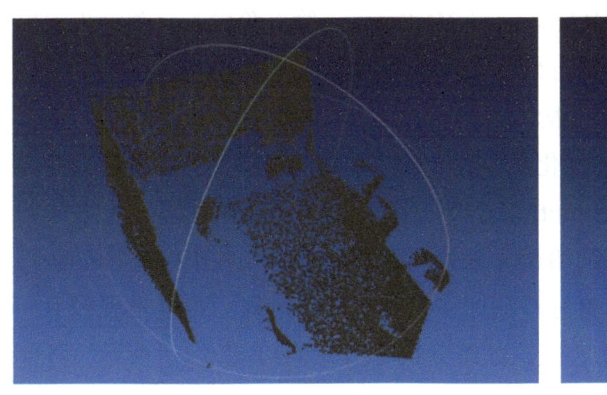

（a）原始点云　　　　　　　　　　（b）目标检测结果

图5-13 三维目标检测结果

注：（b）中白色的框为最终的目标检测结果。

5.4 Centerpoint模型

本部分介绍Centerpoint模型构建和实战。从算法简介、原理描述、算法实验过程和算法测试实例4个方面全面剖析该算法，有利于全面了解和掌握该算法。

5.4.1 算法简介

CenterPoint是于CVPR 2021发表的论文*Center-based 3D obiect detection and tracking*中提出的三维目标检测算法模型。该算法依据目标物体关键点来表示、检测和跟踪3D目标。与二维图像目标检测不同，点云中的三维目标不遵循任何特定的方向，Box-based的检测器很难枚举所有方向或者为旋转对象拟合一个轴对齐的检测框。为此，设计者使用点表示目标，简化三维目标检测任务，并提出Center-based方法以简化追踪任务。同时，还使用一个基于点特征精炼模块作为网络的第二阶段，来降低CenterPoint第一阶段中产生的错误预测，提升目标检测准确率。

5.4.2 原理描述

（1）网络流程

网络流程分为4个部分。①点云数据：由激光雷达或其他传感器获取的三维空间的离散点集合，每个点包含位置信息和可能的属性信息（如强度、反射率等）。点云是非结构化的数据，需要经过预处理和特征提取后才能被神经网络处理。②地图视图特征：通常是指将点云数据映射到平面地图上，以便更好地理解和处理环境信息。这一步通常包括将点云投影到二维平面上，并提取特定区域的特征表示，以便进行后续的目标检测和定位。③Centers and 3D Boxes（第一阶段）：关键步骤包括对点云数据进行目标中心点的预测和3D包围框的生成。通过对点云数据进行特征提取和学习，网络预测可能包含目标的中心点，并生成其在三维空间中的包围框。④Score and 3D Boxes（第二阶段）：关键步骤包括对（Center and 3D box）生成的候选框进行得分预测和进一步的精细化调整。

图5-14为CenterPoint网络流程，在第二阶段，网络对第一阶段生成的候选框进行得分评估，筛选出置信度高的目标，并进一步优化其位置、尺寸和朝向等信息，以得到最终的目标检测结果[5]。首先通过VoxelNet或PointPillars等标准的3D骨干网络从点云中提取俯视特征图，然后用基于2D卷积神经网络的检测头来检测目标的中心，并用中心特征回归出3D边界框的属性。该网络模型是二阶目标检测网络，具体实现过程：在检测流程中，第一阶段使用关键点检测器检测目标的中心点，如图5-14（a）、（b）和（c）所示，再使

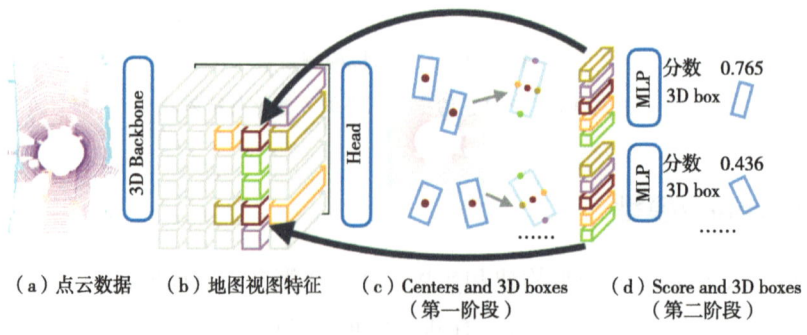

（a）点云数据　（b）地图视图特征　（c）Centers and 3D boxes　（d）Score and 3D boxes
　　　　　　　　　　　　　　　　　　　（第一阶段）　　　　　　　（第二阶段）

图5-14　网络流程

用中心点特征回归出目标物体的3D尺寸、朝向和速度等属性;第二阶段设计了一个如图5-14(d)所示的精炼模块,使用检测框中心的点特征回归检测框的分数并进行精炼;整个目标跟踪过程最终被简化为一个简单的最近点匹配过程。

(2)前处理及主干网络

CenterPoint延续了CenterNet的思路,主干网络(3D encoder)采用的是PointPillars和VoxelNet的encoder,由于PointPillars没有耗时的3DCNN,因而速度更快;VoxelNet因为有更多的参数,所以mAP会更高。

(3)检测头

CenterPoint网络中包含4个输出,分别为表征目标中心位置的热力图、目标尺寸、目标朝向和目标速度(速度用于做目标跟踪),这是一种典型的Center-based anchor-free检测头。设计者论述了采用这种Center-based representation对检测任务的两点好处:首先,点没有内在的方向,大大减少了检测器的搜索空间,同时有利于网络学习对象的旋转不变性(Rotational invariance)和旋转等变性(Rotational equivariance)。其次,在三维检测中,目标定位比对目标的其他三维属性计算更重要,这是由于常用评估指标主要依赖于检测到的目标和真实边界框(Ground truth box,GT box)中心之间的距离,而不是估计中心点的三维框(3D box)的属性。另外,此类Center-based representation方法不需要使用NMS,能减少运算量。

5.4.3 实现过程

(1)Center heatmap head

中心热力图Head的目的是在任何检测到目标的中心位置产生一个热力图峰值。这个Head产生一个K个通道的热图,每个K个类都有一个通道,通道数K与类别数是一致的。在CenterPoint的训练中,标签是通过将标注的Bounding box的3D中心点投影到一个特定的坐标系中,然后在这个坐标系中生成高斯热图来表示目标的中心位置。这个坐标系可以是地图视图,通常是以世界坐标系为基础的,也可以是图像平面坐标系,根据具体的应用场景而定。通过将中心点投影到这个坐标系中,并在该位置生成高斯分布,可以作为训练标签,帮助网络学习如何准确地定位目标的中心位置。因为在Map视图中,距离是绝对的,当在地图视图中处理较大目标对象时,这些目标可能占据大部分视野,如果继续沿用传统的热力图方法,多数位置会被误认为背景,进而导致标签非常稀疏且所占面积过小。为解决此问题,扩大了在每个目标中心呈现的高斯峰值来增加对目标热图的正向监督,即:高斯峰值在热力图中表示了目标位置的置信度或强度,通常是通过高斯分布来表示目标在图像或地图上的位置,高斯函数的数学性质使它能够在目标中心产生峰值,从而帮助网络准确地定位目标位置。对应高斯函数的半径设置为:

$$\sigma = \max\left[f(wl), \tau\right] \quad (5\text{-}11)$$

式中，τ是最小半径，f是Centernet中定义的半径函数，它决定了生成目标热力图的高斯分布的半径大小，通过动态调整半径大小以适应不同大小的目标，提高目标检测的准确性和鲁棒性。w和l是特征图的宽度和长度。

（2）Regression heads

除了中心点，还需要3D尺寸和朝向等信息才能完整地构成一个3D边界框来表示一个目标。为了减少主干网络体素化和Stride带来的量化误差，帮助在3D中定位目标添加地图视图投影过程中丢失的高度信息（目标相对于地面的高度），以及预测方向（对目标的朝向或旋转角度进行预测）、离地高度、3D的大小和yaw旋转角度（相机在水平平面上的旋转角度），其中，方向预测是将yaw角的正弦和余弦作为连续回归目标。

（3）Velocity head and tracking

在自动驾驶应用场景中，为了根据时间跟踪目标，模型需要学习预测每个检测目标的二维速度估计，作为额外的回归输出。跟踪的匹配是通过所估计速度的负值将当前帧中的目标中心投影回前一帧，然后通过最邻近匹配算法（Nearest Neighbor）将当前帧中的目标中心点和框中心点与跟踪目标匹配。但由于目标的属性都是通过目标中心特征推断出来的，但在自动驾驶中传感器通常只看到物体的侧面而看不到它的中心，所以设计者提出通过使用第二个Refine阶段和一个轻量级的点特征提取器提取4个外立面中心点和框中心点来改进中心点。

（4）Two-Stage CenterPoint

设计者使用原始的CenterPoint作为第一阶段。第二阶段从Backbone的输出中提取了额外的点特征。具体操作：对于每个点使用双线性插值法从Backbone的Map视图输出中提取一个特征，其为RGB图像中（x, y）坐标对应的rgb值；然后，将提取的点特征按照指定维度进行拼接，形成一个更大的特征向量，并传递给多层感知机。第二阶段就是在第一阶段中心点预测结果的基础上，只检测前景与背景，预测Class-agnostic的置信度分数。置信度分数训练过程公式如下：

$$I = \min[1, \max(0, 2 \times \text{IoU}_t - 0.5)] \quad (5-12)$$

式中，IoU$_t$表示候选框与Ground-truth（真实值）之间的IoU值，然后采用二元交叉熵损失函数进行训练：

$$L_{\text{score}} = -I_t \log(\hat{I}_t) - (1 - I_t)\log(1 - I_t) \quad (5-13)$$

式中，$\hat{I}_t$表示预测的置信分数。

在推理阶段，最终的预测置信度是第一阶段类别热力图和第二阶段Class-agnostic置信度分数的几何平均数。置信分数计算公式：

$$\hat{Q}_t = \sqrt{\hat{I}_t \times \hat{Y}_t} \quad (5-14)$$

其中，$\hat{Q}_t$是物体最终端置信度，$\hat{I}_t$和$\hat{Y}_t$分别表示第一阶段和第二阶段目标的置信度分数。同时，对于框回归部分，该模型进行了改进，使用L1损失来训练模型。

5.4.4 Centerpoint算法测试与关键代码分析

Centerpoint算法中的关键代码注释与分析参考Github源码链接是https://github.com/tianweiy/CenterPoint。相关代码解释和运行过程，请扫描附录中的二维码，参考对应的部分。

5.5 Voxel R-CNN模型

5.5.1 Voxel R-CNN算法简介

目前，3D目标检测的算法从3D数据的表示方法上主要可以划分为基于点（Point-based）的算法和基于体素（Voxel-based）的算法。两种方法各有优缺点，主要表现在，基于体素的算法在进行体素化的时候会产生大量的"空体素"，在一些算法中这些"空体素"也要参与卷积，这就会造成资源的浪费和计算量的增大（如今稀疏卷积已经很好地解决了这个问题）。另外，基于体素的算法也会不可避免地带来数据信息的损失，而基于点的方法虽然可以更好地保留点的精确位置而大大减少信息损失，但由于点云本身是无序存储的，在检测的时候会导致很高的计算开销。所以，相比于点云，体素的结构更适合特征提取的工作，但通常检测精度较低。

Voxel R-CNN的设计者认为：原始点的精确定位对于高性能的3D目标检测来说并不是必不可少的，粗体素粒度也可以达到很高的检测精度。基于这个观点，设计了基于体素的目标检测网络Voxel R-CNN。通过在两阶段（Two-stage）方法中充分利用体素特征，最终获得了与当时最先进的基于点的模型（PV-RCNN）相当的检测精度，而且所需的计算开销减少了许多。

5.5.2 Voxel R-CNN算法详述

如图5-15所示，Voxel R-CNN包括如下几个部分：一个三维主干网络；一个二维的主干网络紧接着一个区域建议网络（Region proposal networks，RPN）；一个体素RoI（Region of interest）池和一个用来进一步调整检测框的子网络。该网络首先将原始点云划分为规则的体素，并利用3D骨干网络进行特征提取；然后，将稀疏的3D体素转换为鸟瞰视角（Bird's eye view，BEV）表示，再应用2D骨干网络和RPN来生成3D区域建议[6]；随后，使用体素RoI池来提取RoI特征，这些特征被输入到检测子网中进行检测框调整。

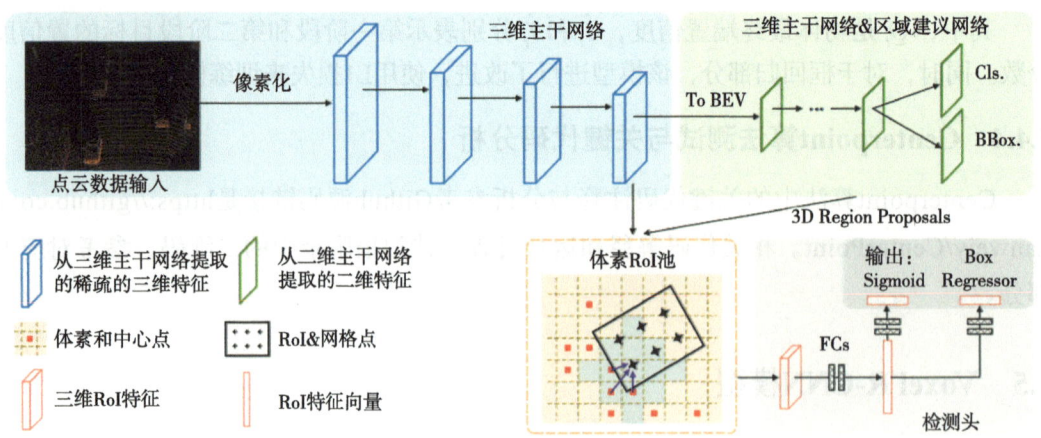

图5-15 Voxel R-CNN模型总览

5.5.2.1 主干网络和区域建议网络（RPN）

设计者参考SECOND（Sparsely embedded convolutional detection）网络[7]建立了Voxel R-CNN的主干网络以及RPN网络。SECOND网络可以看作VoxelNet的升级版本。VoxelNet结构如图5-16所示，它包含特征学习网络（Feature learning network）、卷积中间层（Convolutional middle layer）和RPN网络[8]。

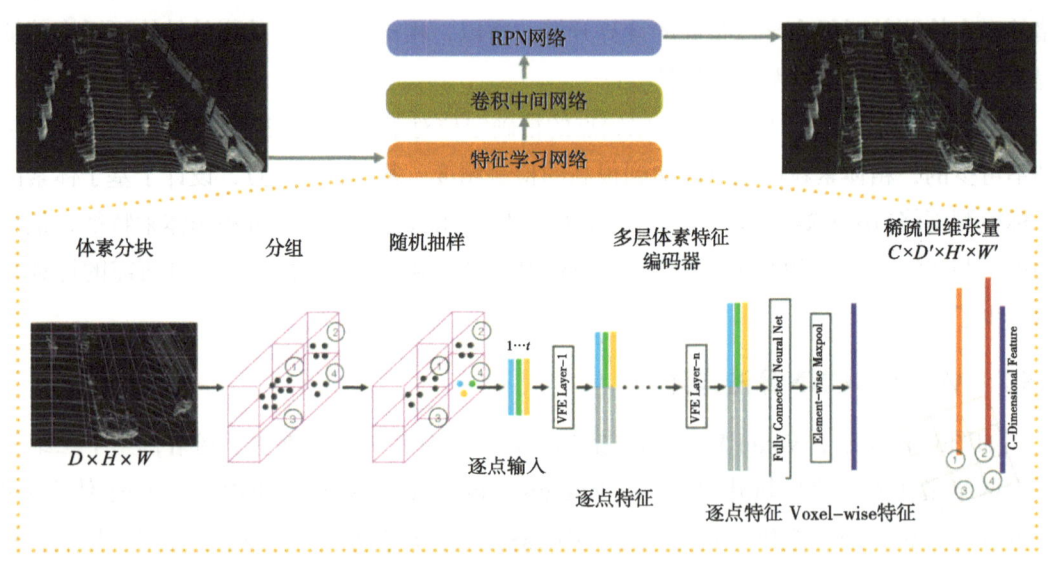

图5-16 VoxelNet网络结构

Voxel R-CNN借鉴了VoxelNet的特征学习网络来提取每个体素的特征向量。VoxelNet特征学习网络的关键结构是VFE（Voxel feature encoding）层，如图5-17所示[8]。对每个非空体素中的每个点，初始特征可以表示为向量$p_i = [x_i, y_i, z_i, r_i]^T$这里面$x_i, y_i, z_i$是点的坐标，$r_i$表示接收反射率。计算体素内所有点的质心$[v_x, v_y, v_z]^T$，体素内每个点输入VFE的向量可

以表示为 $\hat{p}_i = [x_i, y_i, z_i, r_i, x_i - v_x, y_i - v_y, z_i - v_z]^T$，再经过全连接层可以扩大向量的维度得到向量$f_i$，这时再进行最大池化从所有点的$f_i$中选择最大的特征组成一个共有的特征，将这个共有的特征连接到每个点的特征f_i后可以输出最终的特征向量 f_i^{out}。

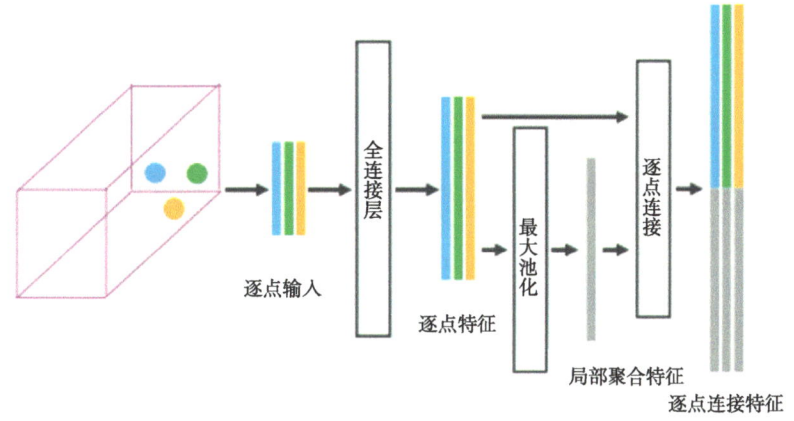

图5-17　VFE层结构

VoxelNet堆叠VFE层实现特征的提取并使其进一步抽象化，在特征学习网络最后两层所有点的特征向量通过全连接和最大池化，最终得到该体素对应的特征向量。设输入体素的大小为$D \times H \times W$（D为z方向的网格数，H为y方向的网格数，W为x方向的网格数），经过特征提取后可以得到$C \times D \times H \times W$（$C$为每个体素对应特征的维度）四维稀疏特征张量。

得到四维特征张量后，VoxelNet利用三维卷积作为中间层对特征进一步聚合。但三维卷积非常的耗时，训练和推理的工作量都很大。另外，体素划分的数据是非常"稀疏"的，大部分体素网格里面都是空的。也就是说，在使用传统三维卷积进行处理时，做了很多"无用工"。SECOND网络进一步改进了VoxelNet，设计者引入了稀疏3D卷积（Sparse 3D convolutional）代替VoxelNet中的3D卷积层，提高了检测速度和内存使用。所谓稀疏卷积，就是对输入输出不为空的数据建立位置哈希表和规则手册，只对有效数据计算卷积，从而减少计算量。稀疏卷积算法的原理如图5-18所示[7]。

首先，将稀疏的输入特征通过聚集操作获得密集的特征；然后使用通用矩阵乘法对密集特征进行卷积操作，获得密集的输出特征；最后，通过预先构建的输入—输出索引规则矩阵，将密集的输出特征映射到稀疏的输出特征。

Voxel R-CNN的三维卷积中间层（也是SECOND网络的卷积中间层）结构如图5-19所示[7]。它包含两个稀疏卷积阶段，每个阶段包含几个子流形卷积层（白色部分，只当卷积核中心经过非空的体素时进行卷积）和一个正常稀疏卷积（黄色部分，卷积核任何部分经过非空体素时都进行卷积）。可以看到，卷积层上方是卷积层输出的形状示意图（这里只包括z方向网格数D，y方向的网格数H和，x方向上的网格数W）。随着三维稀疏卷积的进行,稀疏的体素特征沿着z轴方向不断进行压缩,在压缩到足够稠密时,特征会沿着z轴方向堆叠形成适合二维卷积的"鸟瞰图"(也就是说原本的四维张量 $[C, D, H, W]$ 变成 $[C \times D, H, W]$ 的三维张量)。

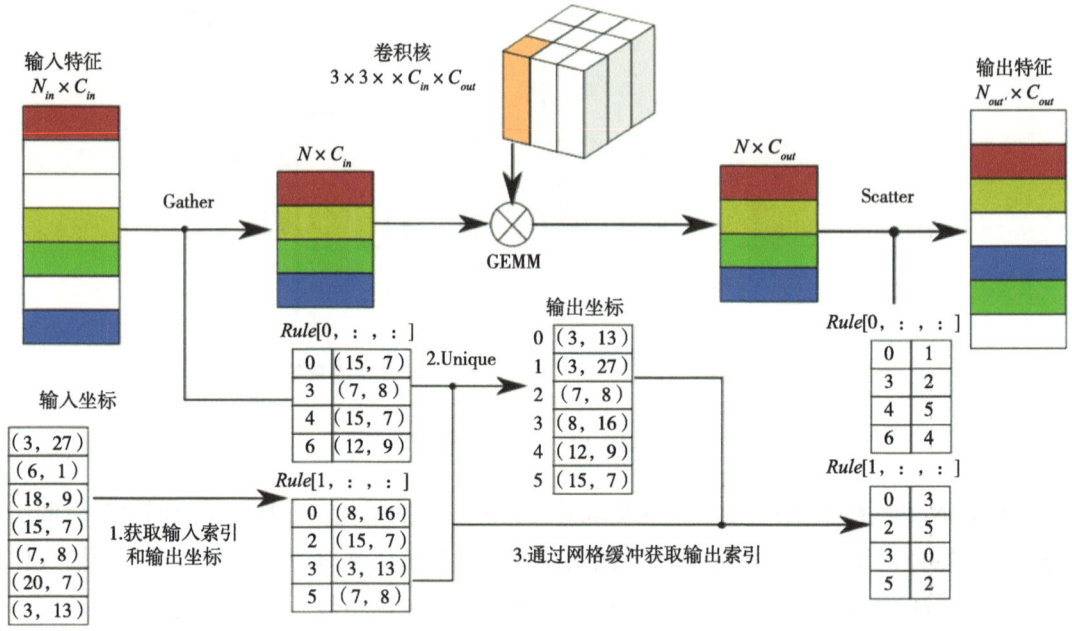

图5-18 稀疏卷积算法示意

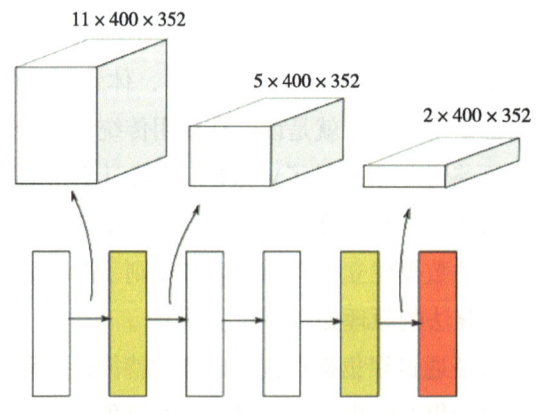

图5-19 稀疏卷积中间层的网络结构

Voxel R-CNN的RPN网络取自VoxelNet的RPN网络,其结构如图5-20所示[8]。

RPN的输入是由卷积中间层输出的鸟瞰特征图,这个网络有3个全卷积层块。对这个特征图分别进行多次下采样(在每个卷积层之后,应用BN和ReLU操作),再将不同下采样的特征进行反卷积操作,变成相同大小的特征图,然后直接拼接这些来自不同尺度的特征图,用于最后的检测。

5　3D目标检测经典模型构建与开发实战

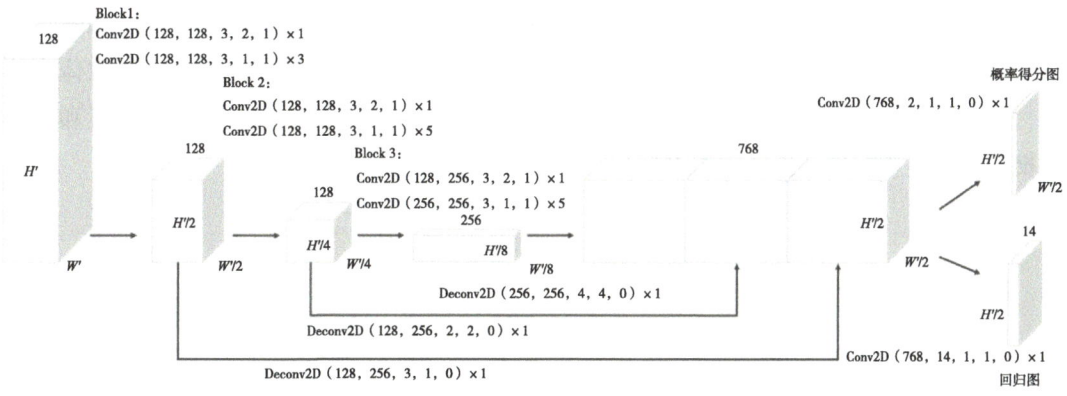

图5-20　VoxelNet区域建议网络（RPN）示意

5.5.2.2　Voxel RoI pooling和检测头

Voxel RoI pooling是Voxel R-CNN主要的创新点，前文通过卷积中间层得到的结果和RPN生成的三维区域建议在Voxel RoI pooling中相结合提取感兴趣区域的特征。首先，稀疏三维特征体（Feature volumes）被表示为一系列非空体素的中心点 $\{v_i = (x_i, y_i, z_i)\}_{i=1}^{N}$ 和它们对应的特征向量 $\{\phi_i\}_{i=1}^{N}$（值得注意的是，这里的中心坐标 v_i 是体素坐标）。

如图5-21所示，Voxel R-CNN提出一种新的近邻点搜索操作——体素查询（Voxel query）[6]。

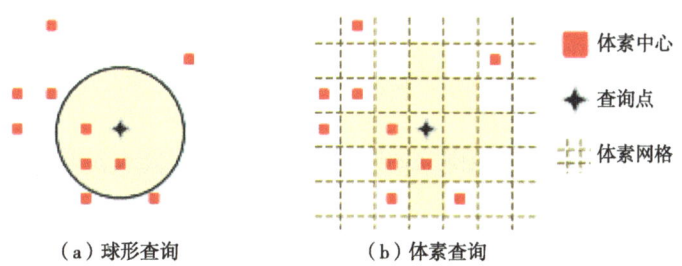

（a）球形查询　　　　（b）体素查询

图5-21　球形查询和体素查询示意

体素查询原理：先将查询点量化为体素用体素坐标来表示查询点的位置，这样就可以计算点与点之间的曼哈顿距离，寻找距离在阈值以内的领域点。这种查询方式充分利用了体素空间索引，所以查询效率更高。

Voxel RoI pooling如图5-23所示：它先将3D区域建议（图中的黑框）划分为 $G \times G \times G$ 个规则的子体素，子体素中心点作为网格点。对给定网格点 g_i，首先利用体素查询相邻 K 个体素，得到集合 $\Gamma_i = \{v_i^1, v_i^2, \cdots, v_i^K\}$。然后，用一个PointNet模块将相邻的体素特征聚合为：

$$\eta_i = max_{k=1,2,\cdots,K} \{\Psi[(v_i^k - g_i; \phi_i^k)]\} \tag{5-15}$$

其中，$\Psi(\cdot)$表示多层感知器结构，$v_i^k - g_i$表示领域点到查询点的相对坐标。如图5-22所示，利用Voxel RoI pooling从3D主干网络的最后两个阶段的三维特征卷中提取体素特征[6]。对于每个阶段，设置两个不同的曼哈顿距离阈值。然后，将来自不同阶段和尺度的聚合特征连接起来，以获得RoI特征。

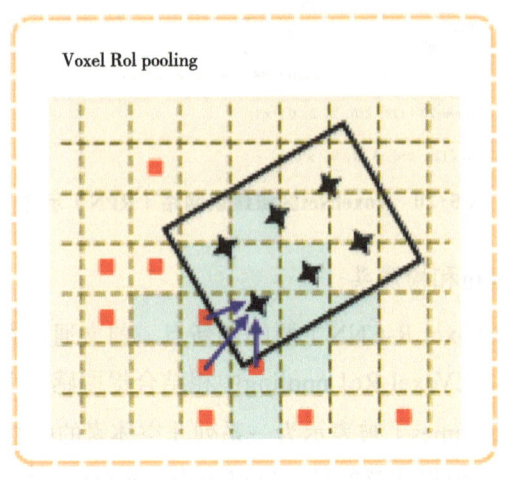

图5-22　Voxel RoI pooling示意

检测头（Detect head）将RoI特征作为输入。首先，将RoI特征转化为特征向量。然后，将展平的特征送入两个分支：一个分支负责边界盒回归，另一个分支负责不同检测类别的置信度预测评分。

5.5.2.3　Voxel R-CNN损失函数

RPN损失联合了分类损失和包围盒回归损失，损失计算公式如下：

$$\mathcal{L}_{\text{RPN}} = \frac{1}{N_{\text{fg}}}\left[\sum_i \mathcal{L}_{\text{cls}}(p_i^a, c_i^*) + \mathbb{1}(c_i^* \geq 1)\sum_i \mathcal{L}_{\text{reg}}(\delta_i^a, t_i^*)\right] \quad (5-16)$$

式中，N_{fg}代表前景锚框的总数，p_i^a和δ_i^a代表分类分支和包围盒回归分支的输出结果，c_i^*和t_i^*分别代表分类标签和包围盒回归的目标。$\mathbb{1}(c_i^* \geq 1)$表示仅用前景锚框计算回归损失。$\mathcal{L}_{\text{cls}}$代表Focal Loss损失函数，$\mathcal{L}_{\text{reg}}$表示Huber损失函数。

检测头的损失函数如下：

$$\mathcal{L}_{\text{head}} = \frac{1}{N_s}\left[\sum_i \mathcal{L}_{\text{cls}}(p_i, l_i^*(\text{IoU}_i)) + \mathbb{1}(\text{IoU}_i \geq \theta_{\text{reg}})\sum_i \mathcal{L}_{\text{reg}}(\delta_i, t_i^*)\right] \quad (5-17)$$

其中，N_s为在训练阶段提出的采样区域建议的数量。$l_i^*(\text{IoU}_i)$是置信度分支一个与交并比（IoU）相关的值，计算方式如下：

$$l_i^*(\text{IoU}_i) = \begin{cases} 0 & \text{IoU}_i < \theta_L \\ \dfrac{\text{IoU}_i - \theta_L}{\theta_H - \theta_L} & \theta_L \leqslant \text{IoU}_i < \theta_H \\ 1 & \text{IoU}_i > \theta_H \end{cases} \quad (5\text{-}18)$$

式中，IoU_i为第i个与相应真值框之间的IoU，θ_H与θ_L为设定的前景与背景的阈值。这里的$\mathcal{L}_{cls}$为交叉熵损失函数，$\mathcal{L}_{reg}$仍然为Huber损失函数。$\mathbb{1}(\text{IoU}_i \geqslant \theta_{reg})$表示只有在$\text{IoU}_i$大于指定阈值$\theta_{reg}$的情况下导致其后面的回归损失。

5.5.3　Voxel R-CNN测试与关键代码解析

Voxel R-CNN算法关键代码的注释与分析使用OpenMMLab算法开源平台中的OpenPCDet项目进行，应先将OpenPCDet下载下来，网址为https://github.com/open-mmlab/OpenPCDet.git。相关代码解释和运行过程，请扫描附录中的二维码，参考对应的部分。

可以用demo.py代码可视化训练的效果，检测效果如图5-23所示。

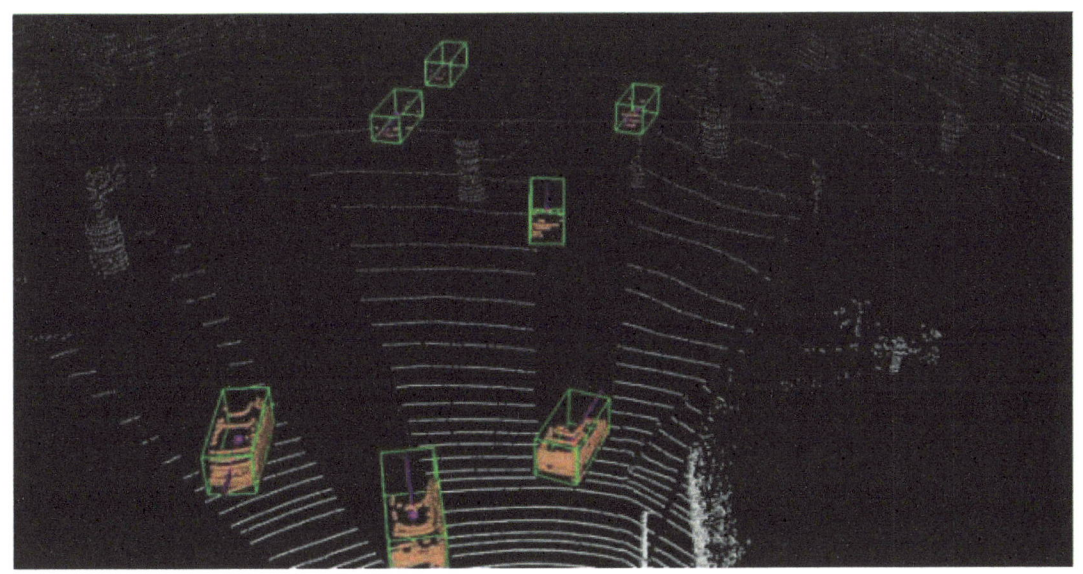

图5-23　用demo.py代码可视化训练的效果

参考文献

［1］ SHI S, WANG X, LI H. PointRCNN: 3D Object Proposal generation and detection from point cloud. 2019 IEEE/CVF Conference on Computer Vision and Pattern Recognition（CVPR），2018：770-779.

［2］ ZHU B, JIANG Z, ZHOU X, et al. Class-balanced grouping and sampling for point

[3] HOLGER C, VARUN B, ALEX H, et al. Nuscenes: A multimodal dataset for autonomous driving. CoRR, 2019: abs/1903.11027.

[4] QI C R, LITANY O, HE K, et al. Deep hough voting for 3D object detection in point clouds. IEEE/CVF International Conference on Computer Vision, 2019: 9277-9286.

[5] YIN T, ZHOU X, KRAHENBUHL P. Center-based 3d object detection and tracking. IEEE/CVF Conference on Computer Vision and Pattern Recognition, 2021: 11784-11793.

[6] DENG J, et al. Voxel R-CNN: Towards high performance voxel-based 3D object detection. ArXiv, 2020: abs/2012.15712.

[7] YAN Y, MAO Y, LI B. SECOND: Sparsely embedded convolutional detection. Sensors, 2018, 10: 3337.

[8] ZHOU Y, ONCEL T. VoxelNet: End-to-end learning for point cloud based 3Dobject detection. IEEE/CVF Conference on Computer Vision and Pattern Recognition, 2018.

6 畜禽养殖产业中目标检测技术应用研究进展

6.1 全球畜禽养殖目标检测技术应用研究发展态势

畜禽养殖是指人类通过对自然界中动物的规模化驯化和养育，进而为人类生存及发展提供保障、创造条件。在政治经济学的视角中，畜禽养殖是一种生产方式，即一种以畜禽为改造对象的社会生活所必需的物质资料谋取方式。

畜禽养殖的意义主要体现在以下几个方面：①为人类的日常膳食提供高质量的食品；②为经济生产创造产生价值的机会并带动相关产业的发展；③养殖过程中所产生的废弃物可以有机肥料的形式投入农业再生产中；④通过合理的规划和管理，减少环境污染和资源浪费，进而实现对生态环境和生物多样性的保护。

随着科学技术的进步和人类生活条件的变化，畜禽养殖经历了一个漫长的发展过程。近年来，全球畜禽养殖行业发展加速，越来越多的现代技术也应用于该领域，其中目标检测技术在畜禽养殖的应用得到了广泛的关注。随着目标检测技术的不断改进和发展，其在畜牧养殖领域获得了更广泛的研究与应用，进而提高生产效率和养殖效益。

6.1.1 研究方法及数据来源

以学术信息整合平台Web of science作为检索平台，检索时间范围设置为2000年1月1日至2022年12月31日。畜禽养殖目标检测方面的研究主要集中在猪、牛、鸡、羊等重点畜种，考虑到防止遗漏其他畜种等情况，设定检索条件为：TI=（cat or dog or duck or goose or turkey or porcine or pig or ovine or sheep or goat or chick or chicken or cow or cattle or ox or equine or horse or camel or rabbit or hare or pigeon or donkey or "Equus asinus" or breeding or livestock or poultry）And AB=（detection or recognition）和TI=（"recognition" or "detection"）And AB=（cat or dog or duck or goose or turkey or porcine or pig or ovine or sheep or goat or chick or chicken or cow or cattle or ox or equine or horse or camel or rabbit or hare or pigeon or donkey or "Equus asinus" or breeding or livestock or poultry）。最终共筛选出81 148篇文献，剔除无关的研究方向、无关文献，并经过去重处理后最终得到265篇文献。

基于文献计量分析方法，利用电子表格软件Excel可视化文献分析软件Co-Occurrence13.4（COOC13.4）和VOSviewer对检索数据进行了量化分析。在得到文本文件数据后，进行了数据去重、同义词合并等数据清洗工作。然后，使用COOC获取到2000—2022年的年度发文量描述性统计，通过COOC和VOSviewer得到了核心作者、机构、地域和关键词的共线知识图谱等多维关系构建可视化分析结果。通过分析结果，梳理并归纳了畜禽养殖领域中目标检测的发展脉络，并收集了在检索时间范围内的研究技术和应用热点。其中COOC是一种计量文献分析工具，可以进行描述性统计、多维关系构建、主体聚类等分析工作，并通过直观、多元的可视化方式展现某个研究领域的研究进展、热点关键词等信息。而VOSviewer是一个用于构建和可视化文献网络的软件工具。这些网络可能包括期刊、研究人员或个人出版物，它们可以基于引用、文献耦合或共同作者关系来构建。VOSviewer还提供文本挖掘功能，可用于构建和可视化从科学文献中提取的重要术语的共现网络。

6.1.2 全球畜禽养殖目标检测研究信息统计

6.1.2.1 时间分布

对Web of science收集的2000—2022年的265篇文献进行发文时间的统计（图6-1），统计数据显示：2000—2017年每年论文发表量均不超过10篇，且发文量有所波动，18年间发文总量仅占16.60%；2018—2022年5年间的论文发表量逐年增长，其中2022年较2021年发文量增长31篇，增长率高达63.27%；2018—2022年发文总量达到221篇，占比83.40%。该统计数据体现了畜禽养殖目标检测的研究从2017年开始了一个快速发展的阶段，这与基于深度学习的目标检测算法的发展时间高度吻合，意味着当前畜禽养殖目标检测领域的快速发展主要得益于基于深度学习目标检测算法的推动。

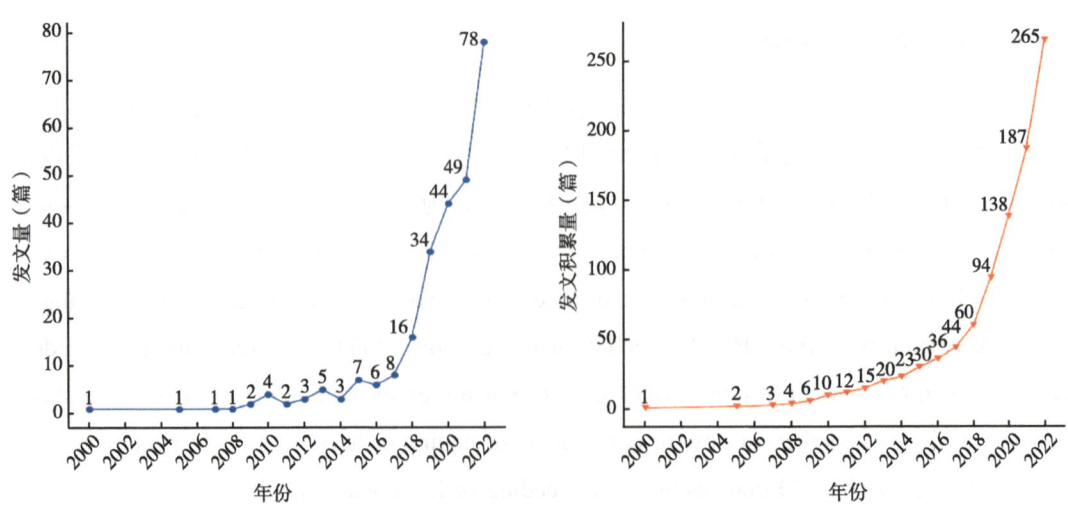

图6-1 2000—2022年Web of science发文量及发文累积量

6.1.2.2 空间分布

（1）地域和机构分布

共词分析法是将文献集合中词汇对或名词性短语共同出现的频次作为基础，确定该文献集合中所属学科各个研究领域之间的关系。例如，通过对文献集合中的任意两个主题词同时出现的频率，进而形成一个由这些词汇对所组成的共词网络。文献计量学中一般认为，某个词汇对在同一篇文献中出现的频次越高，则说明这两个主题或方向的关系越为紧密。

采用COOC及VOSviewer软件对文献发布的国家或地区分布采用共词分析法进行分析。要提取的单元频次设为1，将得到的国家或地区共现矩阵先后转换为邻接表、无向net格式。最终在VOSviewer软件导入无向net文件，得到国家或地区合作图谱如图6-2所示。

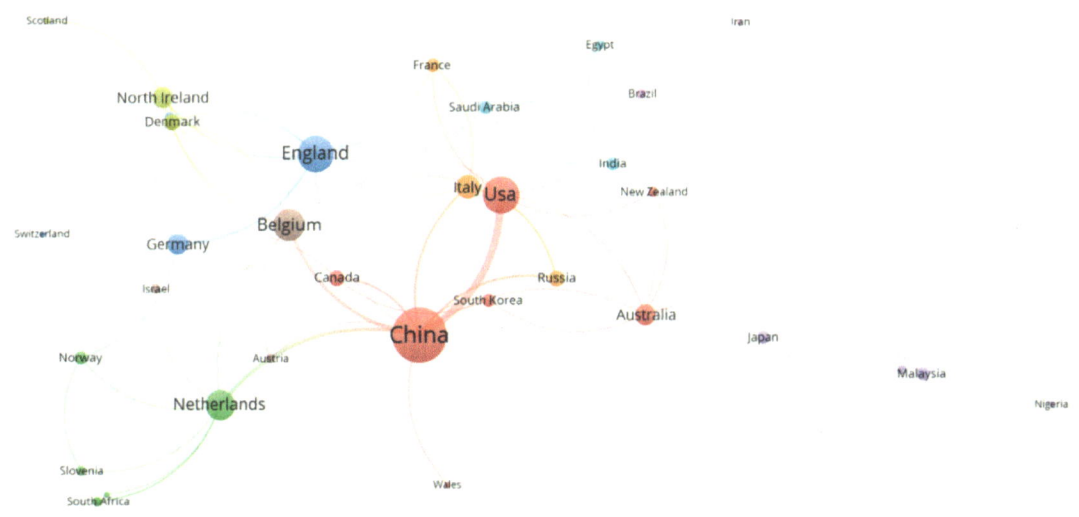

图6-2　国家及地区合作网络知识图谱

知识图谱上的各个节点彼此之间的曲线代表着彼此之间的合作与交流，由图可知，节点之间的曲线较为紧密，基本没有孤立存在的情况。可见中国、美国、英国、荷兰、比利时等国联系相对密切，其中，中国与美国之间的联系最为紧密，并与较多国家均有合作。分析不同国家或地区之间的合作研究关系，有利于更深入研究畜禽养殖目标检测研究的发展势态。

使用VOSviewer软件对文献作者机构的合作网络关系进行进一步的分析（图6-3），得到关于畜禽养殖目标检测研究的主要研究机构和对应合作关系的知识图谱。最终生成的作者机构的合作网络分布比较分散，但表现出高校、企业、政府机构和科研单位之间紧密联系的特点。由图可知，中国农业大学、西北农林科技大学、鲁汶大学、华南农业大学、基尔大学、国家农业信息化工程技术研究中心、农业农村部等机构处于机构合作网络的中心。上述机构具有较高的被引用次数和发文量，说明了它们在畜禽养殖目标检测领域中的优势地位。各国研究机构的合作有着密切联系，主要以中国、德国、荷兰等国家的大学为主，在该研究领域表现得较为活跃。

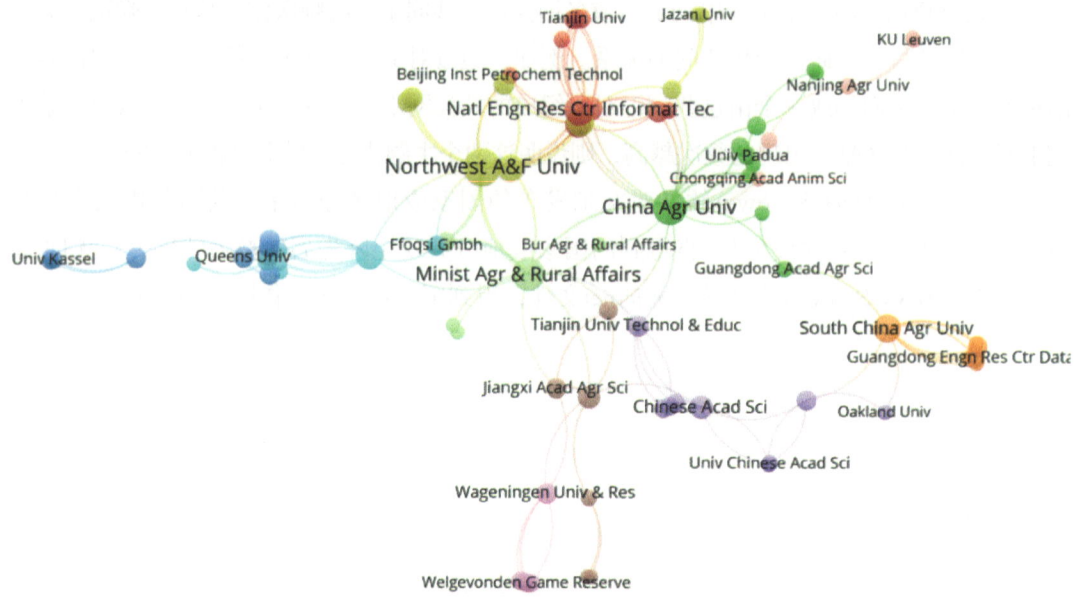

图6-3　研究机构合作网络知识图谱

图6-3中部分研究机构缩写及全称如下：Jiangsu Intel Anim Husb Equip Tech Inno Cent（江苏智慧牧业装备科技创新中心）、Shaanxi Key Lab Agr Inf Perc&Inte Serv（陕西省农业信息感知与智能服务重点实验室）、Ningxia Sma Agr Ind Tech Col Inno Cent（宁夏智慧农业产业技术协同创新中心）、West E-com Co.，Ltd（西部电子商务股份有限公司）、Minist Agr & Rural Affairs（农业农村部）、Shanxi Voc&Tech Col Fina&Tra（山西财贸职业技术学院）、Beijing Acad Agr & Fore Sci（北京市农林科学院）、Shijiazhuang Deve&Ref Com（石家庄市发展和改革委员会）、Natl Engn Res Ctr Informat Technol Agr（国家农业信息化工程技术研究中心）、Shenzhen Modern Agr Equi Res Inst（深圳市现代农业装备研究院）、Guangdong Inst Modern Agr Equi（广东省现代农业装备研究所）、Tianjin Univ Tech & Edu（天津职业技术师范大学）、Chongqing Acad Anim Anim Sci（重庆市畜牧科学院）、Guangzhou Entry-Exit Insp & Quar Bure（广州出入境检验检疫局）。

（2）核心作者分布

所选文献集合经计算共有996名作者，为了更好地呈现他们彼此的合作关系，通过VOSviewer软件对畜禽养殖目标检测研究领域发文的作者进行分析，基于共现矩阵生成核心作者及其合作关系网络图（图6-4）。

知识图谱中的节点为作者，字体及节点的大小由其权重决定，各节点之间的曲线表示不同作者间的合作关系。由图6-4可知，整个网络有呈中心向3个主要方向分布的特点，基本没有孤立存在的节点。其中，发文量较多的作者有He Dongjian、Zhu Weixing、Norton Tomas、Shen Mingxia等。图6-4中划分了7个聚类，反映出主要由上述4人为核心组成的学术研究团队，分别有着属于自身的合作关系网络，并对该领域的研究起到了推动发展的作用。

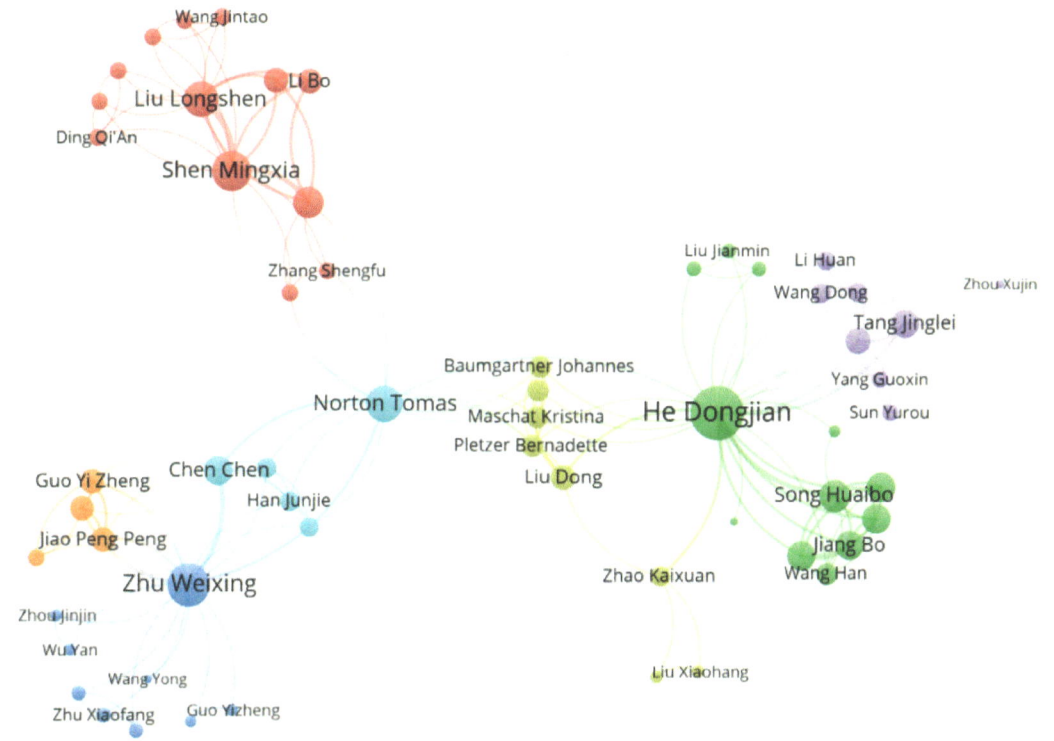

图6-4　核心作者合作网络知识图谱

6.1.3　全球畜禽养殖目标检测主要研究内容与前沿热点

6.1.3.1　主要研究内容

对关键词的提取和凝练反映了一篇文献的主要内容，是对文献主题的精准概括。很大程度上，频次较高或中心度较高的关键词可以直观反映某一领域的研究热点并揭示研究内容和方向之间的相关性。

对关键词出现的频次进行统计分析，利用COOC软件生成针对频次最高的19个关键词的描述统计型玫瑰图，如图6-5所示。其中频次最高的关键词为Deep learning，这意味着目标检测算法第二阶段，即基于深度学习的目标检测算法在畜禽养殖领域得到了比较广泛的应用。在R-CNN算法之后，又涌现出了Fast R-CNN、Faster R-CNN、YOLO系列等众多基于深度学习的图像目标检测算法。其中，Computer vision和Machine vision都是涉及计算机处理图像的领域，但两者的重点及侧重方向有所不同。计算机视觉侧重于计算机上深度学习等软件系统，而机器视觉则更侧重于自动化的行业应用。

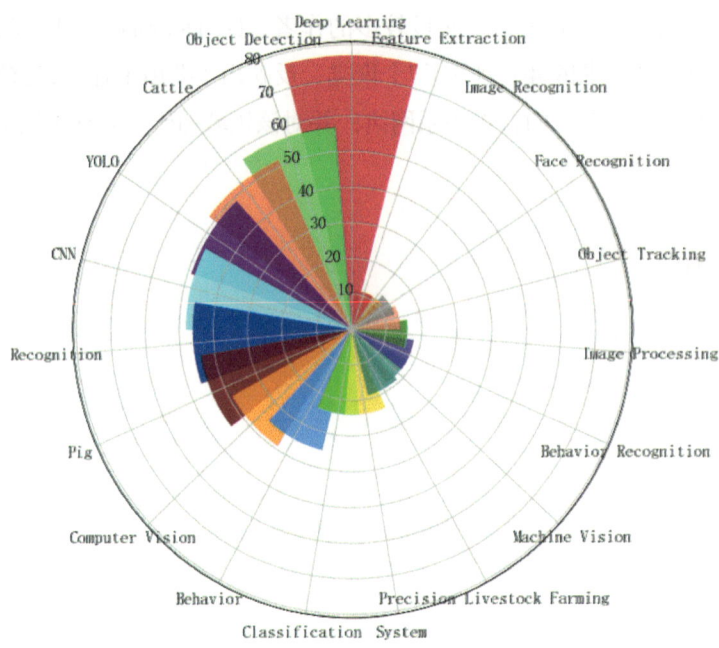

图6-5 高频关键词玫瑰图

对本部分所选文献集合中的关键词进行词频统计,共有704个关键词,其中词频数不低于7的关键词共有37个。由于初始数据中的关键词有近义词以及无法体现研究主题的关键词(如Research),经过同义词合并以及无意义词删除为主的数据清洗后,37个高频关键词如表6-1所示。

表6-1 词频数≥7的关键词

关键词	词频数	关键词	词频数
Deep Learning	77	Images	10
Object Detection	57	Chicken	10
Cattle	52	Cattle Recognition	10
YOLO	49	Attention Mechanism	10
CNN	48	Image Analysis	9
Recognition	46	Lameness Detection	9
Pig	44	Locomotion	9
Computer Vision	39	Mask R-CNN	9
Behavior	35	Faster R-CNN	8
Classification	24	Segmentation	8
System	24	Feeding Behavior	8
Precision Livestock Farming	19	Vision	8

（续表）

关键词	词频数	关键词	词频数
Machine Vision	18	Automatic Detection	8
Behavior Recognition	18	Biometrics	8
Image Processing	16	Artificial Intelligence	7
Object Tracking	14	Pig Detection	7
Face Recognition	13	Estrus	7
Image Recognition	11	Animals	7
Feature Extraction	11		

基于关键词共现矩阵，将单元频次设置为3、分析类型设置为Network visualization、标签设置为Frames的方式，使用VOSviewer软件绘制的高频关键词共现知识图谱如图6-6所示。

图6-6呈现了由98个关键词组成的4个聚类。聚类1有28个关键词，包括Behavior、Estrus等；聚类2有25个关键词，包括YOLO、Deep learning、CNN等；聚类3有24个关键词，包括Classification、Face recognition等；聚类4有21个关键词，包括Model、Pattern、Algorithms等。

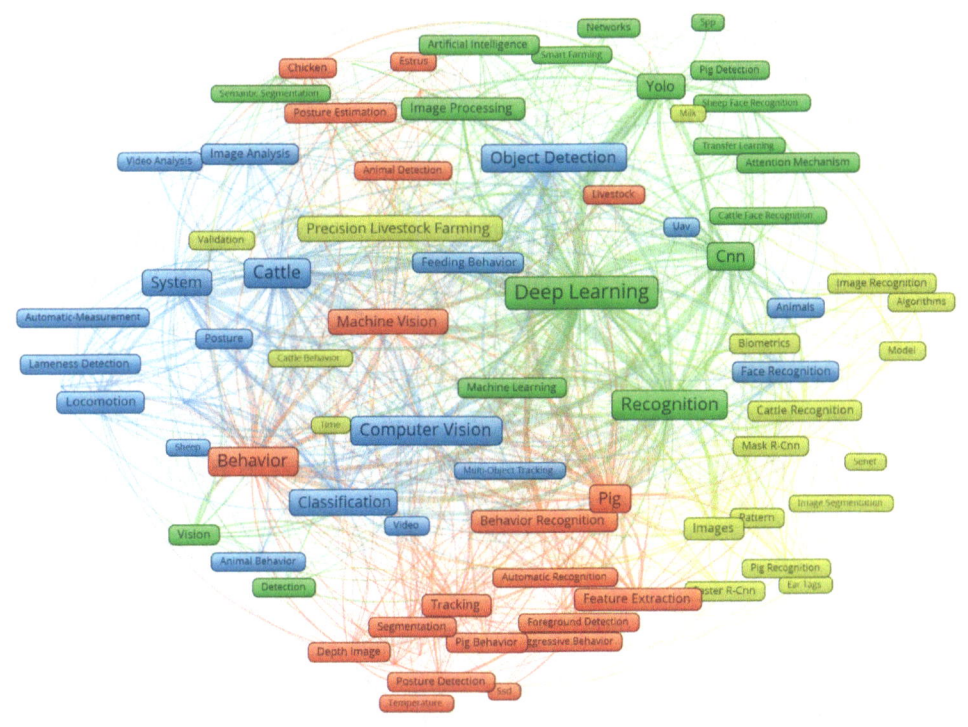

图6-6 高频关键词的共线网络知识图谱

分析类型设置为Density visualization，使用VOSviewer软件绘制的畜禽养殖目标检测研究热点的密度视图如图6-7所示。

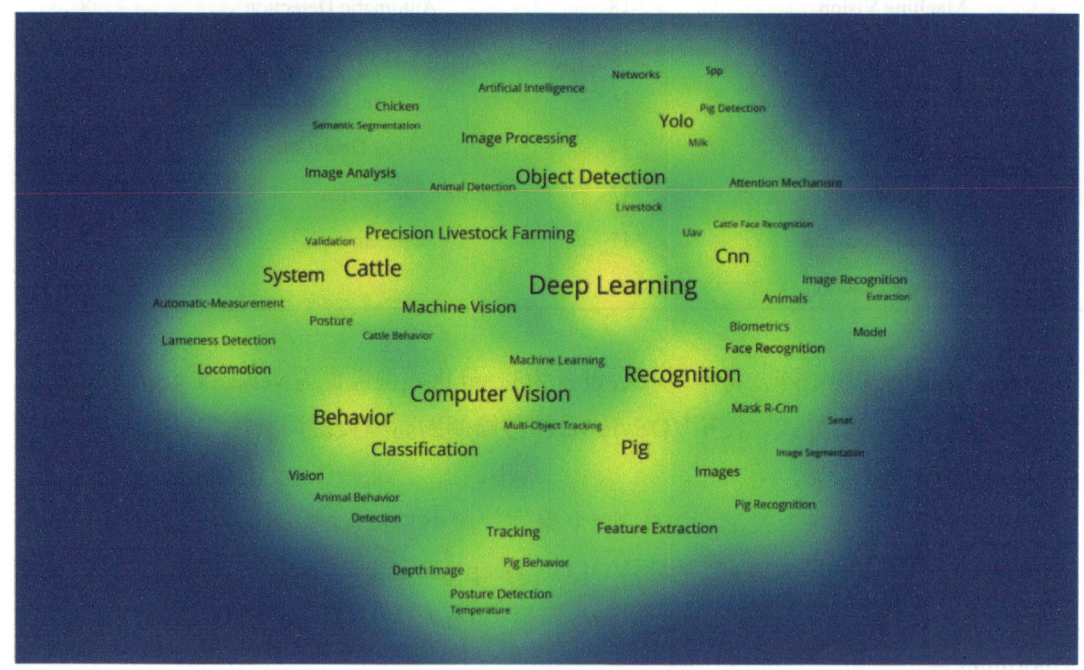

图6-7　研究热点的密度视图

密度视图能够实现快速、清晰预览的重点与聚类图谱区域展示。如图6-7所示，图谱默认呈现黄、蓝两种颜色。在邻域中，一个节点的权重越大，颜色越接近于黄色；相反，一个节点权重越小，那么颜色越接近于蓝色。

6.1.3.2 演进趋势

使用COOC软件对关键词共现关系生成热点与前沿词汇的时区视图，绘制知识图谱，进而展现畜禽养殖目标检测的研究热点演化过程。具体将单元频次阈值设置为6，绘图结果如图6-8所示。

图6-8中的每一个圆圈都代表着一个关键词，圆的半径越大则意味着对应的关键词频次越高。关键词所处的时间是所分析的文献集合中该关键词的平均加权年份。平均加权年份的计算公式如下，其中$year_i$为关键词出现的年份，$counts_i$为关键词在该年份的出现频次。

$$平均加权年份 = \frac{\sum_i year_i \times counts_i}{\sum_i counts_i} \quad (6-1)$$

通过进一步合并和整理，概括出全球畜禽养殖目标检测领域的研究趋势主要沿着目标检测技术、主要功能与应用方向、畜禽种类的扩展3条主线进行。

6 畜禽养殖产业中目标检测技术应用研究进展

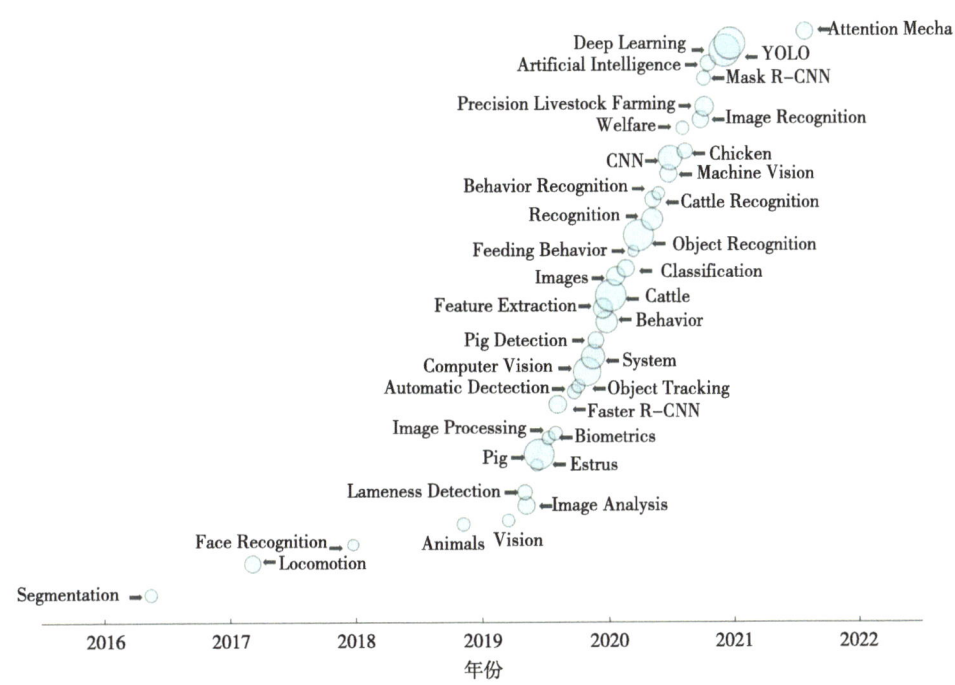

图6-8 研究热点时区可视化图谱

（1）目标检测技术

这一主线从传统的目标检测算法到基于卷积神经网络的目标检测技术。传统的目标检测算法不同于后来的卷积神经网络，需要手工方式提取特征而非自动提取高效特征以进行图像表示。传统的目标检测算法可分为如下几个步骤：首先对感兴趣区域进行选取，即选取可能包含目标的区域；接着对该区域进行特征提取；最后对所提取体征进行检测分类。传统的目标检测算法主要包括Viola Jones detector、HOG detector、DPM detector，它们主要存在准确率较低、计算量大而运算速度慢、可能出现多个正确识别结果的缺点。而基于卷积神经网络的目标检测算法分为anchor-based和Anchor-free两条技术路线。其中Anchor-based方法根据检测过程的不同，分为一阶段和二阶段的目标检测算法。二阶段的目标检测算法在输入图像之后，由分别负责生成建议区域和送入分类器分类两个任务的不同网络完成；一阶段的目标检测算法在输入图像之后，由一个网络完成检测过程，之后直接输出边界框和分类标签。二阶段的目标检测算法主要有两个阶段：从输入中生成建议区域；从建议区域中生成最终的物体边界框。二阶段的目标检测算法主要包括R-CNN、SSPNet、Fast R-CNN、Faster R-CNN、FPN和Cascade R-CNN；一阶段的目标检测算法不需要生成建议区域这一阶段，直接生成物体的类别概率和位置坐标值，因此只经过这一阶段即可得到检测结果。一阶段的目标检测算法主要包括YOLO系列、SSD、RetinaNet。相对而言，二阶段目标检测算法的精度一般比一阶段精度高，但在检测速度上一阶段检测算法更快。Anchor-based目标检测算法主要有以下局限性：检测性能对Anchor大小、长宽比、数量非常敏感；

针对不同目标，须重新设置Anchor的长宽比和大小；大部分Anchor在训练时被标记为负样本，导致样本不平衡；网络需要计算所有Anchor与真实框的IOU，这个过程开销比较大。Anchor-free目标检测算法是通过关键点来完成检测的，大大减少了网络超参数的数量。Anchor-free的目标检测算法主要包括CornerNet、CenterNet、FSAF、FCOS和SAPD。

（2）主要功能与应用方向

这一主线包括针对畜禽的目标检测、个体识别、数量统计、目标追踪、行为识别、疾病诊断、体征测量和环境管理等方面。上述研究具体的实现方法及应用集成存在着大量交叉关系，这意味着畜禽养殖目标检测研究有分析利用多维信息的趋势。个体识别是通过目标检测技术，利用具体确定的某种生物特征，实现精确到畜禽个体级别的身份识别任务。畜禽数量统计是指通过对输入的图像或视频序列进行分析实现计数，得出畜禽在某个时间点或时间段内的数量、分布、密度等信息。畜禽疾病诊断是指根据患病畜禽所表现出的某种病理特征，通过图像或视频检测判断畜禽是否表现出患病特征，进而判定其是否患病。疾病诊断包括疾病和损伤等畜禽异常情况，利用目标检测技术实现对畜禽的疾病诊断，有助于相关人员及时采取措施预防和治疗疾病。环境管理是指通过对畜禽图像或视频进行分析和处理，可以监测畜禽的饮食和生活习惯，进而进行合理的饲养管理和环境控制。例如，长时间对养殖环境中畜禽的分布进行监控，根据畜禽的生活习性而划分出各个区域（如进食区等），据此进行养殖环境中相关资源的配置及调整。体征测量主要包括体重测量、脂肪测量、毛发覆盖率测量和部位尺寸测量。

（3）畜禽种类的扩展主线

畜禽养殖目标检测领域研究的畜禽种类主要集中在猪、羊、牛和鸡，有相对成熟的研究成果。例如，奶牛养殖中基于目标检测技术的自动化挤奶，在对奶牛的乳头识别、机械臂的精准定位、脱杯套杯的自动实现过程中都使用了目标检测技术。再如，肉鸡养殖中利用目标检测技术对养殖环境中的鸡群实现持续监控，根据其时空分布特点进行不同种类的活动区域划分，进而实现对养殖环境的管理和调整。除了对上述主要畜禽种类的研究，目标检测技术还涉及鸽、鸭等种类，但在功能与应用方向的进行程度不及对主要畜禽种类的研究。

6.1.4　全球畜禽养殖目标检测未来研究的发展前景

未来，畜禽养殖目标检测将在以下几个方面具有发展前景。

随着基于深度学习的畜禽检测算法的不断发展和计算机硬件设备的不断升级，畜禽养殖目标检测的识别精度、速度将会不断提高，可以针对目标畜禽进行更加准确、实时性更强的识别和定位。

第一，畜禽养殖目标检测不仅于室内畜禽养殖环境，也在室外畜禽养殖环境以及侵入性动物检测等方面，具有广阔的应用前景。

第二，畜禽养殖目标检测技术可以与其他技术相结合，如语音识别、自然语言处理和机器人等，从而进一步实现畜禽养殖的智能化管理。

第三，畜禽养殖目标检测技术将不仅局限于体重、数量等目标畜禽种类基本指标的测量，还将趋向于多维度信息的收集和分析。例如，针对畜禽的行为习性、生理状况等指标进行分析，进而实现更加全面的养殖管理和监测。

第四，畜禽养殖目标检测技术将被应用于更加注重精细化管理的养殖场，对不同品种、不同个体实现个性化管理。通过对多维数据的分析，实现不同饲料、不同环境等方面的个性化配置，进而提高养殖效益。

第五，畜禽养殖目标检测技术将更加注重大规模数据的分析。通过数据收集、数据预处理、数据存储、数据处理与分析、数据可视化、数据应用，更好地满足畜禽养殖过程中的需求，从而实现更加科学的养殖管理。

总之，畜禽养殖领域目标检测技术的未来发展将更加注重智能化、多维度指标分析、精准化管理和大数据分析。这将进一步提高畜禽养殖效益，保障食品供应安全和质量，从而推动畜禽养殖业的可持续发展。

6.2 羊养殖领域目标检测技术应用研究进展

在畜牧业中，养羊业是我国畜禽养殖的重要组成部分，据统计，截至2022年末，我国肉羊存量32 627万只，羊肉年产量525万t，同比增长2.0%。随着养羊业规模的不断扩大，如何通过非接触式、高精度和智能化的技术管理牧场，实现羊群智慧养殖是未来的发展方向。在智慧养羊行业中，借助传感器设备获取家禽图像数据（包含平面、立体、热红外等图像数据），结合目前主流的深度学习技术利用获取的数据建模，通过建立数据与行为、表型和个体等特征之间的联系，进行分析、预测、处理，实现非接触式、无应激的研究，提升动物福利。肉羊的智慧养殖主要表现在肉羊盘点计数、个体识别、行为识别和体质量估计4个方面。

6.2.1 肉羊盘点计数

对羊群数量的精确盘点是精准牧业、智慧农场建设的重要组成部分，有助于养殖户准确把握羊群的基本情况。随着目前肉羊养殖场规模扩大，养殖人员管理的肉羊数量不断增加，传统的人工盘点肉羊数量工作耗费人力、效率低，基于RFID的羊只计数方法也受场地和读写距离的限制，因此，采用目标检测算法实现对肉羊目标快速稳定地跟踪和计数是目前畜牧业通过先进技术提高牧场管理水平、降低劳动力成本、提高生产效益的关键。田磊等采用YOLO目标检测算法，获得图像中羊的位置信息，通过统计检测框的个数对肉羊计数，但在实际应用中效果较差。为此，张译文等提出了CenterNet目标检测算法与DeepSORT跟踪相结合的羊只计数方法，将实际羊只数量与算法羊只数量进行对比，精度可达95.3%，该方法可以实现牧场中羊只自动计数，为目标检测算法的系统推广应用奠定了基础。田磊等利用YOLOV3算法搭建了群羊检测系统，标记了羊只全身照片作为训练样本，并通过神经卷积网络对羊群照片进行特征提取，实现了对养殖场内的羊群的初步检测，但实验结果在羊群距离较远和存在遮挡时的识别效果不佳。由于采用目标检测算法实现肉羊计数对硬件要求较高，一般部署在上位机中，但运行神经网络的微型处理器往往造价高昂，因此，张会彬等着重考虑计数精度与装置成本等因素，采用AbaBoost级联分类器解决羊只间不易分割的问题，通过对羊只头部的检测实现对羊只的检测，并利用KCF算法实现在目标框消失情况下对目标的准确跟踪，采用越线式计数法实现对跟踪的目标进行计数（图6-9）[1]。肉羊盘点计数研究进展见图6-10。

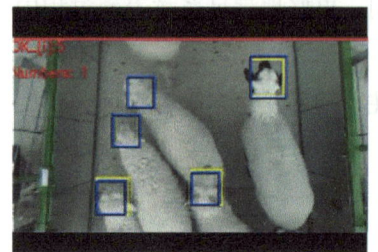
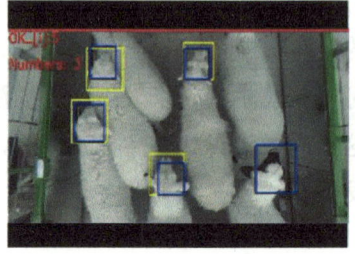
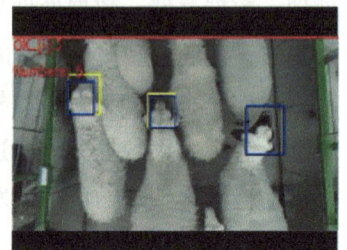

图6-9　羊群计数系统测试

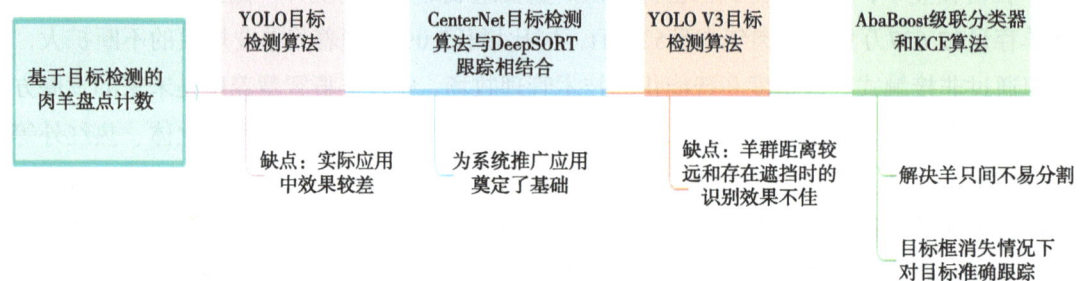

图6-10　肉羊盘点计数研究进展

目前已有部分研究采用目标检测算法实现肉羊计数，如YOLO和CenterNet等。然而，这些方法在实际应用中还有待提升，遮挡和远距离对算法的识别效果有一定影响。因此，研究须解决上述问题，提高计数的准确性和鲁棒性。

在未来的研究中，可以考虑以下几个方向。①改进目标检测算法：可以尝试使用更先进的目标检测算法或结合其他算法来提高计数的准确性和鲁棒性。例如，可以探索使用深度学习中的注意力机制来提高对遮挡目标的识别能力。②数据增强和模型优化：通过数据增强技术增加不同场景下的训练样本，提高模型的泛化能力。同时，可以通过模型优化方法进一步提高计数的精度和效率。③多传感器融合：考虑将多传感器（如摄像头、红外线等）的数据进行融合，以提供更全面、准确的信息来进行计数。可以利用传感器的互补性，提高计数的可靠性。④实时计数系统：将目标检测算法应用于实时计数系统中，提供及时、准确的计数结果。可以结合物联网技术和云计算等技术，实现对羊只数量的实时监测和管理。

6.2.2 肉羊个体识别

国内外基于深度学习技术提出了众多识别肉羊面部的方法[2-5]。例如，Hitelman等基于CNN和ArcFace损失函数增强图像获取面部特征进而识别羊只个体，准确率达97.00%，但该系统不能满足实时识别，且群体规模和随着羊只年龄变化而产生的面部特征变化影响了模型识别的准确性。Billah等基于自定义CNN实时检测羊只面部图像识别山羊，准确率达96.40%，高于VGGFace、LBPface和Fisherface模型识别结果，但羊只表型的多样性对识别准确率有一定影响。Zhang等采集小尾寒羊正脸、左半脸、左全脸、右半脸和右全脸5种图像构建数据集，开发了YOLOv4-CBAM-TL模型识别多角度羊只面部，mAP为91.58%。由于大模型很难在资源环境受限的嵌入式系统中实现，因此发展轻量化模型成为实现肉羊面部识别的研究趋势。张宏鸣等基于YOLOv4目标检测法生成羊脸检测器，构建羊只面部识别数据库，同时在MobileFaceNet引入融合空间信息的高效注意力通道（ECCSA），构建了羊脸识别轻量化模型ECCSA-MFC，准确率为97.91%，为视频下监控下进行羊脸识别提供了技术支撑。肉羊个体识别研究案例如图6-11所示。

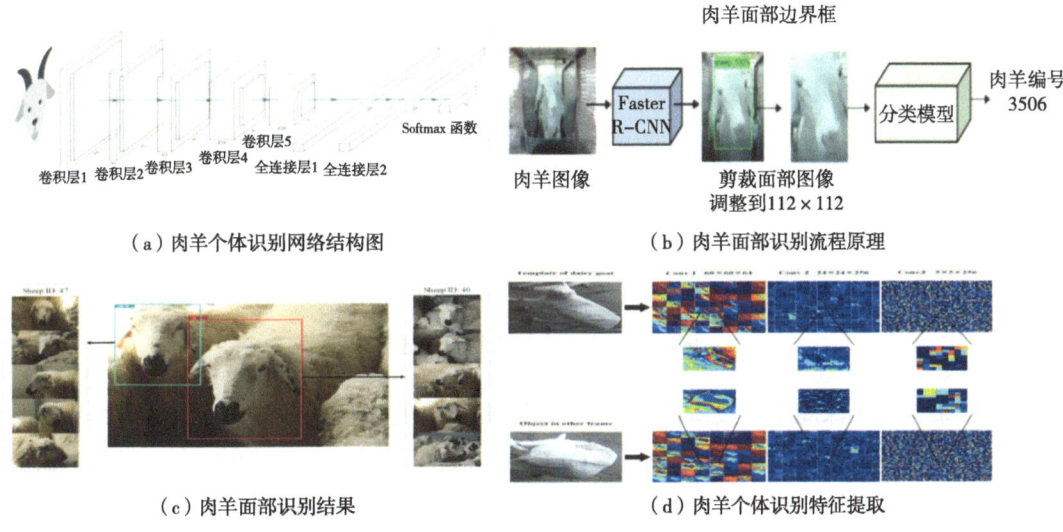

（a）肉羊个体识别网络结构图　　　　（b）肉羊面部识别流程原理

（c）肉羊面部识别结果　　　　（d）肉羊个体识别特征提取

图6-11　肉羊个体识别部分研究案例

以上研究表明，基于肉羊面部特征识别肉羊个体的方法准确率较高，现有识别模型网络层数逐渐减少，向轻量化模型转变。但肉羊面部识别仍存在一些问题，针对纯色的肉羊面部识别准确率较低，同时需要开发适用于多种类肉羊的个体识别算法；在实际生产应用中，存在人为或环境的遮挡，需要研究面部不完整情况下的个体识别算法，保证其在遮挡情况下的个体识别准确率。由于其生长过程中面部特征发生变化，须人工干预在特定区间采集图像，因此，基于整体生物特征识别算法逐渐成为畜禽个体识别的研究热点。Wang等提出了基于Faster R-CNN的识别山羊算法，AP为92.49%，该研究首次提出了一种从监控视频中提取关键帧的检测方法。Bonneau等提出了一种低成本的时移相机和微型YOLOv3网络相结合的框架，以识别农场中山羊个体，山羊识别准确率为83.8%～95.6%，这项技术的识别效果取决于动物大小、摄像机位置和牧场环境，此外，图像分析与时移相机相结合替代GPS项圈，具有精度高和成本低的优点。Su等基于SiameseBNAN骨干网络提取监控视频中单个山羊语义信息以识别山羊个体，同时比较SiamBNAN与SiamFC、SiamRPN、SiamRPN+三种跟踪算法在DG-数据集上的跟踪能力，验证了SiamBNAN的有效性，平均期望值（Expected average overlap，EAO）为0.281，精度为74.60%。基于二维图像的个体识别结果易受光线与实验环境的干扰，在实际生产应用中适用性较低，因此后续应开展基于立体视觉识别肉羊个体的研究。肉羊个体识别研究进展见图6-12。

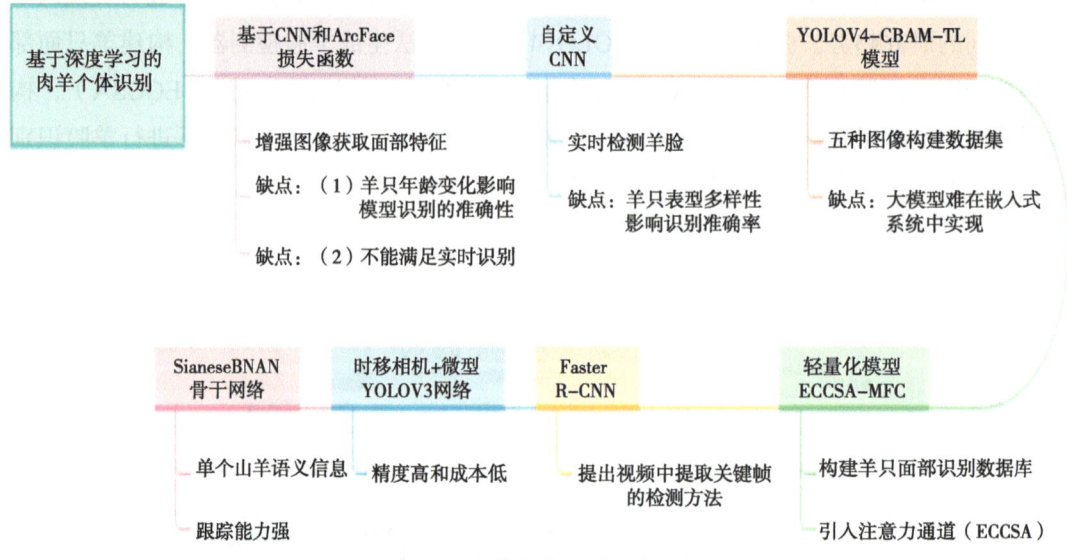

图6-12　肉羊个体识别研究进展

近年来，基于深度学习技术的肉羊面部识别研究取得了一些进展。研究者们提出了不同的方法和模型，如CNN、ArcFace、YOLO等，取得了较高的识别准确率。同时，研究也逐渐从大型模型向轻量化模型转变，以满足实时识别和嵌入式系统的需求。

然而，肉羊面部识别仍然存在一些问题需要解决。首先，对于一些纯色肉羊的面部识别准确率较低，需要开发适用于多种类肉羊的个体识别算法。其次，在实际应用中，存在人为或环境的遮挡，需要研究面部不完整情况下的个体识别算法，提高在遮挡情况下的准确率。此外，由于肉羊在生长过程中面部特征会发生变化，需要在特定的生长阶段采集图像，并设计基于整体生物特征的识别算法。

未来的研究可以从以下几个方面展开。①提高纯色肉羊面部识别准确率：可以通过引入更多的样本和优化算法来解决纯色肉羊面部识别准确率低的问题，如引入更多的特征信息或使用更复杂的模型。②面部遮挡下的个体识别算法：研究面部遮挡情况下的个体识别算法，可以探索使用部分面部特征或其他身体特征来进行识别，提高面部遮挡情况下的准确率。③基于立体视觉的个体识别研究：开展基于立体视觉的肉羊个体识别研究，通过多视角的图像信息提高识别的准确率和鲁棒性。④实际应用场景的适应性研究：考虑实际应用场景中的光线、环境等干扰因素，设计算法以提高实际生产环境中的识别准确率。

6.2.3 肉羊典型行为识别

我国现有大型羊只养殖地多为内蒙古等地的辽阔草原，主要实行放养管理，环境较为复杂，多依据无人机设备采集视频数据进行研究，用于识别其行为的深度学习网络模型实用性要求较高。我国其他地区的羊只养殖虽多为圈养，但养殖规模小，实验研究的样本数据量少，模型鲁棒性较低，同时，圈养羊生长速度快，若采用大模型识别速度较慢，无法依据行为准确判断其健康状况等。具体研究如下。

在采食饮水行为识别方面，Wang等基于特征提取技术处理羊只声学数据集，采用RNN、CNN和DNN共3种网络结构对羊只采食过程中的咀嚼声、撕咬声、反刍声、咬断咀嚼声和噪声5种声音进行分类，准确率分别为93.17%、92.53%和79.43%。结果显示，在分类性能方面，RNN模型和CNN模型均优于DNN模型。在羊颈部佩戴麦克风，采集声音数据集识别羊只采食行为的方法能够区分采食行为并且不干扰牲畜的自然生活，但穿戴式麦克风对羊行为造成不便，易引起应激反应。后续应考虑非接触式方式获取羊只声音数据，选取最优声音分类模型识别其采食行为。陆明洲等基于增加目标框筛选模块的EfficientDet网络识别单只湖羊咀嚼行为，识别准确率为91.42%[6]。不同于通过羊只头部是否位于采食区域识别的方法，该研究依据鸣叫与短时咀嚼行为在上下颌张合状态不同持续时间判断咀嚼行为，降低了分类模型复杂度。在羊群饲养应用中，可研究羊只嘴部状态检测网络输出多目标框的方法，并结合目标检测算法，在连续视频中检测同一羊只嘴部目标，以此实现羊群采食量的估计（图6-13）。

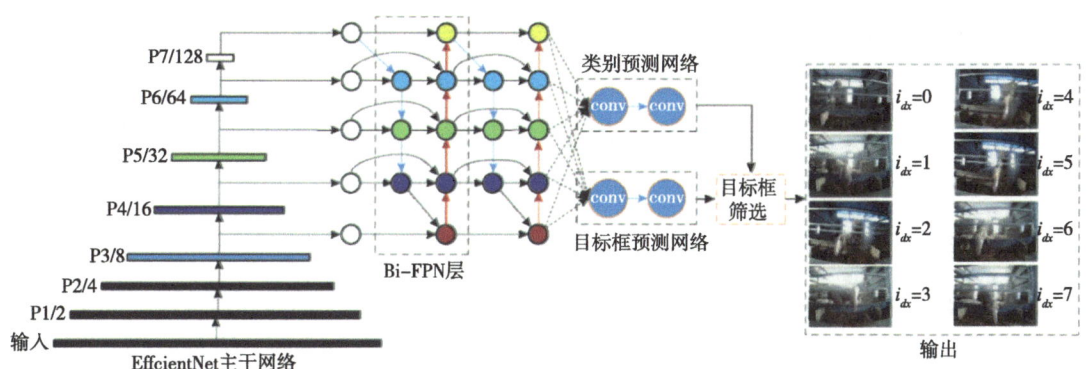

图6-13 增加目标框筛选模块的EfficientDet结构

在多行为识别方面，李小迪等基于改进的卷积神经网络识别羊只采食、站立和躺卧等行为，准确率分别为90.13%、94.16%和91.90%。Jiang等结合羊只时空位置特征，基于YOLOv4算法从视频序列中识别羊群采食行为、饮水行为、活动行为与非活动行为，准确率分别为97.87%、98.27%、96.86%和96.92%。为丰富实验数据集，提高算法鲁棒性，Cheng等将相机放置不同角度、方位和高度下采集图像，构建不同规模的数据集进行实验，提出了基于YOLOv5算法自动识别绵羊站立、躺卧、采食和饮水行为的方法，多尺度训练集行为识别准确率高于96.00%。目前，识别羊只行为多采用基于CNN的YOLO系列模型，行为识别准确率达93%以上，但当前研究中的模型网络结构过于复杂，应进行进一步改进和简化，提高算法鲁棒性以适应实际应用场景。

目前在羊只行为识别方面，基于深度学习技术已经取得了一些进展，如识别采食、站立、躺卧、饮水等行为，研究者们使用了不同的网络结构和数据集，取得了较高的识别准确率（图6-14）。然而，在实际应用中仍存在一些问题需要解决。

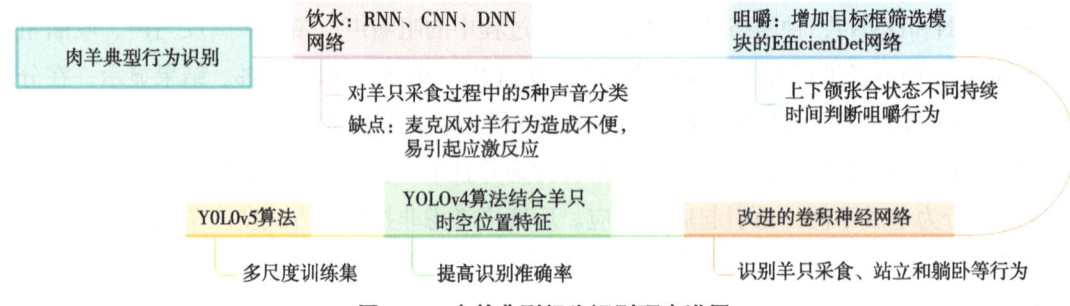

图6-14 肉羊典型行为识别研究进展

首先，针对放养管理的环境复杂性，目前的研究主要依靠无人机设备采集视频数据进行分析，这在实际场景中的实用性要求较高。因此，需要进一步研究非接触式方式获取羊只声音数据，并选取最优声音分类模型来识别采食行为，以提高实际应用的可行性和准确性。对于圈养羊只，养殖规模较小且实验样本数据量少，使得模型的鲁棒性相对较低，因此，未来的研究可以考虑增加样本数据量，优化算法并简化网络结构，提高模型的鲁棒性和适应性。此外，当前的研究主要集中在单一行为的识别，如采食、站立等，对于多行为的识别仍相对较少。未来的研究可以结合时空位置特征，通过改进的网络结构和数据集，实现对羊群的多行为识别，提高行为识别的全面性和准确性。

6.2.4 肉羊体尺测定

在精准畜牧业中，羊只的体尺参数是反映其生长发育、生产性能和遗传特征的关键，实时监测羊只体征，可以监测其健康状况及日常运动量，用于直接评估其健康状况。传统的人工测量过于依赖于人力资源效率低下，对羊的站立姿势有严格的要求，且直接与羊接触会导致羊只生产性能下降，疾病增加，甚至死亡，严重影响羊只个体以及羊群的生长发育,增加人畜共患疾病的传播风险,因此使用非接触式测量的方式自动获取羊只体尺数据具有重要意义。随着信息感知技术和精准育种水平的提升,家畜体型数据的获取方式正朝着非接触、高精度和高度自动化的方向发展[7]。体尺测量装置如图6-15所示。肉羊体尺如图6-16所示。

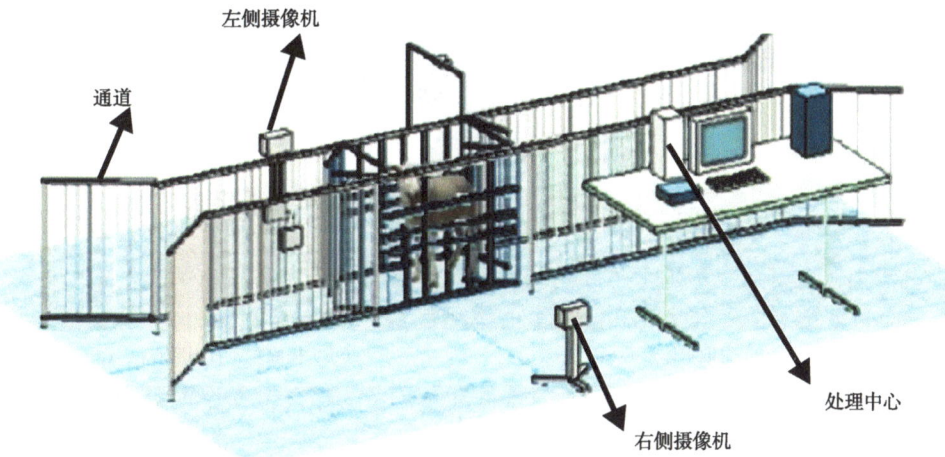

图6-15 体尺测量装置

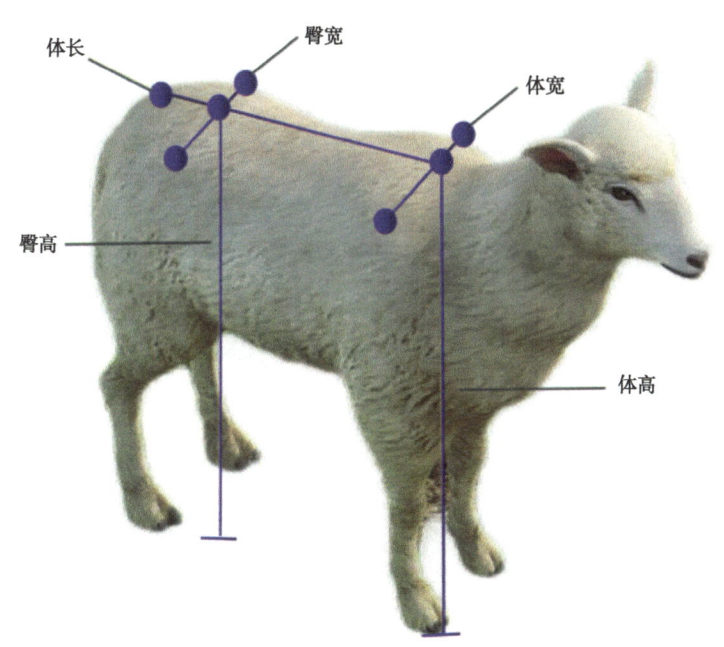

图6-16 肉羊体尺示意

目前,图像传感器技术成熟,具备多样化,已广泛应用于畜禽精准养殖中,Khojastehkey、张丽娜和江杰分别基于传统2D图像处理技术获取羊只体尺参数[8]。基于二维图像的直线体尺测量研究,多是依赖于包络线和U弦长曲率等生态学和数学方法,采用传统的数字图像处理技术，对家畜体尺关键点进行定位（图6-17），但定位精度仍有待提高，同时须在无干扰环境中进行，且对羊只站姿要求较高，实验过程较为复杂，检测结果准确率受羊只姿态影响较大。

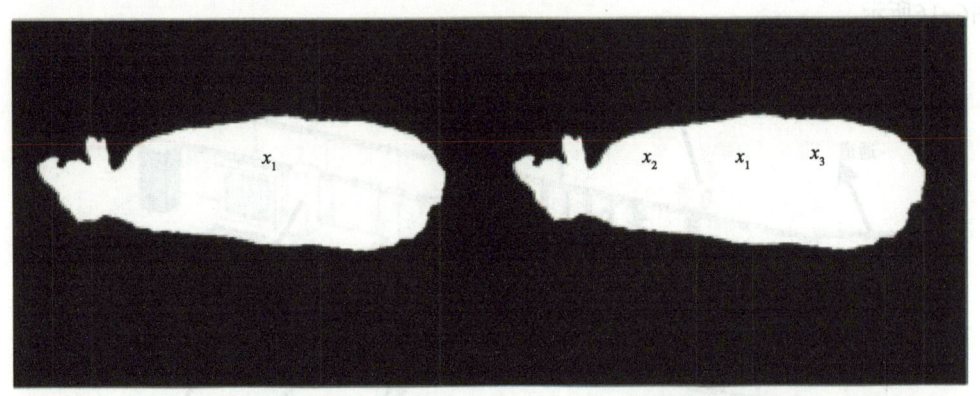

（a）提取羊体形心 x_1　　　　　　　　（b）提取左、右侧形心 x_2、x_3

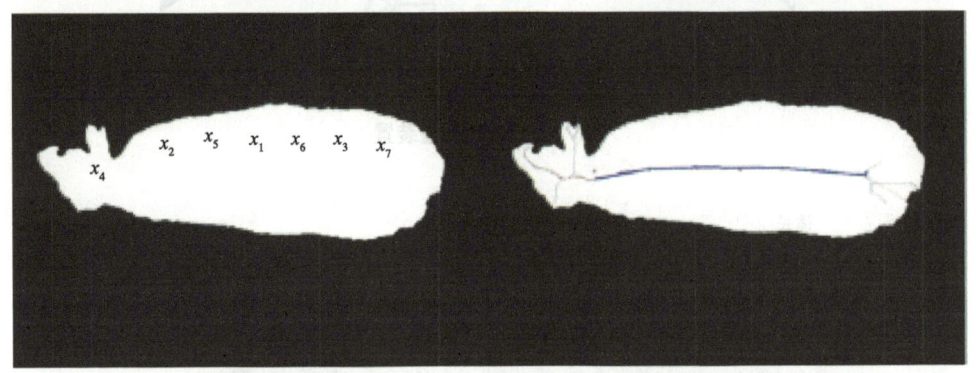

（c）提取细化区间形心　　　　　　　　（d）基于骨架的近似中轴提取

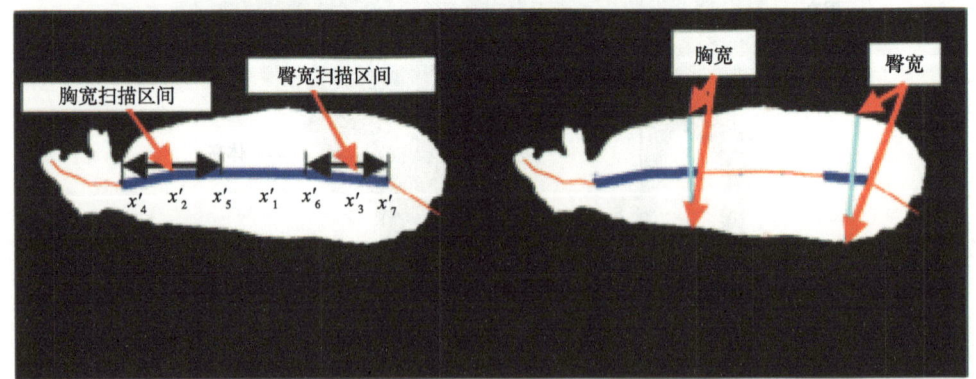

（e）在近似中轴重定位各形心　　　　　（f）提取胸宽、臀宽参数

图6-17　基于肉羊轮廓的体尺测量方法

近年来，许多研究工作集中在使用图像分析自动获取畜禽体尺数据，或结合一个/多个二维图像获得所需体尺测量值。然而，二维图像只提供了畜禽二维投影，在视觉中缺乏三维投影，限制了深度信息的应用。此外，二维传感器会受到透视、距离、特定波长和应

用滤波器的影响,因此,畜禽自动化体尺测量的研究重点逐渐转向于基于三维模型的立体视觉技术。例如,Menesatti基于双目视觉检测原理,对羊只体尺参数进行非接触式测量研究,双目系统的使用丰富了数据采集视角,能够获取羊只围度数据进行测量。赵建敏使用Kinect传感器采集羊只彩色图像与深度图像,并将两种图像结合提取羊只轮廓,通过VS2010软件搭建测试系统获取羊只体尺参数。Paolo等构建了双目立体视觉系统评估羊只大小和体重。内蒙古农业大学团队分别研究了基于双目系统和三维点云技术分割出羊只主体测量体尺数据,解决了实际养殖场背景复杂、模型计算时间长等问题[9]。肉羊包络线提取如图6-18所示。肉羊体质量估测研究进展如图6-19所示。

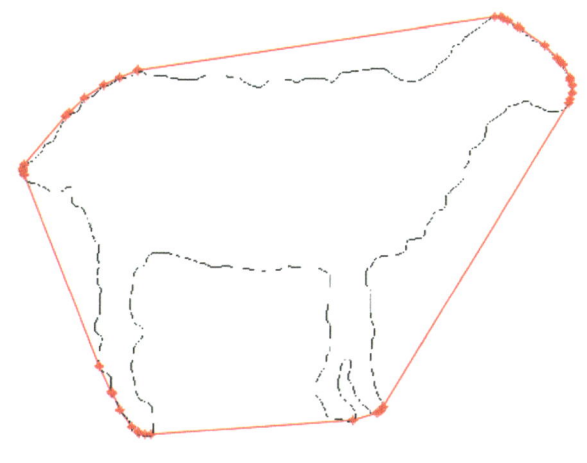

图6-18　肉羊包络线提取

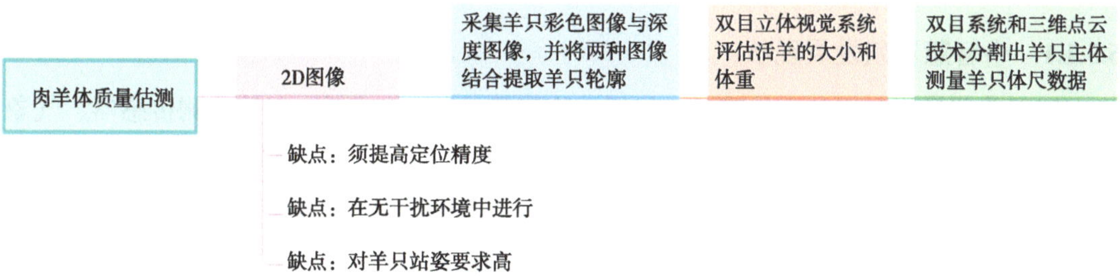

图6-19　肉羊体质量估测研究进展

基于三维点云的家畜体尺测量可视化,相比于二维图像的测量,效果较好,但三维点云数据量大,对算法精度要求较高,因此计算过程响应时间较长,算法复杂度高,不利于实时采集与处理。通过研究学者对算法的不断改进与创新,基于三维点云的家畜体尺测量技术正在逐一攻克实时性欠缺、检测精度低和响应时间长等问题。

在体尺测量方面,图像传感器技术成熟,已广泛应用于精准畜牧业中。近年来,研究者们开始利用三维立体视觉技术,通过双目视觉或深度传感器获得三维信息,提高体尺测量的精度和准确性。

然而，基于三维点云的体尺测量存在计算复杂度高、响应时间长等问题，不利于实时采集和处理。因此，未来的研究可以从以下几个方面展开。①提高三维点云测量的实时性：针对计算复杂度高和响应时间长的问题，进一步改进算法，减少计算时间，提高实时采集和处理的能力。②提高体尺测量的准确性：针对二维图像和三维点云测量的准确性仍有待提高的问题，可以结合更先进的图像处理和机器学习方法，提高体尺参数的测量精度。③研究在复杂环境下的体尺测量：当前的研究多集中在无干扰环境下进行，对于实际养殖场的背景复杂性还需要进一步研究，以提高算法的鲁棒性和适应性。④研究针对不同品种和年龄羊只的体尺测量：不同品种和年龄的羊只可能存在体型差异，因此需要针对不同羊只进行研究和优化，以提高测量的准确性和适用性。

6.2.5 小结

目前，国内肉羊养殖管理中的智能化技术还处于初级阶段，许多智能化研究未能与产业完美融合，缺乏行业指导，肉羊的品种、年龄、大小等多样性也在一定程度上加大了智能化养殖建设的复杂性，需要不断克服实际应用环境下的挑战，如不同生长阶段、不同肉羊品种下模型的泛化性能和鲁棒性低等问题。为了促进智慧养羊业的发展，应结合肉羊实际的饲养模式、空间布局、管理模式、生产预期等，从实际情况出发开发构建智能化监测系统，推动肉羊养殖产业的发展。

6.3 牛养殖领域目标检测技术应用研究进展

6.3.1 牛智慧养殖领域目标检测技术概论

6.3.1.1 牛智慧养殖发展现状

智慧养殖是指利用各种传感器（包括动物穿戴式IOT传感器、气体监测传感器、气象监测传感器、水质监测传感器、土壤监测传感器等）技术、信息化养殖环境监测技术、智能化养殖环境控制技术、RFID无线电子耳标技术、精准饲喂和精准养殖技术、局域网无线通信技术等，集动物群体点数、个体识别、环境信息智能感知、数据采集与存储、数据传输与管理、数据的智能分析与处理、对生产行为智能控制以及精细化饲喂于一体的新型养殖模式，是传感器、物联网、互联网、云计算、大数据、人工智能等现代信息技术发展到一定阶段并结合畜牧业在新时代需求所诞生的智能养殖模式。

2021年，我国猪肉、牛肉、羊肉、禽肉、禽蛋和牛奶产量总计8 887万t（图6-20），比2020年增长16.3%。其中，牛肉产量698万t，增长3.7%；牛奶产量3 683万t，增长7.1%（图6-21）。社会对奶牛、肉牛养殖相关产品产量的需求与相关产品的实际产出都在不断提高，牛养殖产业对控制养殖成本和养殖环境的要求也更加苛刻。

6 畜禽养殖产业中目标检测技术应用研究进展

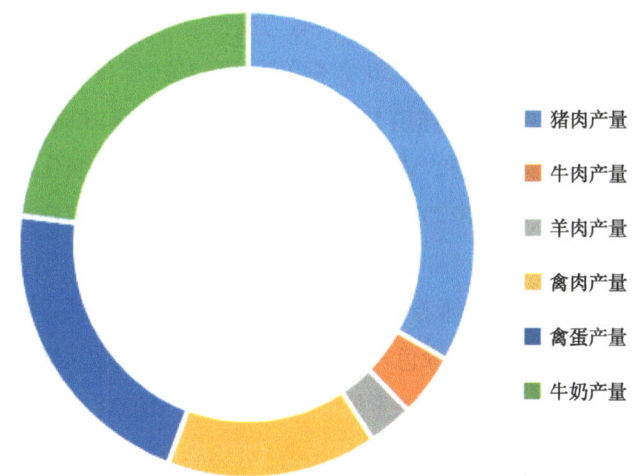

图6-20 2021年我国猪肉、牛肉、羊肉、禽肉、禽蛋和牛奶总产量

（数据来源：国家统计局）

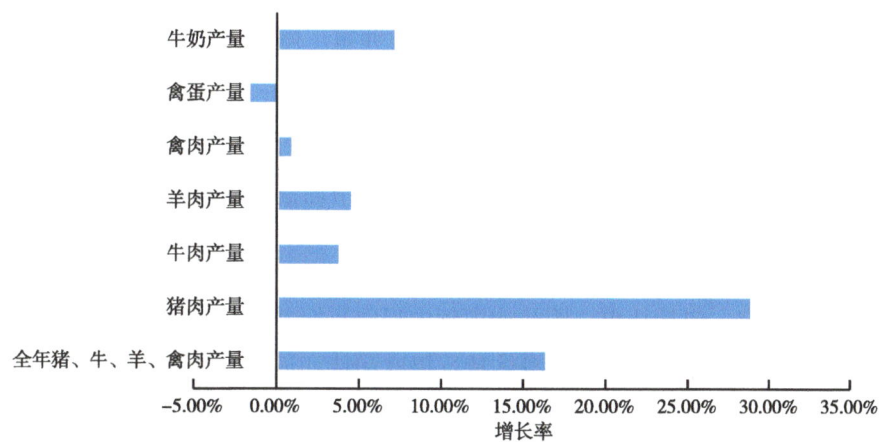

图6-21 2021年我国猪肉、牛肉、羊肉、禽肉、禽蛋和牛奶产品较2020年的增长率

随着传感器、物联网、互联网、云计算、大数据和人工智能等技术的发展，智慧养殖越来越受到人们的重视，吸引了众多企业和个人投资，也出现了越来越多的智慧农业上市公司。除了开始重视技术革新和生产力革命的传统养殖企业，京东、阿里、网易、腾讯等互联网巨头也纷纷进军智慧养殖产业。

2019年12月25日，农业农村部、中央网络安全和信息化委员会办公室印发《数字农业农村发展规划（2019—2025年）》，提出到2025年，数字农业农村建设取得重要进展，有力支撑数字乡村战略实施，明确了新时期数字农业农村建设的思路，要求以产业数字化、数字产业化为发展主线，着力建设基础数据资源体系，加强数字生产能力建设，加快农业农村生产经营、管理服务数字化改造，强化关键技术装备创新和重大工程设施建设，全面提升农业农村生产智能化、经营网络化、管理高效化、服务便捷化水平，以数字化引领驱动农业农村现代化，为实现乡村全面振兴提供有力支撑。

2021年1月5日，农业农村部办公厅印发《关于公布2020年畜禽养殖标准化示范场名单的通知》，确定天津农垦康嘉生态养殖有限公司第五分公司等180家畜禽养殖场为2020年农业农村部畜禽养殖标准化示范场，请各地按照要求颁发标牌，强化对标准化示范场的监管与指导，切实发挥示范效应，带动周边养殖场户尤其是中小养殖户提升标准化水平，加快构建现代养殖体系。

2021年8月23日，农业农村部等6部门联合发布《"十四五"全国农业绿色发展规划》，强调要目标同向，聚焦农业绿色发展重点任务，列出清单，细化措施，逐项落实；资源同聚，资金、人才、技术等资源要素要向农业绿色发展的重点领域和重点区域聚集，发挥集合效应，提升农业发展质量；力量同汇，创新推进机制，形成政府引导、市场主导、社会参与的格局。

我国养殖业正朝着绿色化、集约化方向发展，养殖方式将会随着产业发展方向而发生改变。同时人们对肉制品的品质要求也日益提高，传统养殖方式已无法满足人们的这种需求，智慧养殖将成为养殖业的发展方向，发展前景非常广阔。

6.3.1.2 牛智慧养殖具体需求分析

近年来，随着生产力的不断提高，人们对牛奶和牛肉等优质蛋白的需求大幅增长，国内外奶牛和肉牛养殖业发展迅速，规模化牛养殖对养殖场信息化水平提出了更高的要求。

6.3.2 目标检测技术与牛个体识别

牛个体识别研究，包括从单一图片或视频中提取目标并进行跟踪、从群体中识别出个体并进行跟踪、基于图像的牛面部或身体特征提取和特征识别、基于以上技术的牛身份识别等。牛个体识别是牛精准畜牧和精细化养殖的前提，只有精确识别不同身份的每头牛，才能将其与个体日饲喂模型相对应，精确地监测每头牛的生长发育情况、饲料消耗情况、表情和行为情况等。

随着对畜牧业生产和消费需求的增加，需要在有限的环境资源下饲养更多的牲畜。精准畜牧有望在实现低成本和高效率生产方面发挥重要作用。在牛的精准饲养中，相较于传统的基于电子耳标和人工标记等接触式个体识别技术来说，非接触式个体识别技术有着更低劳动力耗费、更高效的优点。最近开始有越来越多的学者开始进行基于机器视觉和目标检测的牛个体识别研究，但在复杂环境下牛局部关键区域检测的研究和其他面部以外区域检测的研究尚有缺失，并存在奶牛区域检测模型的鲁棒性和适应性较差以及奶牛视频行为识别模型不完整等问题。

现阶段，常用的基于检测的牛个体识别流程如图6-22所示。

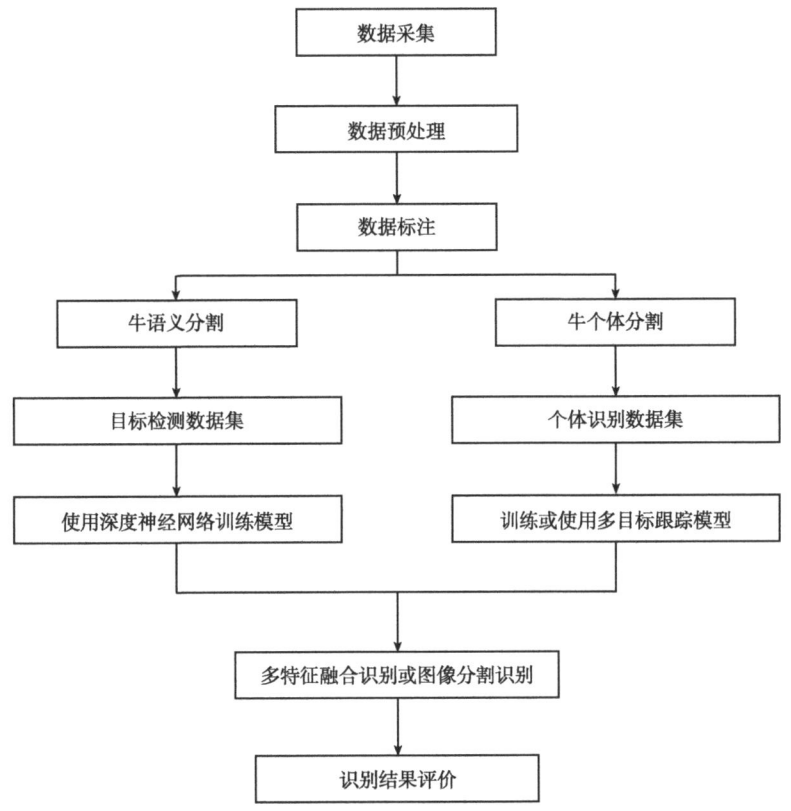

图6-22 基于检测的牛个体识别流程

西北农林科技大学的张宏鸣教授于2020年发表了基于DeepSORT算法的肉牛多目标跟踪方法，实现了实际养殖环境下的肉牛实时跟踪。该方法采用MobileNet v2作为目标检测骨干网络，根据肉牛分布不均、目标尺度变化较大的特点，提出通过添加长短距离语义增强模块（LSRCEM）进行多尺度融合，结合Mudeep重识别模型实现了肉牛多目标跟踪。

吉林农业大学的李昊玥对Mask R-CNN中的特征提取网络结构进行优化，采用嵌入SE block的ResNet-50网络作为Backbone，通过加权策略对图像通道进行筛选以提高特征利用率；针对实例分割时目标边缘定位不准确的问题，引入IoU boundary loss构建新的Mask损失函数，以提高边界检测的精度。基于该改进的Mask R-CNN方法该研究完成了对牛的个体识别并取得了不错的精度。

Bhole等提出了一个新方法：通过数据采集设备获取牛的RGB图和CORF3D图，通过学习两个ConvNet分类模型（RGB图和CORF3D图各1个）来组合这两种图（使用MobileNet、Xception、DenseNet121三种深度神经网络训练模型并进行对比试验），然后将从训练图像获得的两个FC层中的特征向量连接起来，并用于学习线性SVM分类模型。原则上，所提出的具有新CORF3D轮廓图的方法不仅适用于牛的个体识别，也适用于各种图像分类应用，尤其是在纹理类型是混杂变量的情况下（图6-23）[10]。

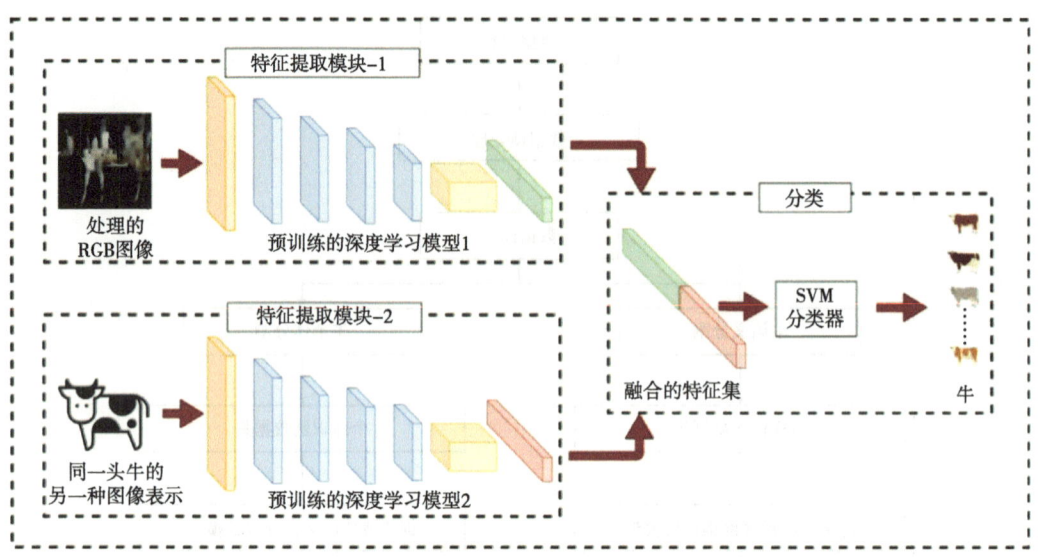

图6-23 训练模型

在牛的个体识别领域，国内外的专家学者都将各类深度神经网络运用于从牛的图像或视频数据集中训练个体检测和定位的模型。目前，大部分研究基于检测的牛个体识别和定位研究是使用YOLO和类似网络及其改进网络训练模型来输出定位牛个体的Bounding box，少数研究是检测和提取牛的骨架。研究难点集中在多目标跟踪时被遮挡目标的识别情况、个体识别的精度等方面。关于牛个体识别的主要文献见表6-2。

表6-2 关于牛个体识的主要文献

第一作者	年份	文献标题
张宏鸣	2020	基于DeepSORT算法的肉牛多目标跟踪方法
胡鑫	2020	基于FPGA的牛眼特征信息提取方法研究
秦立峰	2020	基于多特征融合相关滤波的运动奶牛目标提取
李昊玥	2020	基于改进Mask R-CNN的奶牛个体识别方法
邢永鑫	2020	基于改进SSD算法对奶牛的个体识别
龚杰文	2017	基于核相关滤波的目标跟踪及其在奶牛视频监控中的应用
史上昀	2018	基于机器视觉的牛体征图像特征提取技术研究
张帅奇	2020	基于机器视觉及稀疏构建方法的牛体图像研究
姜世奇	2020	基于计算机视觉的牛个体身份识别方法研究
赵凯旋	2014	基于卷积神经网络的奶牛个体身份识别方法
杨蜀秦	2021	基于融合坐标信息的改进YOLO V4模型识别奶牛面部
鞠喜鹏	2020	基于深度图像的奶牛表型特征获取系统设计与试验

（续表）

第一作者	年份	文献标题
姚礼垚	2018	基于深度网络模型的牛脸检测算法比较
邢永鑫	2021	基于深度学习的个体识别技术在奶牛养殖中的应用研究
李昊玥	2021	基于深度学习的奶牛识别与个体指标检测研究
张晨鹏	2021	基于深度学习的牛脸检测与个体身份识别方法研究
黄巍	2019	基于深度学习的牛脸检测与姿态角度估计
刘淑键	2022	基于深度学习的设施养殖奶牛目标检测与部位组合技术研究
房永峰	2019	基于深度学习的牲畜目标检测与跟踪算法研究
曾光华	2019	基于视频的牛脸目标检测及样本数据自动提取算法设计与系统实现
何钦	2020	基于图像深度学习的牛个体的识别与统计
张俊	2020	基于图像特征和深度学习的奶牛身份识别方法的研究
宋怀波	2019	基于自适应无参核密度估算法的运动奶牛目标检测
Amey Bhole	2021	*CORF3D contour maps with application to Holstein recognition from RGB and thermal images*
Wang Yunfei	2022	*E3D：An efficient 3D CNN for the recognition of dairy cow's basic motion behavior*
Qiao Yongliang	2022	*Cattle body detection based on YOLOv5-ASFF for precision livestock farming*

6.3.3 目标检测技术与牛行为识别

牛的行为可以反映其健康状况，也可以反映其对饲料的消化吸收状况，而牛对饲料的消化吸收则会影响其生长发育、奶牛的牛奶产量和肉牛的牛肉质量等。准确识别牛的行为，有助于管理者及时了解牛个体健康状况，及时针对不同个体作出反应，对牛的智慧养殖具有重要价值。近年来，许多学者都在对动物行为监测进行研究。一些非接触式的传感器可用于获取动物的二维与三维图像或视频信息，可穿戴设备可用于监测动物的状态，获取动物行为数据。这些数据可用统计学、机器学习和深度学习的方法进行分析，以实现对各种动物行为的监测。可穿戴设备需要根据不同的监测对象进行定制，其安装和维护也显著提升了成本，所以基于价格低廉的传感器获取信息的方法逐渐成为研究热门。近年来，利用视频数据监测动物行为的非接触方法已经有了许多研究。利用视频数据监测动物行为，首先需要完成动物的目标跟踪。完成了动物的目标跟踪才能建立有效的行为识别数据集。随着Fast R-CNN、YOLO等目标检测算法的出现，目标检测已被广泛应用于动物行为检测领域的预处理阶段，为动物行为识别数据集的建立作出了很大的贡献。

目前，牛行为识别通用的技术路线如图6-24所示。

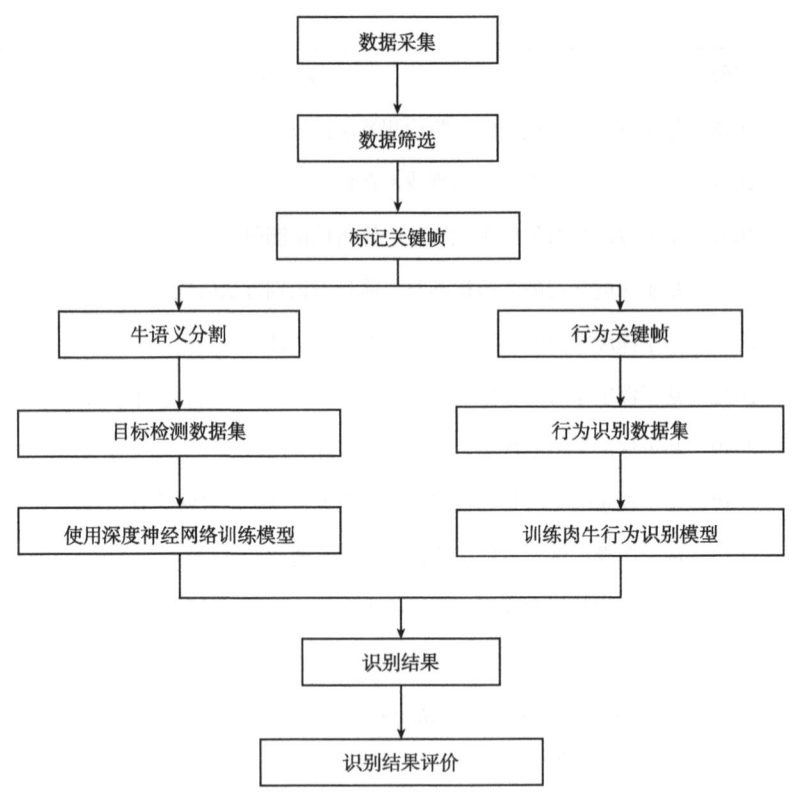

图6-24 牛行为识别通用的技术路线

近几年，国内有许多大学陆续开展将目标检测技术应用于畜牧业信息化的研究。在基于目标监测的牛骨架提取方面有不少的研究成果，而骨架提取则可用于牛的运动识别和行为识别。宋怀波教授于2019年在关键点提取的基础上提出了基于亲和场的奶牛骨架提取方法。张宏鸣教授于2021年利用YOLOv3进行肉牛的多目标骨架提取。

在基于目标检测的牛行为识别具体应用方面，西北农林科技大学的张宏鸣教授课题组采用YOLOv3模型对观测范围内的肉牛目标进行检测，利用卷积神经网络识别单个目标的进食行为，进而实现对多目标肉牛进食行为的识别。宋怀波教授课题组提出了一种基于Lucas-Kanade稀疏光流算法、适合于非结构化养殖环境的无接触式单目标奶牛呼吸行为检测方法；之后又实现了基于视频分析的多目标奶牛反刍行为监测。赵春江院士团队提出一种改进YOLOv5s奶牛多尺度行为的识别方法，引入了SE（Squeeze-and-excitation networks）注意力机制优化检测器，构建SEPH（SE prediction head）识别重要特征，提高奶了牛多尺度行为识别能力。何东健教授课题组利用AlexNet深度学习网络训练奶牛行为分类网络模型，识别奶牛爬跨行为，最终实现对奶牛发情行为的自动识别。该校其他学者还进行了基于视频的夜间牛行为研究等。

内蒙古科技大学刘月峰副教授课题组提出了一种基于幅值迭代剪枝算法的更优稀疏子网络筛选方法，用于降低基于YOLOv3算法进行奶牛行为识别的成本。王月明教授课题组进行了基于计算机视觉的牛反刍行为识别与分析研究。李琦教授指导学生训练分类器使用YOLOv3和YOLOv5分类模型可以分类出牛的站立、卧躺、采食和回看腹部行为，从而实现识别牛行为的目的。

Shakeel等使用深度递归学习范式递归地识别模式，提出了一种预测奶牛行为的创新行为识别和计算方案（BRCS）（图6-25）[11]。Alvaro Fuentes等提出了一种基于深度学习的基于时空信息的分层牛行为识别方法。他们研究了监测牛的视频中行为识别的概念，涉及帧级的外观特征和包含更多时间特征的时空信息。该系统也可以检测（分类）和定位（边界框）视频帧中包含多个牛行为的区域。

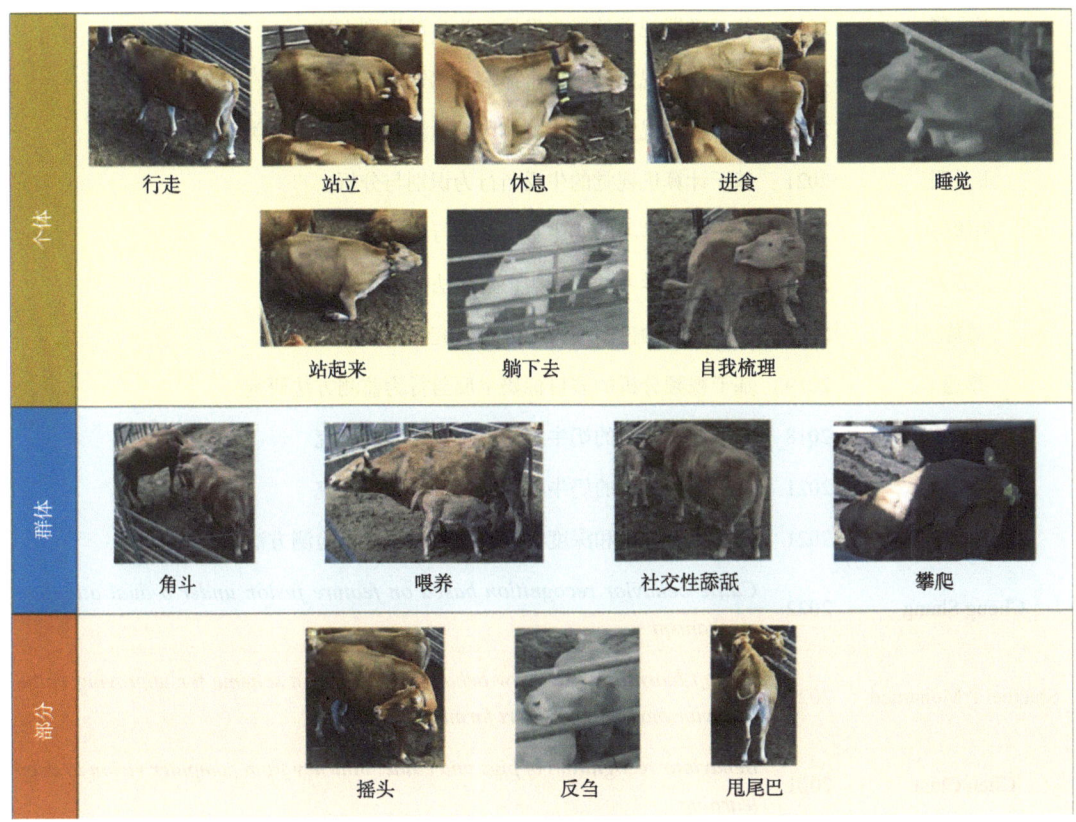

图6-25 牛只行为

目前，国内外相关研究中，各种深度神经网络均被用于对牛的各类传感器图像、视频进行模型训练和图像分类。难点集中于模型训练收敛时间、分类精度和泛化能力。关于牛行为识别的主要文献见表6-3。

表6-3 关于牛行为识别的主要文献

第一作者	年份	文献标题
张宏鸣	2020	多目标肉牛进食行为识别方法研究

（续表）

第一作者	年份	文献标题
宋怀波	2018	基于Horn-Schunck光流法的多目标反刍奶牛嘴部自动监测
宋怀波	2019	基于Lucas-Kanade稀疏光流算法的奶牛呼吸行为检测
宋怀波	2019	基于部分亲和场的行走奶牛骨架提取模型
刘月峰	2021	基于幅值迭代剪枝的多目标奶牛进食行为识别方法
张宏鸣	2021	基于改进YOLO v3的肉牛多目标骨架提取方法
白强	2022	基于改进YOLO v5s网络的奶牛多尺度行为识别方法
王少华	2019	基于机器视觉的奶牛发情行为自动识别方法
赵凯旋	2017	基于机器视觉的奶牛个体信息感知及行为分析
郭阳阳	2021	基于机器视觉的奶牛身体区域检测与典型行为分类方法
王月明	2021	基于计算机视觉的牛反刍行为识别与分析
阴旭强	2021	基于深度学习的奶牛基本运动行为识别方法研究
薛芳芳	2021	基于深度学习的牛行为识别算法研究
吴峰	2021	基于视频的夜间牛行为分析研究
李通	2019	基于视频分析的多目标奶牛反刍行为监测方法研究
张子儒	2018	基于视频分析的奶牛发情信息检测方法研究
吴顿华	2021	基于视频分析的奶牛呼吸行为检测方法研究
王少华	2021	基于视频分析和深度学习的奶牛爬跨行为检测方法研究
Cheng Shang	2022	Cattle behavior recognition based on feature fusion under a dual attention mechanism
Shakeel P Mohamed	2022	A deep learning-based cow behavior recognition scheme for improving cattle behavior modeling in smart farming
Chen Chen	2021	Behaviour recognition of pigs and cattle: Journey from computer vision to deep learning
Weng Zhi	2022	Cattle face recognition based on a Two-Branch convolutional neural network
Peng Yingqi	2018	Classification of multiple cattle behavior patterns using a recurrent neural network with long short-term memory and inertial measurement units
Alvaro Fuentes	2020	Deep learning-based hierarchical cattle behavior recognition with spatio-temporal information

6.3.4 目标检测技术与奶牛自动化挤奶

近几十年，研究者们一直致力于研究新型的挤奶系统，而全自动化挤奶系统（Automatic

milking system，AMS）的开发则是新型挤奶系统研究的一大成果（图6-26）。在欧洲，AMS系统不仅是一个挤奶系统，还与奶牛自动化管理系统相结合，已经发展为一个成熟的自动化精准畜牧产业链。AMS系统包括基于机器视觉的奶牛乳房乳头识别技术、基于机器视觉的机械臂精准定位技术、自动脱杯与套杯技术等。该自动化系统可实现很高的挤奶频率与很精准的挤奶操作，并可根据泌乳阶段进行相应的调整。其中，无论是乳房识别、机械臂定位，还是自动脱杯套杯，都需要用到机器视觉和目标检测技术。

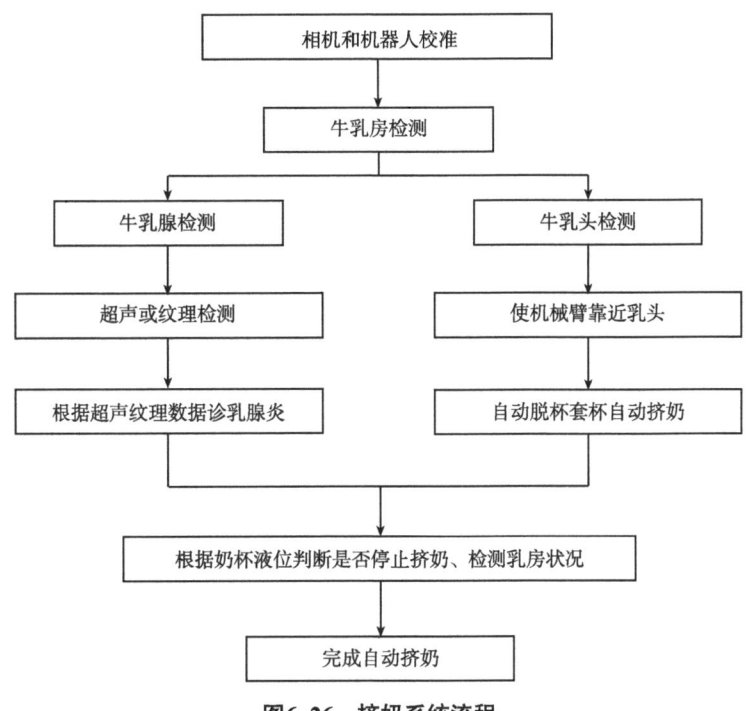

图6-26　挤奶系统流程

在国内，有不少专家学者尝试突破挤奶机器人关键技术，推动挤奶机器人国产化。2018年，有学者提出了一种基于HALCON的机器视觉的奶牛自动化挤奶方法，包含奶牛的目标识别技术。之后，有学者提出了基于双目立体视觉的挤奶机自动奶杯套杯方法，该方法设计了基于双目立体视觉的自动奶杯套杯装置，进行仿真乳头的识别与定位，依据双目立体视觉系统对仿真乳头末端识别和定位的结果，控制滑台模组的空间运动，实现了自动奶杯套杯实验装置对仿真乳头的自动奶杯套杯。后来，自动化挤奶机器人的专利被提出，该专利通过双目摄像头目标检测来确定奶牛及乳头的位置与姿态（基于双目视觉的奶牛用自平衡式挤奶机器人），并完成了规模化开发应用（一种基于3D视觉引导的无人化奶牛挤奶系统）。

在国外，早在2010年，新加坡学者提出了一种基于皮肤纹理的牛乳头目标检测方法，但那时深度学习技术并未普及，该方法只是基于机器视觉技术。此后，类似技术蓬勃发展，出现了许多基于机器视觉的AMS奶牛乳房识别或乳腺炎检测技术。后来，相关智慧养殖公司开发了一些自动挤奶机器人产品或商业系统。

6.3.5 目标检测技术与牛体况评分

体况评分（Body condition score，BCS）是指以动物体脂肪沉积为主要依据，通过动物体表征特性，利用人眼可以观察到的特征来评定动物体的能量代谢情况。牛的体况评分是衡量牛体组织储存状况和监控牛能量平衡的一种方法，对于牛的规模化养殖、牛养殖场的精细化管理有着不可或缺的作用。肉牛的体况评分关系着肉牛的生长发育阶段、屠宰性能、脂肪分布等。奶牛的身体状况评分可以反映奶牛的能量积累程度、营养状况和营养管理水平，也是评价奶牛脂肪沉积的主要工具。体况评分过高或过低都会导致奶牛的生产性能和繁殖能力降低，这不仅会影响牛肉或牛奶的质量，还会诱发许多疾病。因此，定期评估奶牛的身体状况评分可以很好地提示饲养管理人员识别异常奶牛并及时止损。

牛的体况评分经历了很长时间的发展。传统的牛体况评分方法是请专业技术人员到养殖场进行人工评定，不仅对专业知识要求高，还有耗费劳动力、标准不统一等缺点。现代的牛体况评分方法运用了各种高新技术，包括机器视觉技术和目标检测技术。目标检测技术对于基于机器视觉的自动化体况评分系统也有着基础性的地位，不仅需要把牛识别出来，还需要识别牛身体的关键部位，进行分割甚至语义化分割。基于目标检测和机器视觉的牛BCS自动评定技术流程一般如图6-27所示。

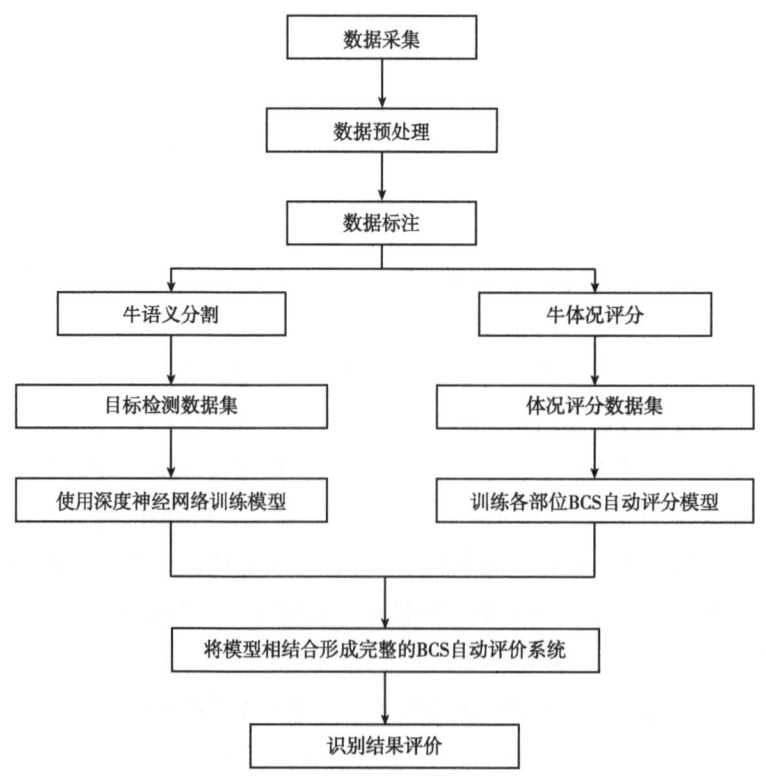

图6-27 牛BCS自动评定技术流程

2014年，有学者利用机器视觉方法进行奶牛BCS的评定，为奶牛BCS自动化评定打下了基础。东北农业大学孙佳构建了基于SSD的奶牛目标检测模型，并以此为基础构建了基于MobileNetV2的奶牛体况自动评分模型。

中国科学技术大学黄小平提出了一种基于多传感器目标检测的奶牛个体信息感知与体况评分方法。他构建了奶牛图像数据自动采集平台，并在此平台上获得8 972张奶牛背部俯视图像。图像包含了奶牛臀部两侧、坐骨结节、尾根、腰角和部分脊椎，这些部位与BCS之间存在密切的关系。数据经兽医专家手工标注，为神经网络训练提供数据集。在目标检测领域，他针对原有SSD算法没有很好地考虑卷积神经网络各层之间连接关系的问题，借鉴DenseNet中各层紧密连接的思想，同时引入Inception v4模块扩大了神经网络的感受野，设计了一种高效的用于奶牛尾部检测的混合网络模型以改进SSD算法。

该算法对奶牛尾部的检测速度达到115 fps，比原有SSD算法的39 fps提高了近2倍，且模型大小仅23.1 MB，可节省硬件存储成本。之后，他还提出了一种基于深度学习和改进卡尔曼滤波的目标跟踪算法和了一种基于改进SSD模型的多任务深度学习算法。

在国外，利用机器视觉技术结合目标检测技术进行牛体况自动化评分也有经历了很长时间的研究。2013年，有学者提出了基于机器视觉和机器学习方法建立自动化BCS评定系统的构想。2018年，Juan等调研了基于不同数据源的非接触式自动化奶牛体况评分方法，并利用CNN训练了自动化奶牛体况评分模型。2019年，Cevik等采集了大量奶牛尾部的二维图像，先交由专业人员进行人工体况评分构建，然后使用R-CNN模型结合迁移学习的方法进行训练。用R-CNN训练出的目标检测模型可以很好地分割出奶牛尾部，对于分割出的部分进一步使用基于AlexNet的图像分类模型进行分类得到BCS，分类模型同样结合了迁移学习，最终得到了较好的模型精度。

目前，随着目标检测技术和计算机视觉技术的不断发展，自动化BCS评定系统研发的数据基础正在逐渐增加，但依然面临带有准确标注的BCS数据集不充足的问题。目标检测技术的发展已经足以满足体况评分对于数据分割的基础要求，但仍可以追寻准确的语义化分割这一目标，增加自动化BCS评定的智能程度。目标检测在牛体况评分领域相关研究成果如表6-4所示。

表6-4 牛体况评分领域主要文献

第一作者	年份	文献标题
黄小平	2020	目录基于多传感器的奶牛个体信息感知与体况评分方法研究
孙佳	2021	非接触式奶牛体况自动评分关键技术研究
吴复争	2014	核—主成分分析与曲线积分法在奶牛体况评分中的应用
Cevik	2019	*Body condition score（BCS）segmentation and classification in dairy cows using R CNN deep learning architecture*
Juan	2018	*Body condition estimation on cows from depth images using Convolutional Neural Networks*

6.3.6 目标检测技术与牛统计点数

几十年前，中国许多大型农牧场依然采用较为原始的放牧养殖模式，信息收集和管理依然采取传统的人工手段。尽管有些农牧场使用工业生产设备，但总体管理思路只是用工具取代劳动力，并不能从根本上解决农牧场管理自动化的需求。

水产养殖领域是最早引进将智能解决方案引入农牧场自动化管理的领域之一。随后，集群动物（如鸡、羊等）养殖也纷纷开始采取智能化手段。相比这些小型动物，牛体型较为庞大，较少散养，且在一个牧群内牛的数量并不会特别密集，所以在很长一段时间内牛的规模化养殖仍然采取使用工业生产设备代替劳动力的管理思路。

牲畜数量统计（个体盘点）是牧群管理的一大重要范畴，在应用于大型农牧场的智能解决方案中，牲畜数量统计也是重要的一个方面。家畜统计点数技术不成熟导致的痛点有：大型养殖场牲畜数量庞大，统计工作量大；牲畜丢失，生病及死亡无法及时发现；人力成本及时间成本消耗大，数据不准确；管理不善，影响养殖业经济效益，经济损失惨重。

牲畜的统计点数一般是基于机器视觉和目标检测技术，涵盖的目标包括但不限于鸡、羊、牛和其他牲畜，无须人工计算。牲畜的自动化统计点数无须人工对采集到的图像进行解读，但训练牲畜自动化统计点数的模型仍然需要人工标注的牧群数据。牛的自动化统计点数则需要用专门标注的牛牧群数据集来训练牛的目标检测模型，从而可以通过输入视频或图像得到输出的统计结果。

最开始，国内的自动化牛群统计点数手段局限于利用RFID，图像识别和目标检测尚未在该领域得到广泛应用。随着目标检测技术的发展，国内已经有许多可以实现牛群自动化统计点数的专利（例如，"一种基于超视距视频技术的智能放牧监控系统的制作方法""牲畜群体数目监测方法及装置与流程"）。这种基于超视距视频技术的智能放牧监控系统，包括视频获取模块、视频处理模块、信息管理模块，首先通过信息管理模块控制超视摄像机对牧场进行拍摄，并通过视频处理模块判断所拍摄视频是否达到清晰度要求，如不满足要求，系统自动调焦、拍摄、评价，直至所拍摄视频满足清晰度要求，此后视频处理模块将对同一时刻所有超视距摄像机拍摄的图像进行拼接，获得当前时刻整个牧场图像，并以某一个超视距摄像机坐标为基准，对牧场中的牧群进行定位、计数；同时，信息管理模块将记录此时刻牧群的计数和定位信息、保存相关视频，并判断是否需要对牧主进行预警，从而实现在开放牧场空间放牧过程的智能化管理。与现有方法的本质区别是，该发明所述的方法是通过固定安装的超视距摄像机实时监控整个常规牧场的整体视频信息，无须在动物身上安装GPS、RFID且不需要无人机的支持，所拍摄的视频直接经过相应智能软件进行定位和计数，可直观、实时且更为准确地对牧群进行定位并根据需要进行提示或报警，提高了开放牧场放牧的智能化水平。

除专利之外,国内已经有许多商业化的牛统计点数系统面世。艾科瑞特公司(iCREDIT)借助智能图像分析技术实现了智能公牛母牛统计计数检测与识别。该公司凭借领先的人工智能与知识图谱技术,帮助企业获得敏锐的洞察力及卓越的运营能力,赋能智慧数据领域应用场景,让企业实现数字化升级;基于智能图像分析的智能公牛母牛统计计数检测与识别,支持对复杂场景中公牛母牛统计计数检测。目前,该公司已在阿里云大数据平台上提供付费接口用于自动化牛群统计点数。

国外也很早就开始研究牲畜的统计点数。最开始,研究牲畜统计点数的目的是建立牲畜数据库以便对资源进行更好的管理。Our World in Date 网站(https://ourworldindata.org/)提供了自1890年以来全世界牲畜统计点数的数据。Cattlequants 公司(https://cattlequants.com/)提供了基于无人机的自动化牛群统计点数智能解决方案,迄今为止已为5个大洲的7个国家提供了服务,总计统计数量为 1 113 404 头牛(截至2023年2月)。Evoke 公司也提供了相应的解决方案(https://evokeag.com/livestock-counting-solution-ready-for-development/)。Countlivestock 公司也提供了基于航拍相片的智能统计点数软件(https://countlivestock.com/)(图6-28)。

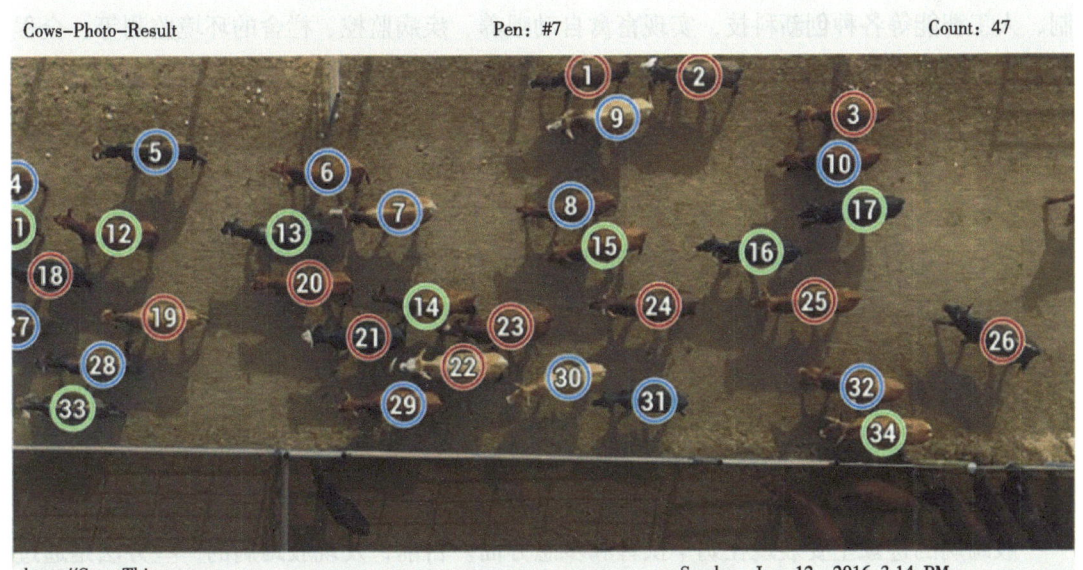

图6-28 智能统计点数软件检测结果

2021年,德国一公司在基于数字人工智能的畜牧业计数解决方案项目上与中国寻求合作,项目编号为2021S-0127。这家德国中小企业专门为畜牧业过程的数字化开发创新提供解决方案。他们开发了一个嵌入式系统,能够以透明的方式检测、跟踪和计数物体。目前,这项技术被用于畜牧业,在出售和安置过程中对大批生猪进行计数。这项技术也可以应用于不同的动物和物体。这项技术是畜牧业真正的"问题解决者"。

过去，人工计数会导致各种问题，如计数错误、财务损失和时间损失。市场上长期以来没有合适的解决方案使养殖户能够完全自动化计数和监测。这项技术有许多好处：①利润增长。这项技术使用户能够达到100%的动物计数精度，这导致利润增加1%。②验证的计数——这项技术提供了一种非常准确的方法，以对用户友好的方式来计数牛和其他动物。这样可以确保在销售、搬迁和重新进货过程中对家畜数量进行透明监控。每次清点后，都会有视频片段，这样就可以（在客户面前）验证数字。③疾病和动物状况的控制。多年来，农场定期向当地发送有关动物健康状况的文件消耗了很多资源。这项先进的技术可以帮助使用者了解动物的健康状况。④节省时间。该技术使农民能够更有效地利用时间。这项技术允许农民花更多的时间和动物在一起，并专注于农牧场里更有价值的工作。

6.3.7 目标检测技术与奶牛肢蹄病检测

物联网市场具有的巨大潜力，农业将是物联网的重点增长领域之一。畜牧业是农业的一个重要部分。目前，不少企业纷纷推出智慧畜牧业解决方案，通过无线通信（如RFID技术、ZigBee技术）、云计算、互联网、传感器、大数据、机器人、图像处理、自动控制、人工智能等各种创新科技，实现畜禽自动喂养、疾病监控、栏舍的环境监测等，全程监督畜禽的生长动态和活动情况，提升畜牧业的智能化和装备化水平，实现科学化管理，提高产量和效率。

最近，日本大阪大学的研究人员开发了一种检测奶牛肢蹄病的新方法，他们借鉴人类的步态分析方法，从奶牛步态图像中，早期判断出这种疾病，准确度达99%以上。

畜牧业中畜禽疾病监控是畜禽智能化养殖的一个方面，肢蹄病是奶牛的主要疾病之一，所以奶牛肢蹄病检测是一个很好的切入点。肢蹄健康是奶牛保健的一个重要方面。蹄部的损伤和疾病如果不及时治疗的话，不仅会导致乳制品产量和质量的下降，而且会危及奶牛生命健康，而早期检测尤为关键。一般来说，奶牛养殖户通常要忙于清洁牛棚、挤奶、喂养等一系列繁重工作。所以，靠他们自己准确判断出奶牛蹄部的健康状况非常困难，长此以往，将无法保证牛奶和乳制品的产量和质量。

肢蹄病的迹象主要表现在奶牛拱背和步态方面。目前，发现肢蹄病的一些方法是通过检测拱背，可这些方法主要在中度到重度肢蹄病时才有效。所以，需要一种高效且准确的创新技术，能早期判断出奶牛肢蹄病。

2017年，由大阪大学科学和工业研究所教授Yagi Yasushi带领的研究团队和酪农学园大学教授Nakada Ken一起开发出一项创新技术用于监测奶牛健康状况（图6-29）。该研究采用了微软Kinect设备，它搭载了深度摄像头，能够测量自己到物体的距离。Kinect设备安装在酪农学园大学的牛舍里，基于这种传感器他们采集了大量的奶牛步态图像，研究小组研究了奶牛的步态特征，通过机器学习算法检测出跛足的奶牛。它具有相当高的频率和准确性,对于养殖户非常有帮助。这项技术采用了深度摄像头和AI技术,以实现更加智能的牛舍。

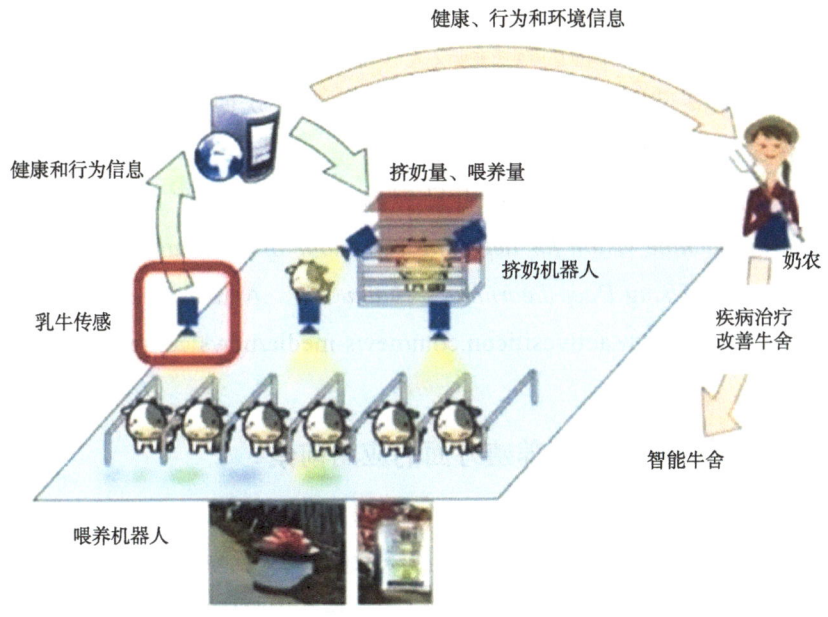

图6-29 智能牛舍

(资料来源:http://resou.osaka-u.ac.jp/en/research/2017/20170626_1)

2018年,国内科学家研发了一种奶牛肢蹄病检测装置并撰写了专利(奶牛肢蹄病检测装置,专利号CN201820304490.8)。2021年,闫文杰等研发出了一种牛蹄病监测装置及监测系统。2022年,一种基于机器视觉的奶牛步态评分方法和系统被发明出来,该技术基于图像识别和图像检测对奶牛步态进行自动化评分,如表6-5所示。

表6-5 奶牛步态评分标准

评分	跛行程度	背部表现		行走状态		头部表现	负重情况
		站立时	行走时	步态	步幅		
1	正常	平直	平直	均匀	长	正常	可以
2	轻微	平直	弓背	不匀	短	正常	可以
3	中度	弓背	弓背	不匀	短	正常	可以
4	跛行	弓背	弓背	不匀	短	摆头	勉强
5	严重	弓背	弓背	不匀	短	摆头	不能

宋怀波教授团队也进行了通过识别牛的行为来检测肢蹄病的研究。中国农业大学刘刚教授对基于计算机视觉的奶牛生理参数监测与疾病诊断研究进展进行了综述，介绍了奶牛跛行及乳腺炎等疾病诊断的前沿技术发展过程和研究现状。目前，相关技术研究和应用推广存在检测准确性不高、受环境因素影响较大、非标准化养殖场结构制约检测系统普及以及检测系统成本较高等问题和挑战。中国农业科学院韩书庆博士也对奶牛跛行自动识别技术研究现状与挑战进行了综述。

近几年，国外也有很多关于利用目标检测技术监测牛肢蹄行为的研究，如 *Implementation of machine vision for detecting behaviour of cattle and pigs*、*Cattle External Disease Classification Using Deep Learning Techniques*等。Active Silicon公司也为此提供了智能解决方案（https://www.activesilicon.com/news-media/news/computer-vision-livestock-farming/）。

6.3.8　目标检测技术在牛智慧养殖方面的应用前景

牛作为畜牧生产中的重要畜种，结合人工智能检测方法，可以有效提高养殖过程中的检测和管理效率。目前，国际上常用的目标检测算法包括Mask-RCNN、YOLO、Swin Tranformer等。其中，Mask-RCNN的使用率较高，并且相对成熟和经典。在网络中，目标检测和分割被分为两个步骤进行识别。Swin Tranformer通过层次结构和注意力机制有效地提高了算法的性能，数据集也是算法训练的重要组成部分，针对有限的数据集，如何优化数据和丰富数据集也是提高算法性能的关键。YOLO是不断发展的已经被广泛运用的目标检测算法，目前已经迭代更新了多个版本，检测准确率不断提高。目标检测技术不仅可以对牛进行定量统计，而且对牛的体型、健康状况和生长状况也具有同样重要的评估意义。它可以用来监测牛的日增重并形成报告，有利于指导喂养的频率和数量。因此，要求该算法能够准确识别牛的目标，并对目标进行图像分割。同时，在实际生活中，动物可能会有不同的姿态，场景也可能不稳定。算法如何在实际场景中保持对奶牛的稳定准确识别也是解决该问题的重要意义之一。

未来，目标检测技术在牛智慧养殖领域的应用有以下几个发展方向：首先，目标检测技术会不断更新迭代提高自身效率和精度，为牛智慧养殖的自动化管理提供人工智能解决方案。其次，目标检测技术可以在牛智慧养殖领域进行新的应用探索，在牛皮/牛革损伤检测、牛繁殖育种和牛肉质评估方面有更多的应用价值。最后，目标检测技术可以和物联网技术、智能环控技术相结合，自动化控制养牛场的通风、加湿等系统，为工业控制提供更智能、更适合牛生长的解决方案。综上所述，目标检测技术在牛的智慧养殖领域有很大的发展前景。

6.4 猪养殖领域目标检测技术应用研究进展

6.4.1 研究背景

我国是世界生猪养殖和猪肉生产第一大国。2021年，我国猪肉产量为5 296万t，猪肉产量和消费量均占全球50%以上，远高于其他国家。

工厂化的生猪养殖，需要实时监控猪的行为、健康状况以及生活的环境状况。传统的生猪养殖方法，依赖于大量的人力，生产效率比较低。而且，传统的监测方法容易引起猪只的应激，影响猪只的健康状况，从而造成减产。因此，从动物福利的角度来说，传统的养殖方法存在许多弊端。在现代化科学技术持续创新发展和产业转型的背景下，5G通信、云计算、人工智能、区块链以及物联网相关技术开始渗透到日常生活各个领域，智能设备的应用进一步解放了劳动力资源，开始取代人类实施各种复杂的智慧化操作。一些畜牧业发达的国家（如荷兰和新西兰），很早就开始研究畜禽智慧养殖技术，而现在，这些国家的很多养殖场里已经实现了仅需很少人力就可以管理上万头动物的智慧养殖模式。因此，结合以上种种先进技术的生猪智慧养殖技术是规模化生猪养殖的未来。

6.4.2 目标检测技术相关应用

6.4.2.1 猪身份识别

利用计算机视觉技术实现猪个体识别，以提高猪场的管理效率，是一个研究热点。不同猪个体之间脸部特征较为明显，可通过识别猪脸确定猪的个体身份，但实际养殖中脏乱的环境为猪脸识别带来很大困难。

随着硬件性能的提升及深度学习的发展，将深层网络应用在人脸识别中的最好性能已经接近人类水平。通过FaceNet、CenterLoss、SphereFace、AM-Softmax、ArcFace深度学习算法，能够较为准确的识别出人的身份，用于达到非接触的访问控制和监视的目的。猪脸有其特殊性，猪的近亲繁殖特性导致猪个体相似度很高，并且长期不清洗的猪脸也会掩盖其面部特征，再加上特殊光照等条件下图像质量较差，给猪脸识别带来很大困难。

Hansen等在他们的论文中介绍了3种脸部识别方法在猪脸数据集上的应用结果[12]。这三种方法包括：①使用经典的人脸识别模型Fisherfaces模型；②使用预训练的VGG-Face模型迁移学习；③使用自己提出的卷积神经网络训练。具体的实验流程如图6-30所示。

实验中，数据采集的摄像头位于饮水奶嘴的后面，会在猪来饮水时采集猪的脸部照片。为了避免训练和测试数据非常相似，在数据清洗过程中需要移除相似的图片，然后进行标记和后续处理。在使用的识别模型中，Fisherfaces模型是比较传统的模型，它使用主成分分析（PCA）和Fisher联合判别（FLD）的组合来进行识别。VGG-Face是个比较流行的人脸识别卷积神经网络模型，该模型已在2 400人的250万张图像上进行了训练。借用这个预训练的模型，在卷积神经网络提取到特征之后使用支持向量机（SVM）识别猪的个体。该方法的设计者提出的网络由6个卷积层组成，其间交替有丢弃层（Dropout）和最大池化层。分类层由3个完全连接的层组成，最后一层包含10个输出——对应每只需要识别的猪。

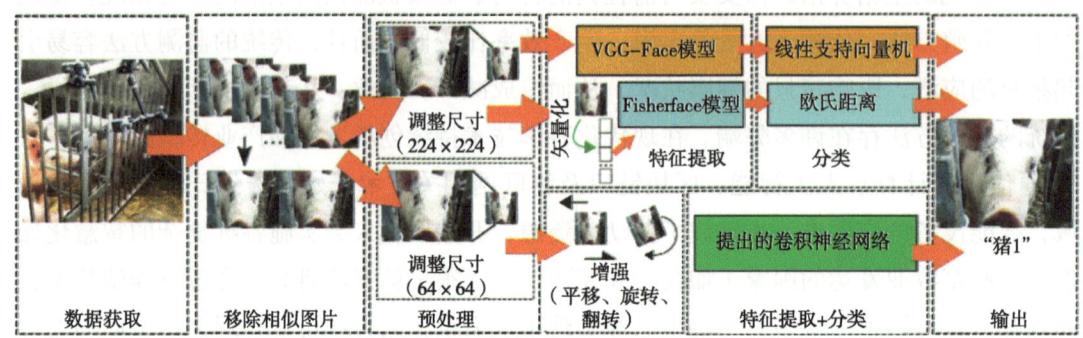

图6-30　实验流程

Marsot等提出了一种自适应的猪脸识别方法。首先，通过两个基于Haar特征的级联分类器和一个浅卷积神经网络自动检测猪的面部和眼睛，以获得高质量的图像。然后，采用深度卷积神经网络进行脸部识别。图6-31是该算法的流程。

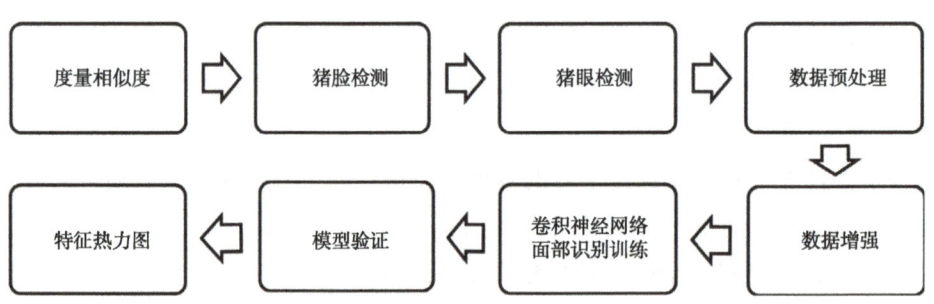

图6-31　自适应猪脸识别算法框架

数据以30 FPS的速度从视频中捕获，首先，使用结构相似性度量（SSIM）来防止选择相同的帧进行训练。然后，需要从图片中检测出猪脸，原设计中训练了一个基于Haar特征的级联分类器用于探测图片中的猪脸。要训练这个分类器首先要从图片中手动选择一定数量的正样本和负样本，负样本不包括任何猪脸，正样本中的猪脸不包括耳朵，而专注于前额、眼睛和鼻子。训练好的分类器可以自动检测出图片中的猪脸。除了整个脸部，该设计还特别关注猪的眼睛，所以提出训练另一个Haar级联分类器来检测眼睛。而眼睛比猪脸小很多，所以单纯使用级联分类器会出现很多的误检。因此，原设计使用了将误检与真实结果分开来的浅卷积网络（网络由两个卷积层和两个全连接层组成）。网络将分类器的结果作为输入，并输出真实检测的概率。最后，需要将提取的图像输入深度卷积网络进行猪脸识别的训练。输入前要将图像灰度化处理，并且进行数据增强。相比于Hansen的检测场景，本设计中猪的面部特征更难提取，所以在Hansen识别网络基础上添加了2个额外的卷积层和一个池化层。

王荣提出了一种基于多尺度CNN的猪脸识别算法[14]，并且在该算法的基础上提出了一种改进的分级网络，利用猪脸位置检测网络和改进的残差网络组成分级网络实现猪脸的特征提取、位置检测、个体识别3个过程，并增强采集的多角度猪脸数据集，提高网络的泛化能力。作者提出的多尺度识别算法如图6-32所示[14]。

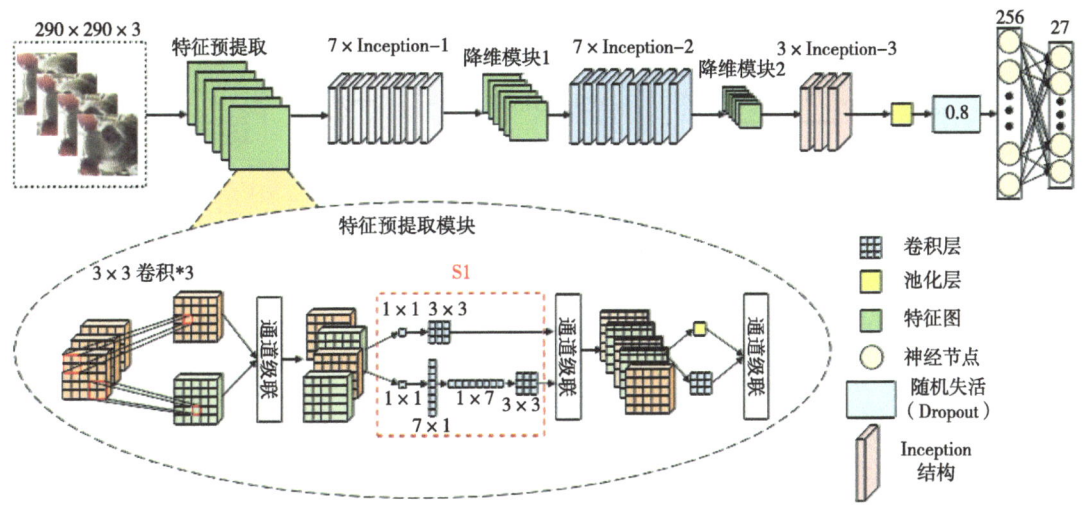

图6-32　多尺度卷积神经网络结构

猪个体之间主要差异在于猪脸形状和五官细节，需要同时提取整体形状特征以及五官等局部信息，因此多尺度CNN选用了多尺寸卷积核并行结构。利用非对称拆分的方法，使用1×7和7×1大小的卷积层替代7×7的卷积层，提取了猪脸图像的全局信息，使卷积结果不变的条件下，减少了模型的参数量，提升图像的识别速度。上述识别网络无法自动检测图片中的猪脸，且在脏乱的环境中识别率较低。因此，原设计提出了一种分级网络用于猪脸识别。分级网络由猪脸位置检测网络和改进的残差网络共两级网络组成，不同环境下采集的猪脸图像经过分级网络后首先检测到猪脸的位置坐标，并根据猪脸的位置坐标进行剪裁，利用改进的残差网络提取剪裁后的猪脸部图像特征完成猪脸的编号识别。改进的网络如图6-33所示。

其中，PFDF是改进的Faster R-CNN网络，使用这个网络对拍摄的猪脸图像进行检测得到猪脸的位置坐标并剪裁保存，将改进的残差网络作为分级网络的第二级网络对处理后的猪脸图像进行识别，输出图像的识别结果，确定猪脸的编号。

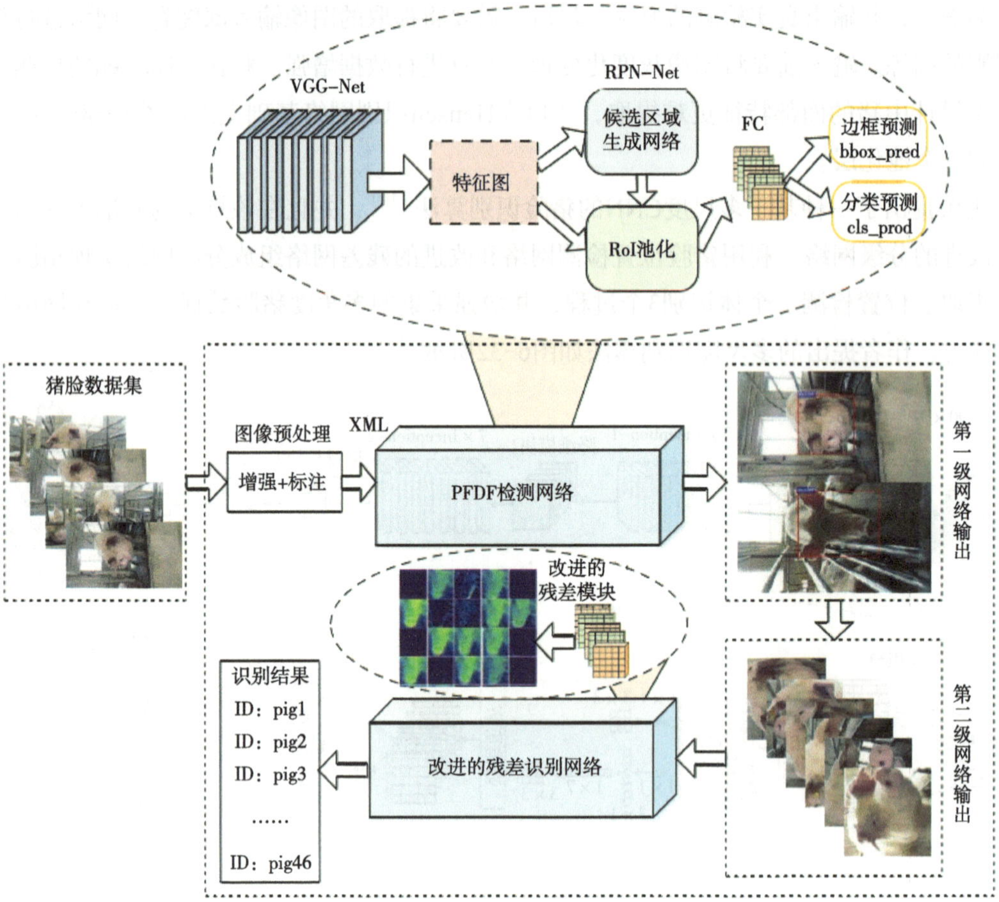

图6-33 分级网络结构示意

6.4.2.2 猪行为识别

动物的行为是其心理和生理状况的直观呈现,很多疾病在出现临床症状表现之前,通常伴随着行为活动的异常,因此可通过机器视觉的方法自动识别这些行为、通过分析动物的行为去研究其心理感受及身体健康状况。

每头猪的进食行为是决定其健康与否的重要指标。因此,猪只的自动行为识别是精准养猪的核心问题之一。Yang等使用Faster R-CNN来定位和识别圈舍中的猪只[15]。本算法定位到每头猪的头部,设计了一种将每头猪的头部与其身体相关联的算法。在此基础上实现了一种基于饲养面积占用率的行为识别算法,以测量猪的饲养行为,算法流程如图6-34所示。

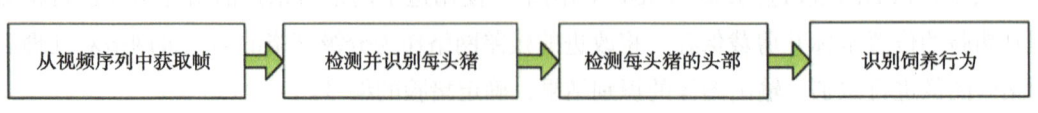

图6-34 猪饲养行为识别流程

首先，要从监控视频序列中选择样本帧，构建数据集，手动标记猪的身体以及头部。然后，使用这些数据训练Faster R-CNN网络，训练好的模型将用来定位每只猪的身体和头部并识别它们身上的ID（为了方便识别，会事先在猪的身上喷涂不同的字母ID）。为了监控猪的饲养行为，研究者在监控场景中定义了饲养区。当标记为头部的边界框与喂食区相交时，进食行为可能发生。结合喂食时间，将识别喂食行为。

哺乳母猪姿态是母猪产后评估的重要指标，可为研究母猪的行为特征和规律提供基础信息。Zheng等使用深度摄像机提取的深度图像来训练Faster R-CNN模型识别母猪的5种姿势（站立、坐下、胸骨卧位、腹侧卧位和侧卧位），并在松散的围栏中定位母猪的准确位置[16]。整个流程如图6-35所示。

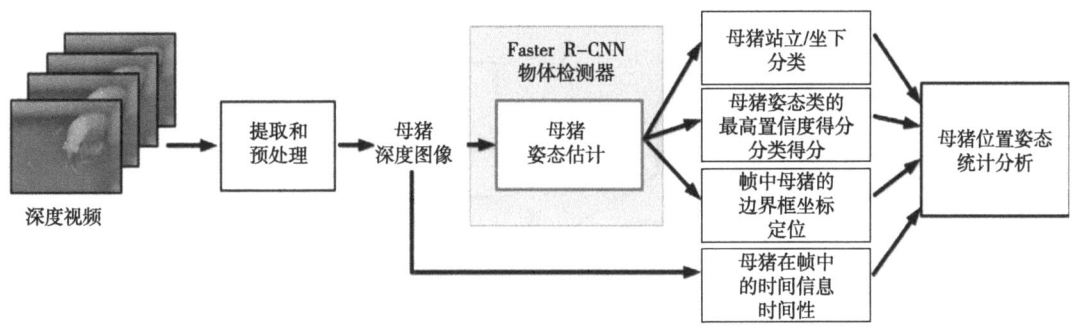

图6-35　哺乳母猪产后评估流程

由于深度图像通常存在噪声、孔洞等缺陷，所以要先对图像进行预处理。经过预处理后的图像噪声更少且猪只和环境对比增强。预处理后的图像可以进行标记，人为标记5种姿态。标记好的数据送入网络进行训练，训练好的网络模型可以定位猪只的位置，并判断哺乳母猪的姿态。根据上述模型识别的结果可以进一步绘制母猪的活动地图，或者检测母猪不同时段的姿态频率。

爬跨行为类属危险行为，主要特征表现为爬跨猪只的前蹄攀上被爬猪只的背部，在猪生长的各个时期均常有发生，尤其在发情期。在交配行为中，会经常造成皮肤创伤甚至骨折，影响猪只健康，降低福利，甚至影响猪肉品质，造成经济损失。李丹等提出一种基于深度学习的猪只爬跨行为检测方法，先利用Mask R-CNN网络分割图中的猪只得到对应的Mask，再求取每只猪只Mask像素面积，求取界定阈值后，依据阈值识别爬跨行为[17]。该行为识别算法的体系结构如图6-36所示。

该算法分为两个部分，第一部分利用Mask R-CNN网络检测图像中的猪只并分割每只猪只的区域，计算提取出的Mask的像素数量作为像素面积；第二部分则依据正负样本中具有爬跨行为和非爬跨行为猪只的Mask像素面积，获取发生爬跨行为猪只的像素面积界定阈值。在检测爬跨行为过程中，若面积小于界定阈值，则判断该帧图像中有爬跨行为发生，否则没有，从而实现猪只爬跨行为自动识别。

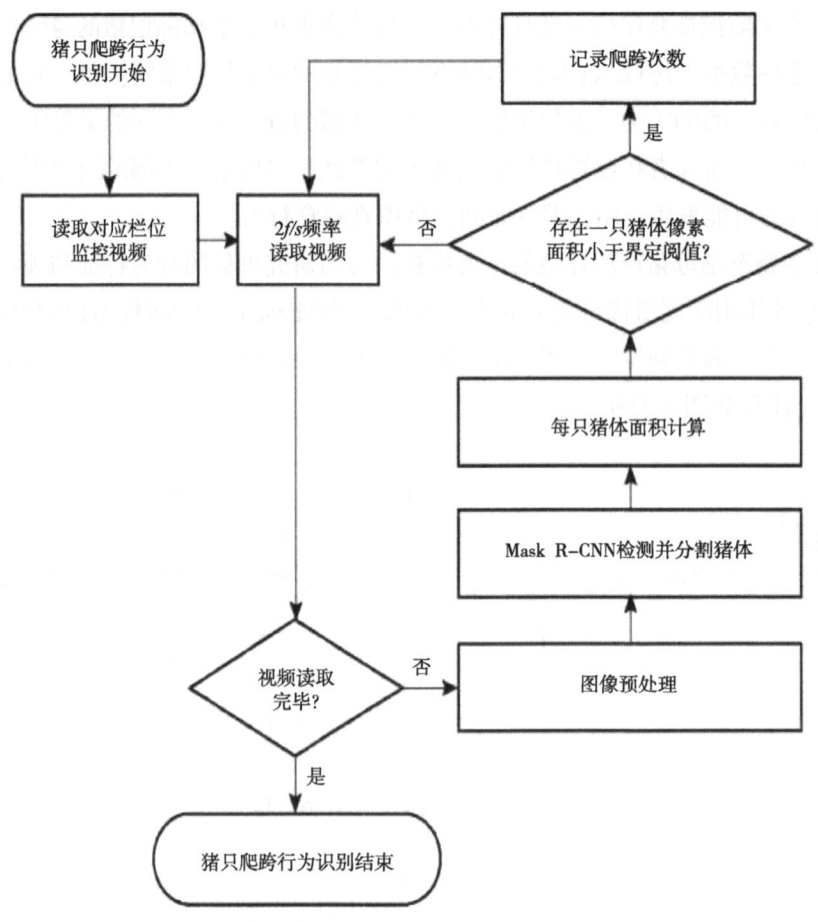

图6-36 猪只爬跨行为识别体系结构

与猪特定行为识别不同，猪多类型行为的识别具有更好的通用性，可以识别出猪常见的各类动作与行为，是当前猪行为识别的一个重要研究方向。董力中等利用YOLOv5目标检测模型进行猪只检测，利用OpenPose算法进行猪只姿态的估计，对猪只身体的20个关键部位（如鼻子、耳朵、肩、膝等）及其相关联的26个关键点数据进行分析，并对猪只骨架进行提取，同时引入时序信息，利用时空图卷积网络对猪只的站、走、卧3种行为进行识别[18]。整个算法分别训练了3个模型：猪只目标检测模型、猪只姿态估计模型和猪只行为识别模型。目标检测模型使用YOLOv5，前文已经详细介绍过。目标检测之后需裁剪出视频帧中的猪，使用OpenPose姿态估计算法估计目标姿态。图6-37为姿态估计的流程图。

OpenPose以整张图片作为CNN的输入来预测用于关键点检测的置信度图和部位亲合场（衡量肢体骨架关节点之间的相关度），然后执行一组二分匹配来关联候选部位，最终组合成完整的目标姿态。提取出骨架后，使用时空图卷积网络（Spatial temporal graph convolutional networks，ST-GCN）来完成对相应姿态的识别。其算法流程如图6-38所示。

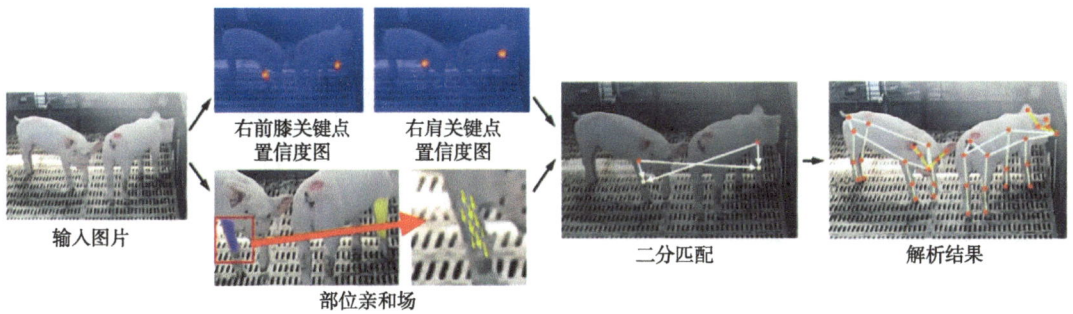

图6-37　OpenPose算法整体流程

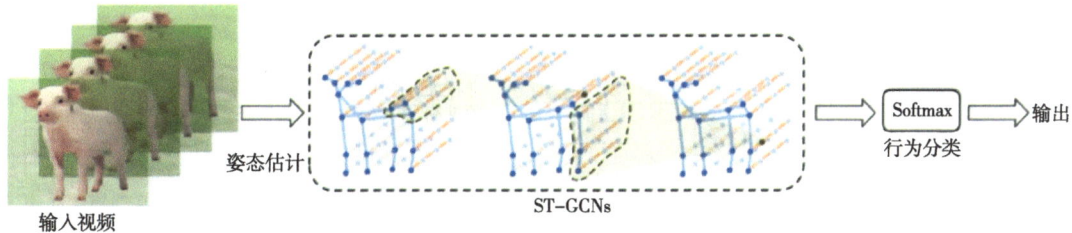

图6-38　ST-GCN算法流程

提取的骨架时空图被输入到ST-GCN网络中，在ST-GCN网络中，会逐层对骨架时空图进行卷积操作，提取图结构中的更高级特征图。然后通过一个标准的Softmax分类器输出相应的动作类别。

6.4.2.3　猪只盘点

猪只盘点是猪场集约化资产管理中的一项重要任务。依据准确的猪只数量可以制订更加合理的养殖计划，帮助养殖户降低成本，减少不必要的损失，提高养殖场收益。传统的人工盘点方法需要高成本劳动力，且猪群容易应激，出现猪只受惊或乱跑，增加盘点的难度，无法保证盘点的准确性。

利用卷积神经网络学习图像特征到密度图的映射关系，再积分密度图得到猪只数量，是一种常见的猪只盘点策略，但这种方法无法精准识别猪只区域，在猪只密度较高时，会造成盘点计数误差较高。王荣等以WANG等提出的SOLO v2（Segmenting objects by locations v2）实例分割模型为基础，融合多尺度特征金字塔网络（Feature pyramid network，FPN）和二代可变形卷积（Deformable convolutional networks version 2，DCN v2），提出了一种高密度养殖模式下的生猪群体盘点计数模型[19]。该模型结构如图6-39所示。

盘点数据集被输入到高密度生猪群体盘点计数模型后，经过骨干网络和猪只特征金字塔得到不同层次特征图，输入到猪只实例分割模块的不同支路进行多任务学习，最终输出不同位置的语义类别和实例掩膜。利用矩阵非极大值抑制算法（Matrix non-maximum suppression，Matrix NMS）去除得分较低的实例掩膜输出最终的群养猪实例分割结果，实现生猪群体盘点计数。

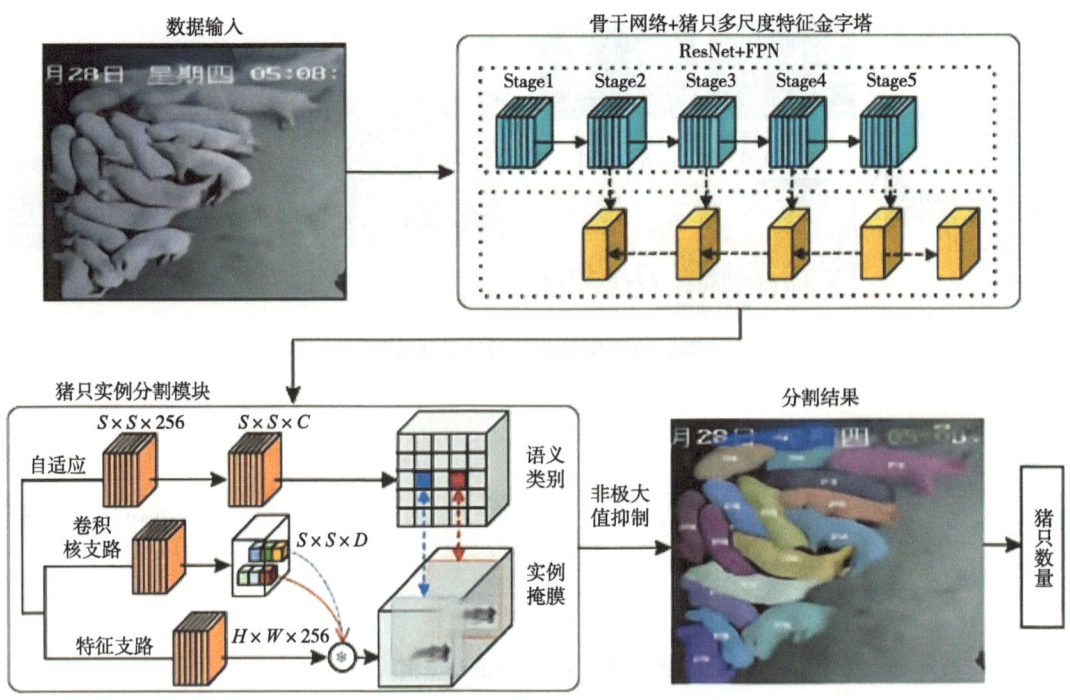

图6-39　高密度生猪群体盘点计数模型结构

已有的基于深度学习的生猪智能盘点算法，在遮挡重叠、光照等复杂场景下盘点精度较低。为提高复杂场景下生猪盘点的精度，杨秋妹等提出了一种基于改进YOLO v5n模型的猪只盘点算法[20]。该算法的流程如图6-40所示。

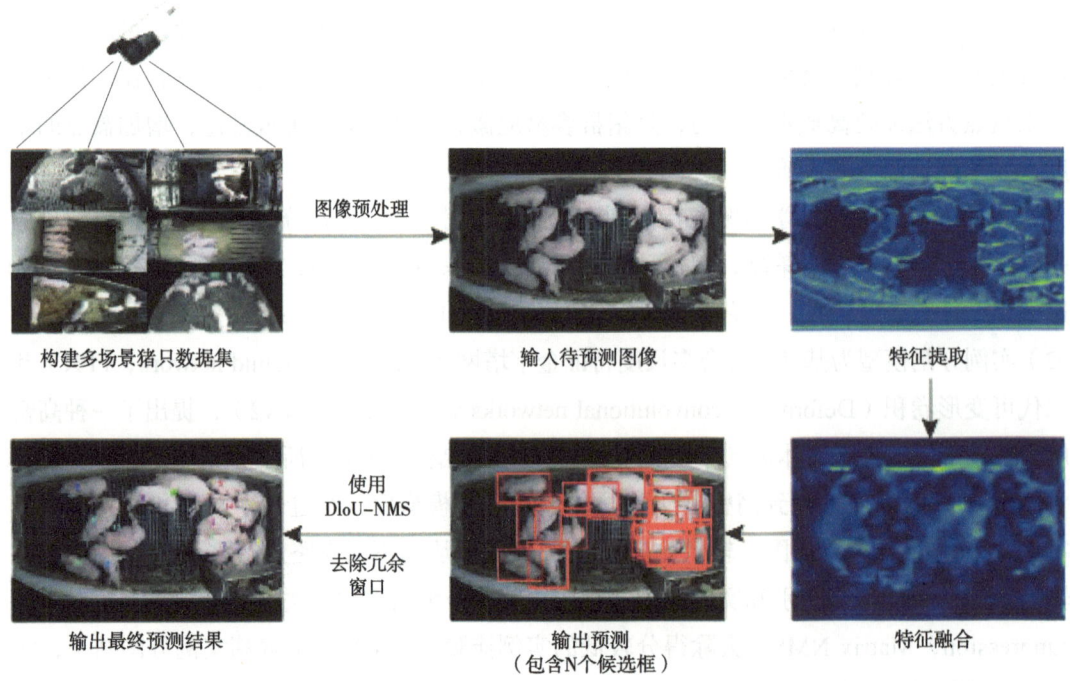

图6-40　基于改进YOLO v5n模型的猪只盘点算法流程

首先，构建多场景的猪只盘点数据集（包括不同猪舍尺寸、不同群养猪只数量、不同遮挡程度、不同拍摄角度、不同光线强度等）。为了处理猪只遮挡重叠的问题，该算法利用通道注意力机制在筛选特征时，能够提高感兴趣的区域信息权重，弱化与当前任务无关的特征信息以提升模型效果，同时增加多尺度物体检测层，获得更丰富全面的特征信息，增强模型在复杂场景下多尺度学习的能力。其次，该模型还对边界框的损失函数以及加权的非极大值抑制（Non-maximum suppression，NMS）进行改进，提高模型在遮挡场景下的检测精度和速度，降低漏检率。最后，经过非极大值抑制（DIoU-NMS）处理输出最终预测结果，并计算得到最终的猪只数量。

在图像处理领域中，卷积神经网络（CNN）表现较为出色，涌现了许多使用CNN作为特征提取器的目标检测模型。但CNN缺乏对图像全局理解，识别精度难以提高。Transformer由自注意力机制组成不受局部相互作用限制，可挖掘长距离数据依赖关系。耿艳利等提出一种基于Transformer与自适应空间特征融合的猪群目标检测算法TA-Net[21]。TA-Net模型结构如图6-41所示。

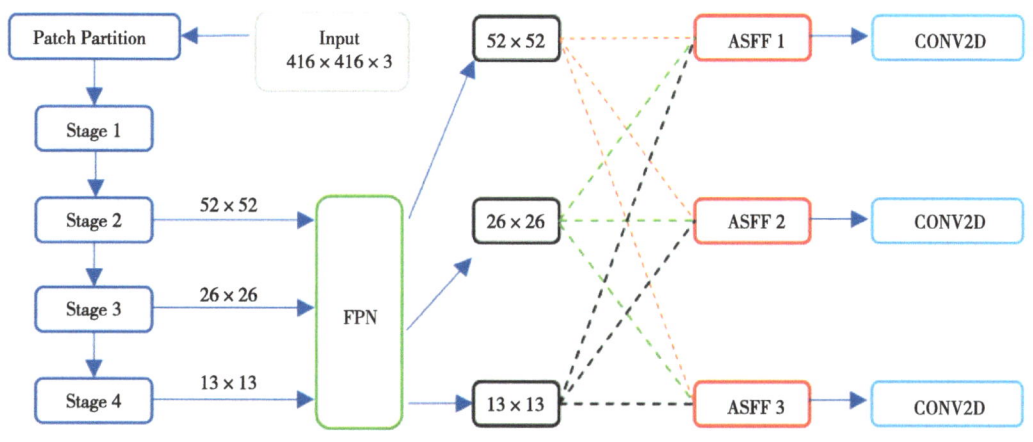

图6-41 基于Transformer与自适应空间特征融合的群猪目标检测算法

该算法主干网络采用Swin transformer模型，输出3层特征图；特征融合网络采用FPN+ASFF（Adaptively spatial feature fusion，ASFF）；预测网络采用核为1×1的2D卷积直接输出结果。主干网络中窗口为13×13，通道数C为32，ST网络4个阶段中多头注意力头个数分别为4个、8个、16个和32个。模型训练中预测框的损失采用原设计提出的RIoU方法计算。在检测精度和模型内存占用量方面，TA-Net优于现有文献提出的方法，说明该算法利用较少模型参数可实现较高检测精度。TA-Net提高检测精度和检测速度，大幅度减少模型占用空间，可应用于猪只的个体识别或者盘点计数任务。

6.4.3 总结与展望

本部分涉及的研究成果时间轴如图6-42所示。可以看出，早期主要是国外一些发达国家的学者在做生猪智慧养殖的工作，他们利用一些机器学习或早期的深度神经模型进行研究。当然，国内的相关研究跟进也很快，随着深度学习相关算法的快速发展，国内学者利用自己改进的各种神经网络进行生猪智慧养殖相关命题的探索。

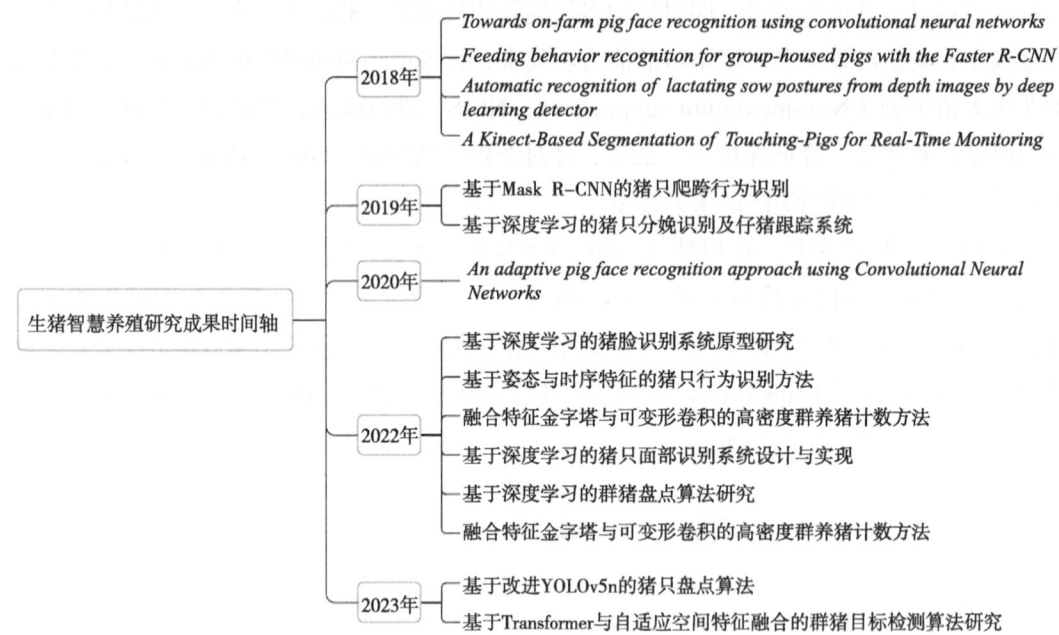

图6-42　生猪智慧养殖相关研究成果时间轴梳理

如图6-43和图6-44所示，中国知网和Web of Science的检索结果显示：随着目标检测模型的不断迭代更新，近年来目标检测算法在生猪智慧养殖领域的应用研究呈增长的态势。这说明，随着目标检测算法的准确率和检测速度不断提高，其结合实际生产的应用潜力也不断地受到智慧养殖领域内研究人员和投资公司的关注。从检索到的内容上来看，目标检测在生猪智慧养殖的应用方向主要包括身份识别、行为识别和猪只盘点三大类。在这三大类中，又以猪只身份识别研究最为火热。但无论是哪一种应用方向，目标检测算法主要的应用方式都是检测场景中生猪目标的位置，返回整头猪或者目标猪的某些部位的位置包围框。

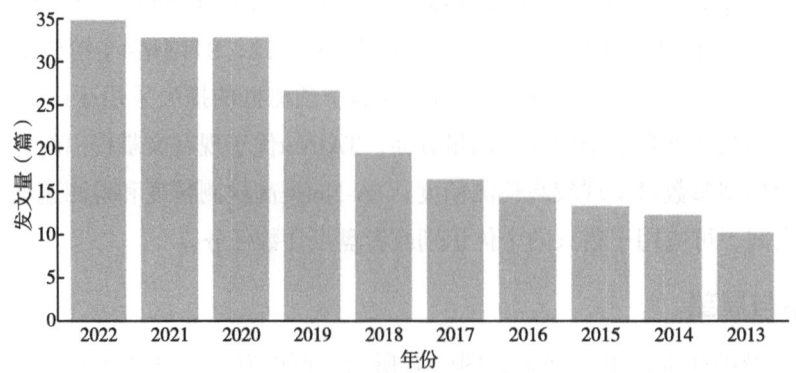

图6-43　2013—2022年（降序排列）Web of Science检索结果统计

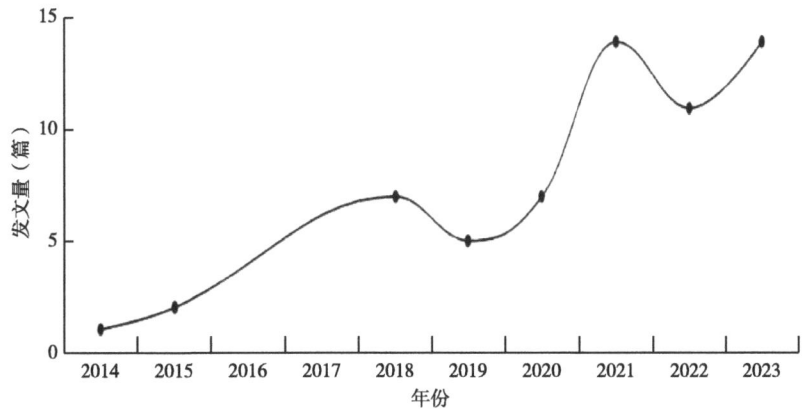

图6-44 2014—2023年（升序排列）中国知网检索结果统计

可以看到，虽然生猪的检测任务和人们熟知的人的一些检测任务很相似，但生猪无论是从生活环境上还是体态行为上都有很强的特殊性。所以，尽管目前的目标检测模型已经比较成熟，应用到生猪养殖领域还有很多亟待探索和解决的问题。

6.5 禽养殖领域目标检测技术应用研究进展

本部分主要对家禽养殖中目标检测技术的应用研究进展进行概述，本部分仅选取鸭和鸽展开叙述。对这些畜禽种类进行高效的养殖管理可以提高其养殖过程中的健康水平和整个产业的生产效能，进而提高整体效益。在养殖过程中，对这些畜禽进行有效的监控和管理是十分必要的。

传统的人工监测和管理方法需要耗费大量人力资源和时间精力，工作效率低，难以保证家禽最终产品的质量和整体的养殖效益。但是，利用目标检测技术可以快速、准确地对目标家禽的行为、数量等重要信息进行检测和收集，可提高生产质量和养殖效益。

6.5.1 鸽养殖领域

据文献记载，中国的鸽养殖从两汉时期就已开始。养殖鸽早期的目的主要是通信和观赏，后发展出新的用途，即食用肉鸽。在当代，鸽养殖产业受到政府、科研单位、商业投资及其他社会领域的较高关注，其中肉鸽是我国第四大家禽产业。

在鸽养殖领域中，传统的鸽养殖方法存在一些问题，总体而言即养殖过程难以精细、量化管理。将目标检测技术应用到鸽养殖领域，能够帮助养殖业主解决这些问题。目前，目标检测技术在鸽养殖领域中已应用于以下方面研究：鸽的实时行为识别，如清洁行为（图6-45），鸽在鸽舍的行为反映了它们的环境舒适度和健康指标[22]；鸽的年龄检测，有助于对鸽群的年龄分布和鸽群安全提供参考；针对鸽蛋的目标检测和质量检测，有助于提高鸽蛋类产品或鸽蛋孵化工作的效益；针对多目标重叠识别效率的优化，能进一步提高目标检测技术针对鸽的检测效率和准确度。目标检测技术在上述方面的应用中还有一定的优化空间，同时针对鸽养殖中其他应用研究及多技术融合还有待探索。

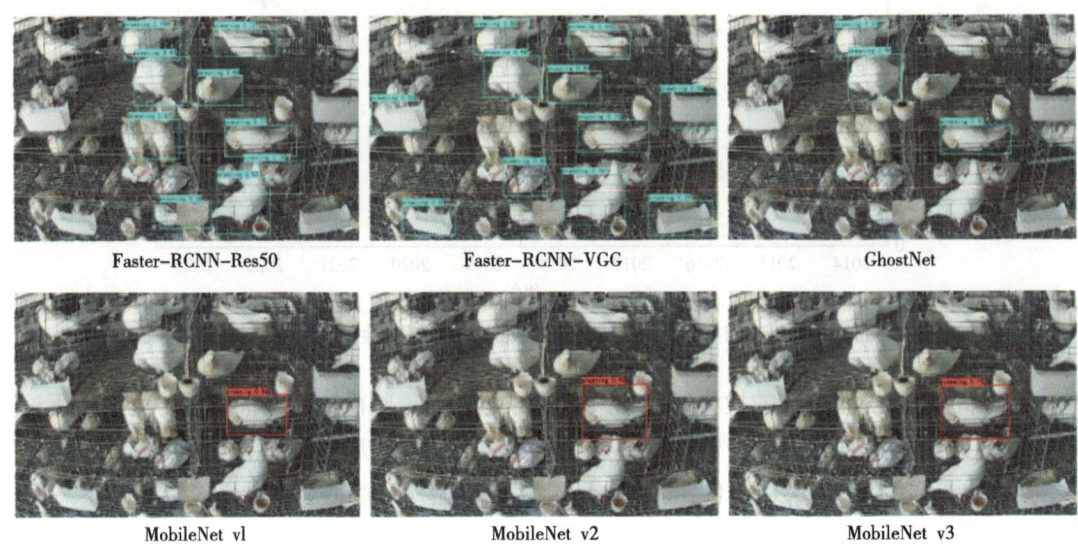

图6-45 鸽清洁行为

6.5.2 鸭养殖领域

鸭是一种广泛分布于全球的禽类，其养殖历史已有数千年。在古代中国，起初鸭作为军队供给的一种食物来源，后逐渐成为人们饮食生活中一个重要组成部分。在中世纪欧洲，鸭养殖在食品生产和经济发展方面都得到了广泛应用。进入现代，随着工业化和现代化，鸭养殖领域也经历了很大变化。现代化的鸭养殖通常采用大规模养殖的方式，规模化生产鸭肉、鸭蛋和其他鸭制品。在现代化鸭养殖中，科学管理、先进的饲料配方和健康监测等技术都得到广泛应用。

近年来，随着人工智能和计算机视觉技术的发展，目标检测技术在鸭养殖中得到了广泛的应用。目标检测技术在鸭养殖领域主要包括以下方面。

鸭数量估计（图6-46）：凭借目标检测技术实现对自动识别图像或视频中鸭数量的自动估计，从而可以进行针对鸭养殖数量、规模的统计和分析。基于鸭数量估计、鸭性别的分类等技术，针对整个鸭群中性别比例的检测就成为可能。而掌握鸭群的性别比例，就可以进一步实现性别比分配从而提高管理效率和经济效益[24]。

6　畜禽养殖产业中目标检测技术应用研究进展

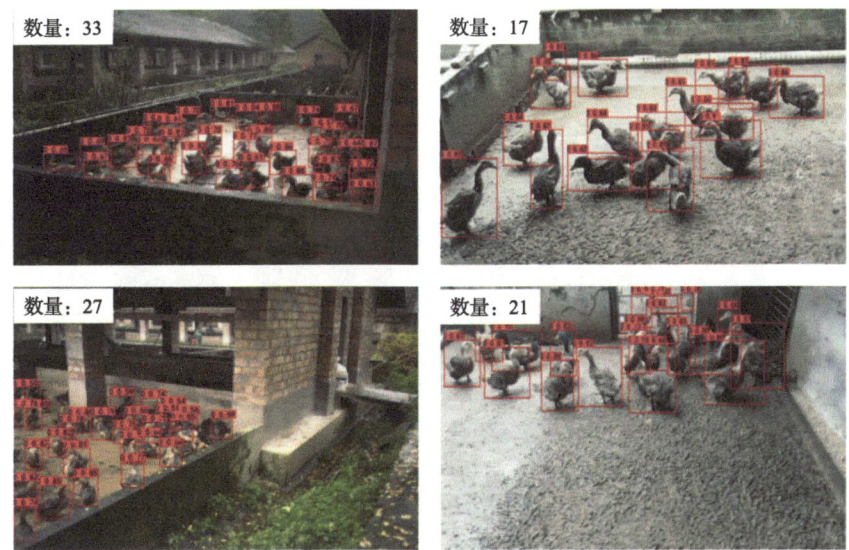

图6-46　CBAM-YOLOv7网络预测结果

鸭行为识别（图6-47）：利用目标检测技术和深度学习算法，可以对图像或视频中鸭的行为进行自动识别和分类，如鸭的正常进食、活动以及异常行为。这可以帮助养殖人员及时发现鸭的异常行为并进行相应处理[24]。

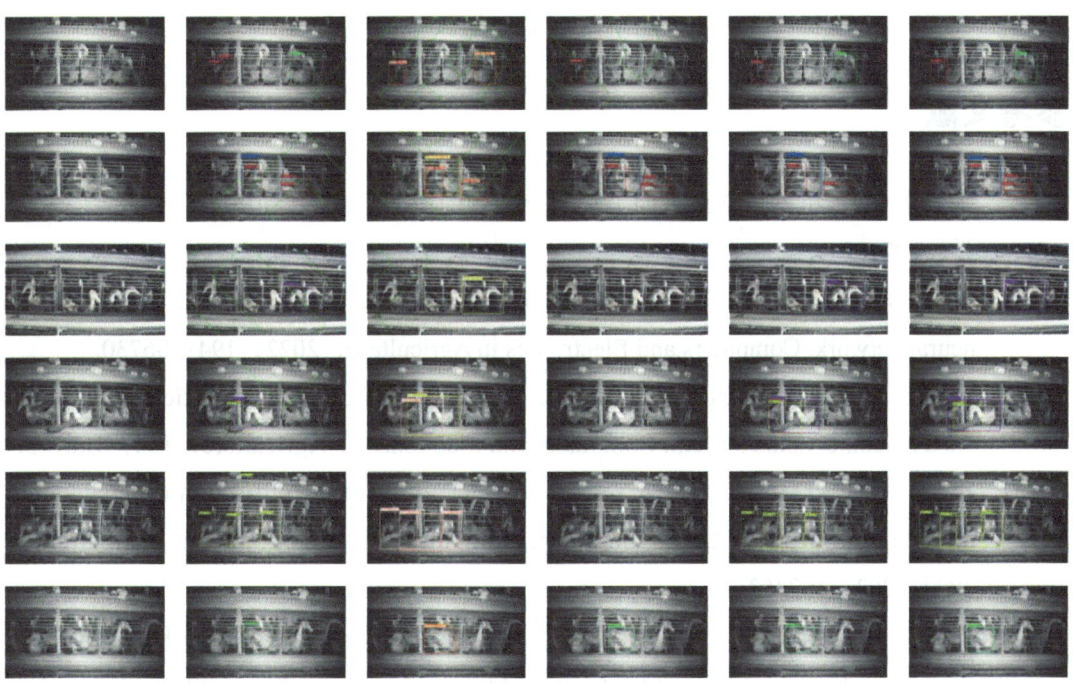

图6-47　不同目标检测网络对笼养鸭行为识别结果

鸭蛋孵化特性评价（图6-48）：利用目标检测技术，可以准确识别孵育盘上鸭蛋的受精及不育状态。在种蛋孵化行业中，如何准确检测鸭蛋能否孵化是一个重要的研究课题。如果能尽早发现不育鸭蛋，不仅能够提高鸭蛋孵化效率，还能够为该行业带来更多的经济效益[25]。

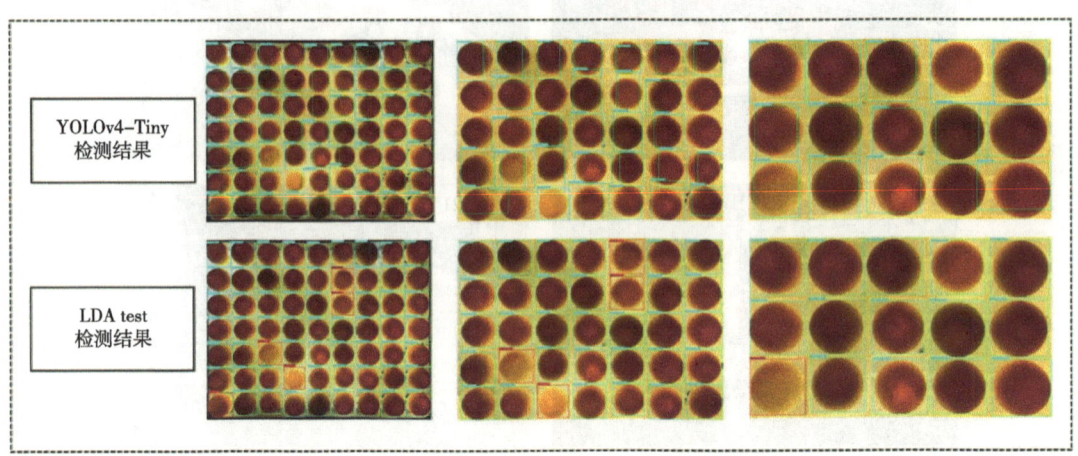

图6-48 鸭蛋孵化特征检测结果

综上所述，目标检测技术在鸭养殖的应用研究中取得了一定成果，可以提高鸭养殖的管理效率和产品质量，为鸭的养殖管理和生产提供了很大的便利。未来，随着计算机硬件和目标检测算法的不断发展，鸭养殖中目标检测的准确度和效率将进一步提高，在多维健康监测、体征测量等方面也将得到更广泛应用。

参考文献

［1］ 张会彬. 基于机器视觉技术的羊群盘点装置的设计研究. 呼和浩特：内蒙古农业大学，2022.

［2］ BILLAH M, WANG X, YU J. Real-time goat face recognition using convolutional neural network. Computers and Electronics in Agriculture, 2022, 194：06730.

［3］ HITELMAN A, EDAN Y, GODO A, et al., 2022. Biometric identification of sheep via a machine-vision system. Computers and Electronics in Agriculture, 194：106713.

［4］ ZHANG X, XUAN C, MA Y, et al. Biometric facial identification using attention module optimized YOLOv4 for sheep. Computers and Electronics in Agriculture, 2022, 203：107452.

［5］ WANG D, TANG J, ZHU W, et al. Dairy goat detection based on Faster R-CNN from surveillance video. Computers and Electronics in Agriculture, 2018, 154：443-449.

［6］ 陆明洲，梁钊董，NORTON T，等. 基于EfficientDet网络的湖羊短时咀嚼行为识别

方法. 农业机械学报, 2021, 52（8）: 248-254, 426.

[7] INA Z A, PEI W B, TANA W C, et al. Algorithm of sheep body dimension measurement and its applications based on image analysis. Computers and Electronics in Agriculture, 2018, 153: 33-45.

[8] 张丽娜, 武佩, 乌云塔娜, 等. 基于图像的肉羊生长参数实时无接触监测方法. 农业工程学报, 2017, 33（24）: 182-191.

[9] 周艳青, 薛河儒, 姜新华, 等. 基于多尺度Retinex图像增强的羊体尺参数无接触测量. 中国农业大学学报, 2018, 23（9）: 156-165.

[10] BHOLE A, UDMALE S S, FALZON O, et al. CORF3D contour maps with application to Holstein cattle recognition from RGB and thermal images. Expert Systems with Applications, 2022, 192: 116354.

[11] SHAKEEL P M, ABOOBAIDER B B M, SALAHUDDIN L B. A deep learning-based cow behavior recognition scheme for improving cattle behavior modeling in smart farming. Internet Things, 2022, 19: 100539.

[12] HANSEN M F, SMITH M L, SMITH L N, et al. Towards on-farm pig face recognition using convolutional neural networks. Computers in Industry, 2018, 98: 145-152.

[13] MARSOT M, MEI J, SHAN X, et al. An adaptive pig face recognition approach using Convolutional Neural Networks. Computers and Electronics in Agriculture, 2020, 173: 105386.

[14] 王荣. 基于深度学习的猪脸识别系统原型研究. 天津: 天津大学, 2019.

[15] YANG Q, XIAO D, Lin S. Feeding behavior recognition for group-housed pigs with the Faster R-CNN. Computers and Electronics in Agriculture, 2018, 155: 453-460.

[16] ZHENG C, ZHU X M, YANG X F, et al. Automatic recognition of lactating sow postures from depth images by deep learning detector. Computers and Electronics in Agriculture, 2018, 147: 51-63.

[17] 李丹, 张凯峰, 李行健, 等. 基于Mask R-CNN的猪只爬跨行为识别. 农业机械学报, 2019, 50（S1）: 261-266, 275.

[18] 董力中, 孟祥宝, 潘明, 等. 基于姿态与时序特征的猪只行为识别方法. 农业工程学报, 2022, 38（5）: 148-157.

[19] 王荣, 高荣华, 李奇峰, 等. 融合特征金字塔与可变形卷积的高密度群养猪计数方法. 农业机械学报, 2022, 53（10）: 252-260.

[20] 杨秋妹, 陈淼彬, 黄一桂, 等. 基于改进YOLO v5n的猪只盘点算法. 农业机械学

报，2023，54（1）：251-262.

[21] 耿艳利，林彦伯，付艳芳，等. 基于Transformer与自适应空间特征融合的群猪目标检测算法研究. 哈尔滨：东北农业大学学报，2023，54（1）：88-96.

[22] GUO J，HE G，DENG H，et al. Pigeon cleaning behavior detection algorithm based on light-weight network . Computers and Electronics in Agriculture，2022，DOI：10.1016/j. compag. 2022. 107032.

[23] 陈海燕，甄霞军，赵涛涛. 一种自适应图像融合数据增强的高原鼠兔目标检测方法. 农业工程学报，2022，38（S1）：170-175.

[24] 谷月，王树才，严煜，等. 基于改进YOLO v4的笼养蛋鸭行为实时识别方法. 农业机械学报，2023，54（11）：266-276.

[25] JIAXIN Z，YOUFU L，SHENGJIE Z，et al. Evaluation of duck egg hatching characteristics with a lightweight multi-target detection method. Animals：an open access journal from MDPI，2023，DOI：10.3390/ANI13071204.

7 畜牧养殖目标检测技术典型应用案例

7.1 基于体型对称检测的家畜姿态归一化

如今，三维扫描技术和三维点云数据在精准畜牧领域中变得越来越重要。牲畜的RGB-D（同时含有红、绿、蓝三通道和深度通道）数据在牲畜体尺测量领域发挥着关键作用。然而，目前的家畜姿态归一化方法依赖于纯三维几何数据，因此容易受噪声和数据缺失的影响，导致姿态归一化方法缺乏鲁棒性，自动化程度不高。为了提高效率、自动化程度和泛用性（特别是对于实际应用中的不同家畜物种，包括牛、羊和猪等），需要很好地利用二/三维数据来鲁棒地归一化家畜的三维点云数据。2021年，郭浩课题组提出了一种基于2D/3D融合的鲁棒牲畜姿态归一化方法（*2-D/3-D fusion-based robust pose normalisation of 3-D livestock from multiple RGB-D cameras*）。首先，提出一种改进的二维目标检测技术，该方法充分利用二维信息来确定牲畜在三维中的准确方向。其次，利用二维检测结果在三维空间中生成截头体来定位牲畜目标，显著减少了搜索空间，提高了分割效果。最后，基于双边对称的姿态归一化框架，发展了一种更稳健的姿态归一化算法。对牲畜多视图RGB-D数据的实验表明，该方法与现有的三维姿态归一化方法相比更稳健、更实用。该论文中所提出的算法可以在牲畜的自动体尺测量系统中提供姿势归一化。这项研究表明，在消费级的RGB-D相机捕捉到的3D输入通常是有噪声的，并且在存在遮挡和缺失的情况下，应该更详细地探索三维领域中基于2D/3D融合的策略。该研究中使用的所有训练数据库和代码可以免费下载。相关代码解释和运行过程，请扫描附录中的二维码，参考对应的部分。

该方法对输入数据的要求如下：3D牲畜点云数据必须是多视角的。多视角可以保证除去人们不关心的下腹以外，牲畜点云表面各个部位均不会产生过于严重的点云缺失。重要的是，每只牲畜的数据包括身体、头部和臀部，这3个部分点云的完整性对姿态归一化的鲁棒性影响稍大。图7-1展示了猪和牛的示例点云，该示例点云为代表性的可用于姿态归一化的输入数据。

为了从三维数据中有效地提取所需要的信息，有必要将牲畜点云也就是需要的目标点云与背景分离。牲畜的分割图像位于预定义的规范坐标系（Canonical coordinate system，

CCS）中。因此，需要一个自动的三维点云姿态归一化框架。所提出的框架可用于牲畜三维数据的自动处理。然而，在实际应用中，特别是在使用目前的一些自动化算法的时候，进行姿态归一化仍然存在局限性。牲畜点云头部如有缺失情况，通常会导致归一化失败和对前向的错误确定。在郭浩课题组的研究成果中，使用2D/3D融合策略克服了这些弱点。

图7-1　3D牲畜点云

该方法的技术路线如图7-2所示。首先，利用手动标记的数据来训练一个目标检测网络以分割人们感兴趣的目标区域。经过综合判断，训练出的模型要用于检测的3个明显目标：身体、臀部和头部。因此，训练集也应包含尽可能多的牲畜身体、臀部和头部。在这3个区域中存在一些不确定的重叠，但这并不影响前向估计。用3种颜色来标记识别出的家畜的3个身体部分，检测到的目标区域用二维窗口表示，可以借此获得牲畜的前进方向。对于CCS中定义的y轴的确定，一旦估计出正确的地平面，牲畜的y轴也可以确定。基于这一推断，提取地平面点云以获得地平面的参数，为牲畜的y轴提供了信息。接下来，从下采样数据中提取去除平面，并使用欧几里得聚类提取将点云划分为不同的聚类。通常，点云数量最多的聚类代表所需要的家畜身体点云，到这里，所感兴趣的部分就被分割出来了。

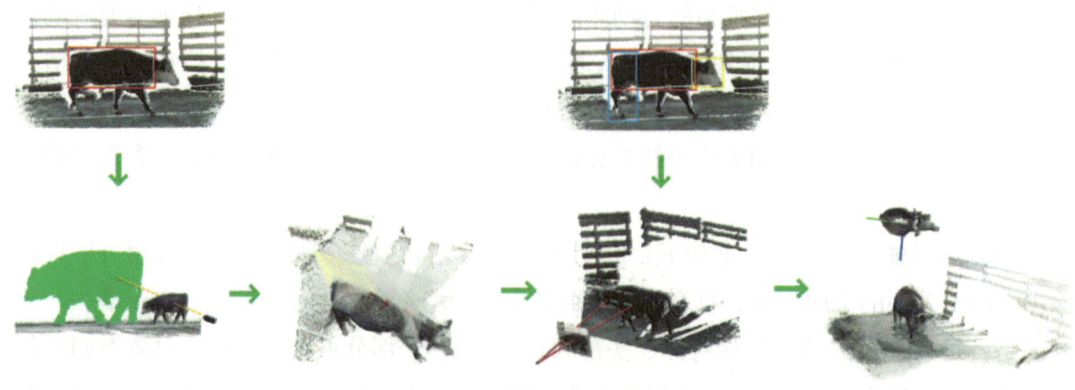

图7-2　点云与背景分离

之后，将目标区域的二维中心点（依靠二维数据目标检测出的结果来计算）投影到三维空间中，并进行对称平面的估计。利用 *A bilateral symmetry based pose normalization* *framework applied to livestock body measurement in point clouds*中的方法可以按照寻找最大轮廓、评估对称性的步骤来估计家畜点云的对称平面。通过地面探测和对称平面估计，确定了y轴和z轴，之后便可以利用y、z轴的叉乘来确定x轴，也就是家畜点云的前向。借助二维数据中检测出的头、身、臀目标，可以排除用这个方法获取的前向中不符合要求的错误方向，比如指向臀部的方向。

一旦获得了家畜点云的3个坐标轴，就可以利用坐标转换公式将家畜点云归一化至所选择的标准坐标系CCS中，至此，家畜点云姿态归一化完成。

7.1.1 基于二/三维融合的鲁棒姿态归一化算法

牲畜通常在3-D空间中以任意方向和位置被捕获。然而，牲畜的性状是沿着一个固定的方向测量的。因此，不同拍摄目标甚至不同三维数据实例之间都无法放在同一个空间里面进行比较和测量。姿态归一化算法正是通过寻找不同三维数据之间相通的形态特征（如头尾方向、身体对称特征等）将三维数据变换到自己预定义的规范化坐标系中，这对进一步进行自动化分析至关重要。本研究预定义的规范化坐标系如图7-3所示。其中，以猪体点云质心为坐标原点，沿水平地面法线方向向上为坐标轴z轴，垂直于猪体对称平面且沿着猪头方向向右为y轴方向，垂直于zoy平面沿着猪头方向为x轴方向。

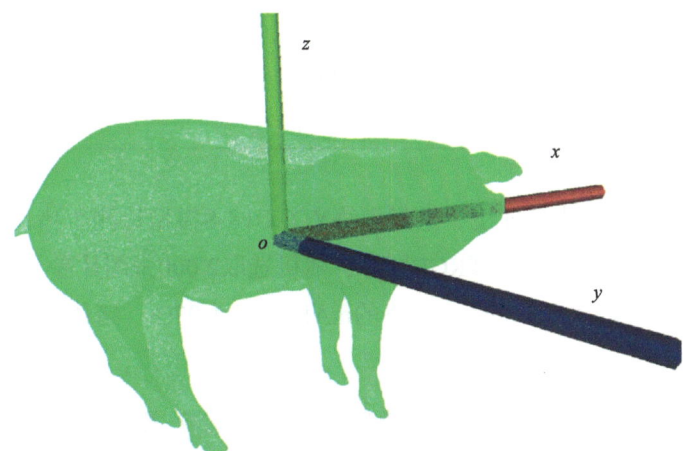

图7-3 规范化坐标系

现有姿态归一化主流方法是主成分分析法（Principal component analysis，PCA），该方法基于三维对象矩的计算，估计用于确定三维对象方向的主轴。但是，无论是原始的PCA方法，还是改进后的方法，都无法捕获三维对象的一些特定特征，如对称性和头尾方向，这使得本研究无法利用这一类方法将生猪点云变换到指定的坐标系下。当然，还有一些方法基于三维形状的对称性特征，或者引入外部几何信息（比如地面法向量）来调整三维物体方向。但这些研究比较片面，不是做完全的姿态归一化，另外，会对三维数据本身有很大限制（如要求场景足够空旷、地面占比最大等），很难应用于生产环境下采集到的家畜数据中。本研究采用的姿态归一化算法融合了与深度图对齐的RGB数据，通过引入二维目标检测技术，提出了一种更鲁棒的牲畜姿态归一化方法。该方法分为4个部分：估计牲畜前向方向（即头尾方向），目标牲畜点云分割，双边对称平面估计，以及姿态归一化变换。

7.1.2 目标区域检测

为了估计生猪的前向方向，首先要检测生猪头部、躯干和臀部的位置，基于深度神经网络的目标检测模型为本研究提供了解决方案。表7-1展示了一些目标检测模型的均值平均准确率（Mean average precision，mAP）和每秒浮点运算次数（Floating point operations per second，FLOPs）。

表7-1 COCO数据集上不同目标检测模型性能对比

模型名称	mAP 50-95	FLOPs
YOLOv5-X	53.2%	246.4 G
YOLOv5-S	43.0%	24.0 G
YOLOv8-X	53.9%	257.8 G
YOLOv8-S	44.9%	28.6 G
DINO	63.3%	860 G
FocalNet-H	64.4%	507 G
Focal-L	58.9%	1 081 G

综合考虑模型精度和推理速度，选择训练YOLOv8-S模型检测生猪目标区域。通过标记工具一共标记了2 900张生猪背部RGB图像，随机选取2 000张图片参与训练，另外900张图片作为验证集，训练300个Epoch，最终的mAP50-95为97%。猪体目标区域检测的结果如图7-4所示。

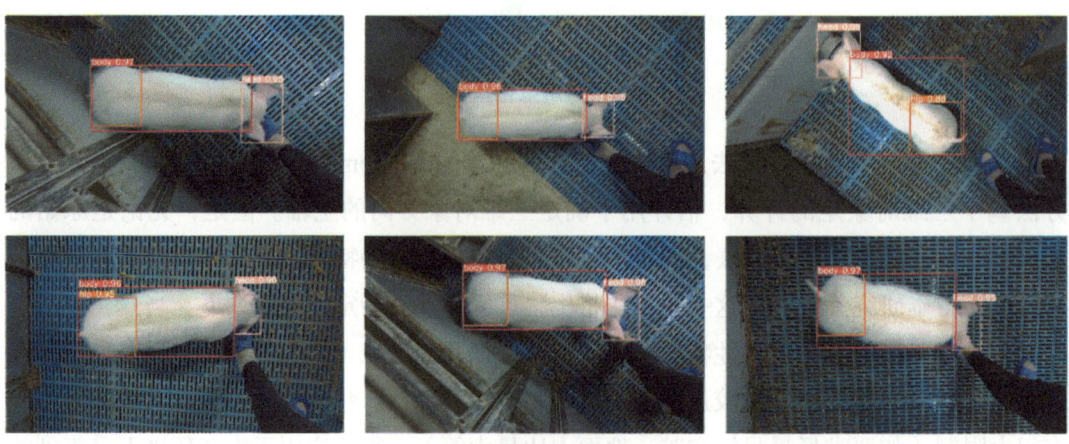

图7-4 猪体目标区域检测结果

目标区域由3种不同颜色的包围框所标识，目标区域之间有一些不确定的重叠，但这并不影响对前向方向的估计。利用二维目标区域的检测结果和相机的内参矩阵，在三维空间中对目标进行定位。为了提高处理效率，用包围框的中心点来表示目标的二维位置，这些中心点会用于猪体分割和前向估计。

7.1.3 目标猪体点云分割

根据规范坐标系中z轴的定义，需要估计地面点云获取地面法线方向。为方便后续计算，首先使用八叉树从原点云s中下采样得到点云D。然后，使用随机采样一致性算法提取地面P_g[1]，用向量形式的方程来表示平面P_g。

$$\{n_g \cdot r - D_0 \tag{7-1}$$

式中，n_g代表地面法向量，r代表平面上点的坐标，D_0代表原点到平面P_g的距离。接着，如图7-5所示，循环使用RANSAC算法提取场景中的墙面等其他大的平面，并在点云中消除这些平面。消除平面后，使用欧几里得聚类将剩下的点云划分为不同的聚类。

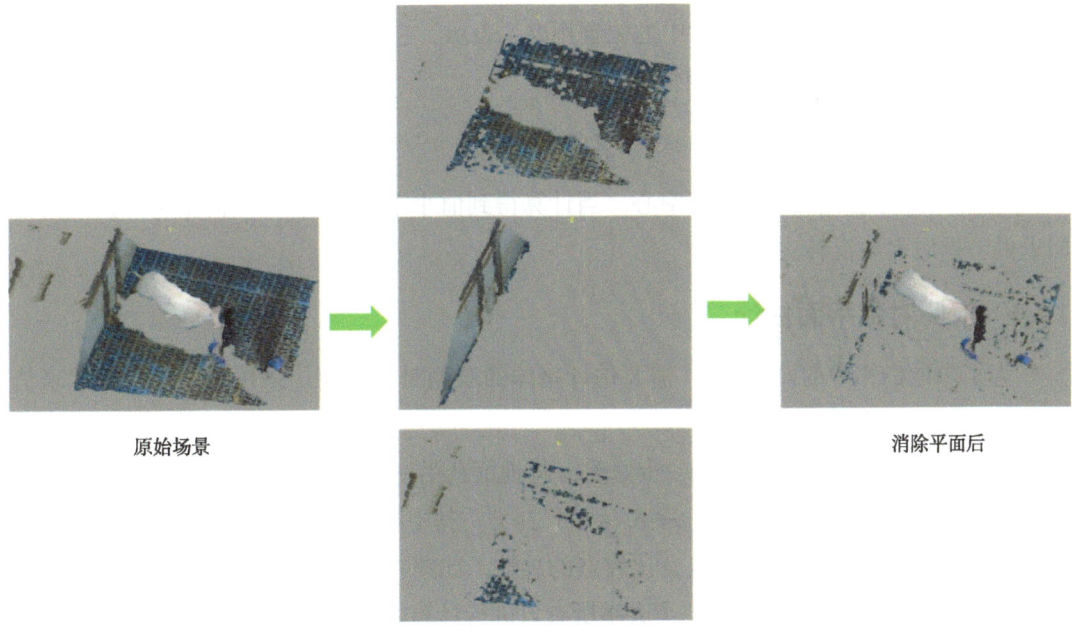

图7-5 RANSAC算法提取并消除平面

下一步，需要确定聚类代表目标猪体，可以选择点云数量最多的聚类代表猪体，但这种方法不够鲁棒，在实践中容易出错。利用前文的目标检测结果来分割猪体。根据前文描述，确定了由包围框的中心点表示的猪体目标区域的位置，为了帮助区分目标猪体聚类，选择容易检测到的猪体区域作为目标，将目标区域的二维中心点投影到三维空间中。投影的公式如下：

$$Z_c \begin{bmatrix} u \\ v \\ 1 \end{bmatrix} = \begin{bmatrix} f_x & 0 & u_0 & 0 \\ 0 & f_y & v_0 & 0 \\ 0 & 0 & 1 & 0 \end{bmatrix} \begin{bmatrix} R & T \\ 0 & 1 \end{bmatrix} \begin{bmatrix} X \\ Y \\ Z \\ 1 \end{bmatrix}$$

$$T_i = \begin{bmatrix} f_x & 0 & u_0 & 0 \\ 0 & f_y & v_0 & 0 \\ 0 & 0 & 1 & 0 \end{bmatrix}$$

$$T_e = \begin{bmatrix} R & T \\ 0 & 1 \end{bmatrix}$$

（7-2）

式中，Z_c表示相机到目标的距离；u和v表示目标区域中心点的像素坐标；X，Y和Z表示世界坐标系中的三维坐标；T_i是相机的内参矩阵，f_x和f_y分别为对应方向的焦距，u_0和v_0代表成像光学中心在像素坐标系下的坐标；T_e是个外参矩阵，代表RGB相机与深度相机对齐过程中的变换，R代表旋转矩阵而T代表平移矩阵。得到身体点在三维空间的坐标后，只需要判断哪个聚类包含身体点或者距离身体点最近，就可以分割出目标猪体。

上述生猪身体点在三维空间中的位置用O_{body}表示。它还被用来确定地面法向量n_g的朝向，使法向量始终指向猪体，具体公式如下：

$$n_g(O_g - O_{\text{body}})$$

（7-3）

式中，O_g是地面点云的几何中心。当计算得到值小于0时，说明法向量不是指向猪体向上的，这时需要反转法向量。

7.1.4 双侧对称平面估计

为了求取CCS中的y轴方向，需要估计猪体的双侧对称平面。采用一个投票算法来估计对称平面，具体的流程如下。

首先，对分割后的点云C进一步修剪。将地面P_g沿法线方向以距离间隔θ平移可以得到一系列虚构的平面$V = \{V_{i*\theta} | i \times \theta \leq \delta, i = 0, 1, 2 \cdots\}$，其中$\delta$表示猪体的最大高度。每个虚拟平面都截取其上下$\theta/2$范围内的点，比较点的总数，如图7-6所示，留下总数最大的部分作为进一步分析的点的集合L，避免了穷举所有点进行计算。

图7-6 点云修剪示意

注：红色部分代表L。

然后，在L上选择一组一对多的样本$K = \{k_i = (s_i, \{t_{ij}\}) | s_i \in L, t_{ij} \in L\}$。对每个$k_i$中的点，$s_i$是随机抽取的。但若想得到$t_{ij}$要先计算如下协方差矩阵。

$$\overline{o} = \frac{1}{N} \sum_{i=1}^{N} \vec{p}_i$$
$$\text{Cov} = \frac{1}{N} \cdot \sum_{i=1}^{N} (\vec{p_i} - \vec{o})(\vec{p_i} - \vec{o})^T \quad (7-4)$$
$$\text{Cov} \cdot \vec{v}_j = \lambda_j \cdot \vec{v}_j, j \in \{1, 2, 3\}$$

式中，$\overline{o}$代表L的质心；λ_j代表特征值；$\vec{v}_j$代表特征向量。特征向量按照特征值大小顺序排列，选取$\vec{v}_2$和质心$\overline{o}$可以构成一个近似对称平面。计算s_i相对这个平面的对称点s_i^f，再通过使用K近邻来确定$\{t_{ij}\}$。这样，每一对点(s_i, t_{ij})都可以定义一个假设的对称平面。

最后，进行"投票"选择对称平面。对K中的每一对点，通过法向量n_s和平面距离原点的距离β_s来定义假设的对称平面。对每个C中的点p_i可利用式7-5计算假设对称平面的对称点p_i^f。如果对称点与C中距离最近的点t_j之间的欧式距离小于阈值，那么就为该假设对称平面投一票。如图7-7所示，最终得票最多的平面就是要求取的双侧对称平面。

$$p_i^f = p_i - 2n_s(p_i^T n_s - \beta_s) \quad (7-5)$$

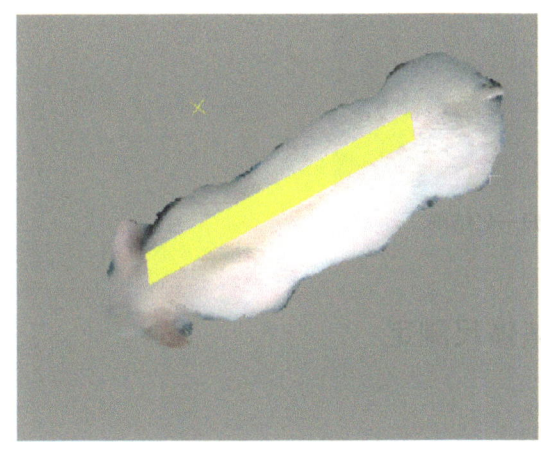

图7-7 对称平面估计结果

注：黄色平面为对称平面。

通过对地面和对称面的估计，确定了z轴和y轴方向，可以使用以下公式确定x轴。

$$n_x = n_z \times n_y \quad (7-6)$$

式中，n_x和n_y还未确定符号，也就是x轴和y轴还未确定正方向。所以，需要确定牲畜的前向方向。通过前文内容，可以检测到生猪的头部、躯干以及臀部区域位置。设生猪的前向方向由两个二维点L_1和L_2生成，选择易于检测的躯干中心点作为L_1，选择在头部和臀部的区域中具有较高置信度的区域的中心点作为L_2。由于头部和臀部的点云有可能不完整，由式（7-2）可生成L_1对应的三维空间中的点P_{body}，生成L_2对应的P_{head}或者P_{hip}。因此，前向矢量V_f可由下式计算：

$$V_f = P_{body} - P_{hip} \text{ 或 } P_{head} - P_{body} \quad (7-7)$$

由此，可以判断当$V_f \cdot n_x < 0$时，需要反转n_x。

上文已经求得了规范坐标系的x轴、y轴和z轴方向，因此可以计算三维猪体点云的刚性变换。设猪体点云质心即规范坐标系的原点为P_0，令$o_1 = [1,0,0]$，$o_2 = [1,0,0]$，$o_3 = [1,0,0]$，而$c_1 = P_0 + n_x$，$c_2 = P_0 + n_y$，$c_3 = P_0 + n_z$。设$\boldsymbol{R_{co}}$为需要求解的旋转矩阵，$\boldsymbol{T_{co}}$为需要求解的平移矩阵，则通常要最小化下面的最小二乘误差来求解刚性变换。

$$\sum_{i=1}^{3} \| o_i - \boldsymbol{R_{co}} c_i - \boldsymbol{T_{co}}^2 \| \quad (7-8)$$

经过姿态归一化变换后的结果如图7-8所示。

图7-8　姿态归一化结果

7.2　基于DeepLapCut关键点检测的猪体尺测定

7.2.1　研究背景

猪只体尺参数是衡量其生长状况的主要指标，在种猪选育、肉质评价、精准思维和分群管理中起着重要作用。一般来讲，体尺参数主要包括体长、体宽、体高、臀宽和臀高5项指标。目前，猪只体尺测量主要采用人工测量方式进行。人工测量往往需要借助侧仗、圆形测定器和卷尺等工具测定，费时费力，而且易引起猪只应激反应，测量精度难以保证。非接触式猪只体尺测量方法成为科研人员的重要探索方向。近年来，基于计算机视觉的非接触式测量技术经历了"平面图像—立体视觉""人工特征工程—自动特征工程"的发展阶段。在猪只体尺测量方面，Deshazer等于1988年首次提出将计算机成像系统用于猪只体尺测量研究[2]；White E、Doeschl-wilson等于2004年分别采用单目相机开展了猪只生长过程的彩色图像采集和体尺指标计算研究[3,4]，但猪舍环境、猪体脏污和地面高光反射等问题影响轮廓提取，测量精度有待提高[5]；2019年前后，Pezzuolo、司永胜等基于Kinect深度相机采集猪只理想姿态下的背部图像，通过特征点检测来计算猪只体尺参数，但图像预处理过程烦琐，无法实现实时测量[6,7]；近年来，基于DeepPose、DeeperCut、ArtTrack、OpenPose等姿态检测算法在人体姿态实时估计方面成为研究热点，但前期需要大量标注数据集（5 000张以上）进行模型训练，数据标注过程费时费力；2018年，Mathis等提出了一种基于深度神经网络迁移学习的无标记姿态估计算法（DeepLabCut）[8]，该算法只需少量数据集（约200幅）进行训练，已在老鼠、灵长动物、猎豹和赛马等多个物种的姿态实时跟踪方面呈现良好的检测性能，但在猪只姿态检测及体尺测量方面尚未有研究报道。

基于此，为实现猪只养殖过程中体尺参数的非接触式快速准确测量，本研究使用RealSense L515深感相机采集猪只站立姿态影像，借助DeepLabCut算法处理猪只背部RGB图像并提取关键特征点，开展5项体尺参数的测量研究。

7.2.2 平台搭建

猪只体尺数据采集平台结构示意图如图7-9所示。在猪只保育床（尺寸为1.8 m×1.8 m）正上方2 m处安装RGB-D图像采集平台。该平台主要由深度数据采集单元、微型边缘计算单元、电子秤、无线局域网和计算机工作站组成。深度数据采集单元选用Intel RealSense L515激光雷达摄像头，内置RGB图像传感器（分辨率为1 920像素×1 080像素，帧率为50 Hz）、深度传感器（分辨率为1 024像素×768像素，帧率为30 Hz）和BM1085惯性测量单元，探测阀内0.25~9 m，RGB视场70°×43°，深度视场70°×55°。微型边缘计算单元选用NVIDIA Jetson Xavier NX开发者套件，内置384个NVIDIA CUDA Cores、48个

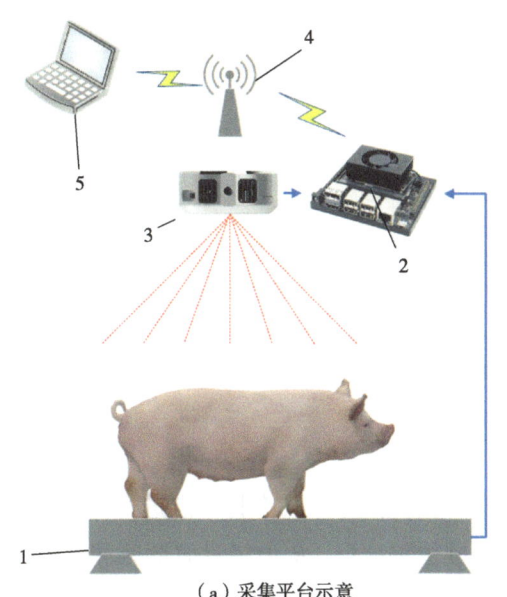

（a）采集平台示意　　　　　　　　（b）现场采集平台

图7-9　数据采集平台

Tensor Cores、6块Carmel ARM CPU和2个NVIDIA深度学习加速器引擎，可支持RealSense L515激光雷达相机的数据采集、模型部署、多算法融合运算等功能实现。在前期数据收集过程中，为有效采集猪只站立图像，采用电子秤（精度0.1 kg，广东寮步益科电子）进行辅助判断，当边缘计算单元获取电子秤称取的猪只实时体质量数据波动小于0.2 kg并持续3 s以上时，开启并采集猪只RGB-D图像[9]。

7.2.3 体尺自动测量方法

7.2.3.1 测量算法

首先，参考猪只体尺测量点的位置，在猪只图像中选取关键特征点，并进行图像特征点标记和模型训练，验证特征点检测效果；然后，结合深感相机内参数，计算关键特征点世界坐标并优化离群特征点；最后，计算猪只5项体尺参数[9]。具体算法如图7-10所示。

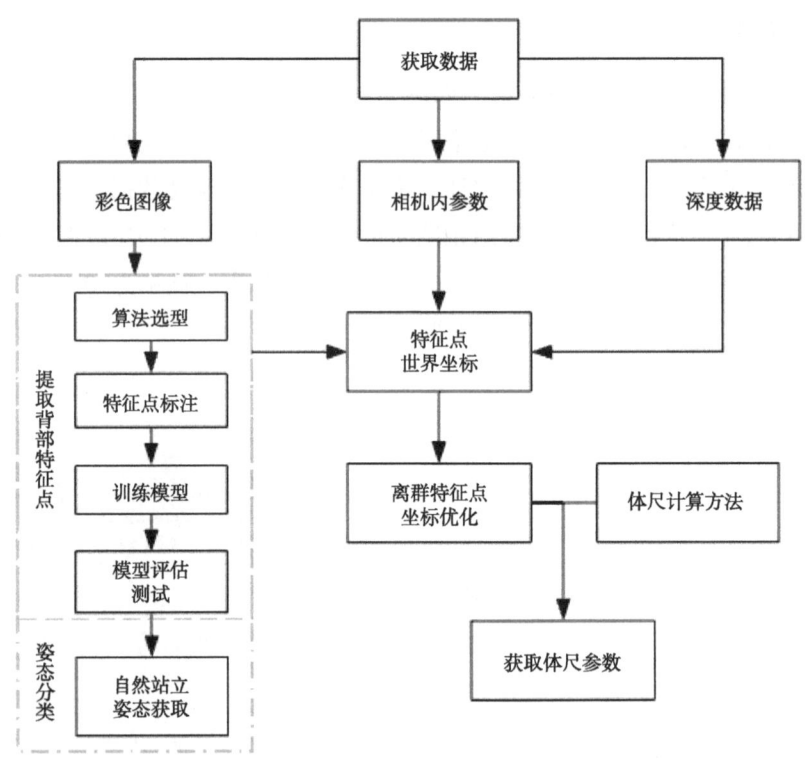

图7-10　猪只体尺测量算法流程

7.2.3.2 背部特征点选择

借助传统人工体尺测量方法，观察并选择猪只图像中10个特征点进行标记，用于后续模型训练。如图7-11所示，B为猪只尾根区域位置，L_1、R_1为猪只肩部区域最宽处左、右两个区域位置，L_2、R_2位猪只臀部最宽处左、右两个区域位置，E_l为猪只左耳尖位置，E_r为猪只右耳尖位置，N为猪只肩部区域最宽处中心点位置[9]。

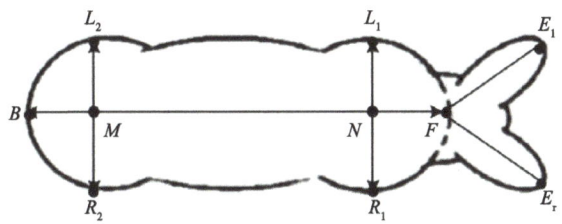

图7-11 猪只背部特征点标记示意

7.2.3.3 特征点提取算法

为自动提取猪只背部体征点位置,选取DeepLabCut算法开展猪只背部特征点检测研究。DeepLapCut算法是一个结合对象识别和语义分割算法的深度卷积网络结构。以ResNet作为DeepLapCut主干网络结构为例,其具体实现算法:在原有基础网络上去除ResNet作为残差网络结构分层,接入反卷积层进行上采样,获得载有特征点分布情况的特征图,并以特征点概率密度状况及向量趋势数据呈现,进而确定特征点具体位置,得到该特征点的图像坐标[9]。具体流程如图7-12所示。接下来,运用猪只图像数据按照上述流程对DeepLabCut网络进行训练,得到猪只各特征点的分布情况,如图7-13所示,特征数据以热力图形式映射在原始图像中[9]。

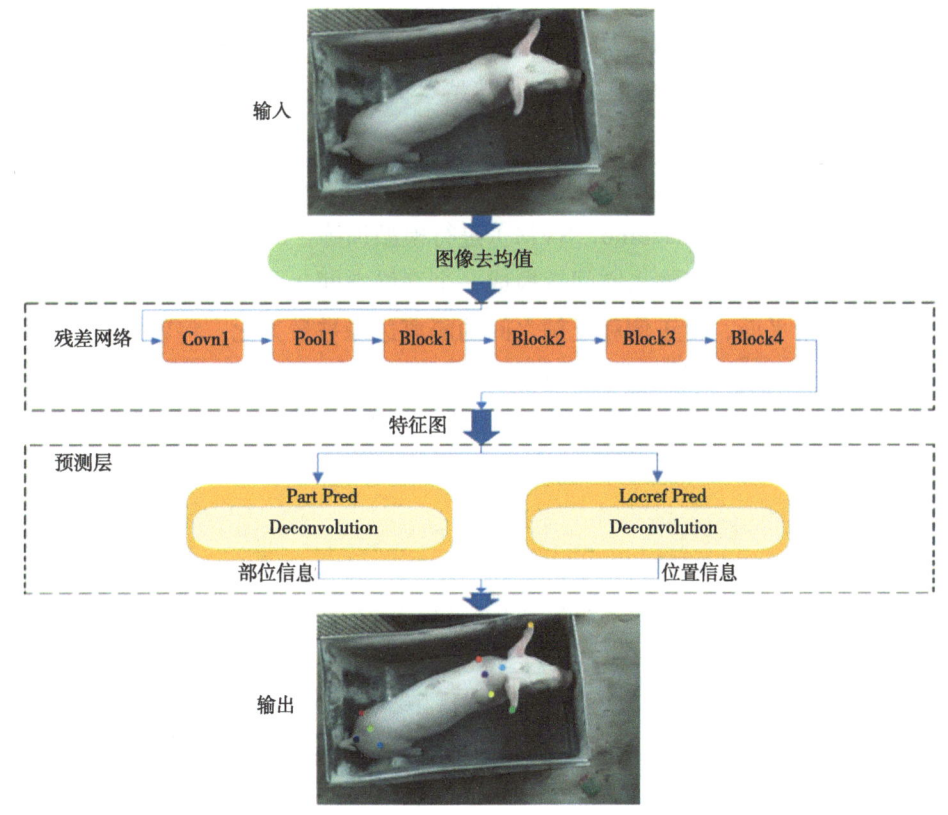

图7-12 网络模型结构

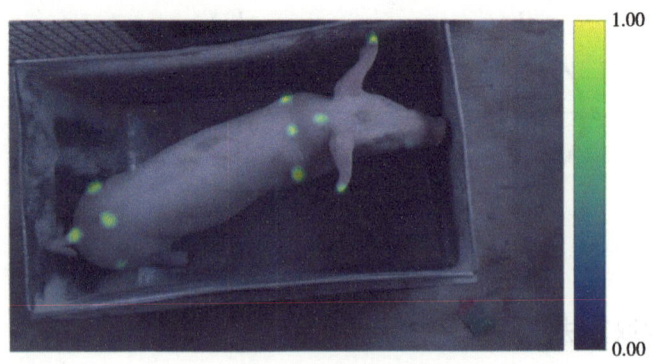

图7-13 特征位置分布图

为获得猪只背部特征点检测最优模型,选取ResNet-50、ResNet-101、ResNet-152、MobileNet-V2-1.0、MobileNet-V2-0.35、MobileNet-V2-0.5、EfficientNet-b0、EfficientNet-b3、EfficientNet-b0和EfficientNet-b6共10个网络模型进行训练并择优作为DeepLabCut主干网络模型。

7.2.3.4 站立姿态分类

由于猪只身体卷曲,头部摆动等非自然站立姿态时,体尺测量会产生较大误差,因此,为实现猪只5项数据精准计算,在获得猪只特征点信息后,须筛选猪只自然站立姿态进行体尺测量。一般自然站立状态下,E_1与E_2连线S_1,L_1和R_1连线S_2,L_2和R_2连线S_3,这3条线间近似平行,各直线间夹角比较小;非自然站立状态下,由于头部或身体扭曲,各直线间夹角比较大。

在得到多组3条线间的夹角数据后(Angle_S12、Angle_S23、Angle_S13),运用支持向量机(Support vector machine,SVM)进行模型训练。SVM分类的主要思想是通过核函数定义的非线性变换将输入空间变换成一个高维空间,并在这个空间中寻找一个分类超平面作为决策平面,使正例和反例之间的隔离边缘被最大化。将数据集主要分成两类(自然站立状态与非自然站立状态),如图7-14所示[9]。选用径向基函数(Radial basis function)作为SVM核函数,在姿态模型训练过程中主要涉及惩罚系数与gamma

(a)自然站立

(b)非自然站立

图7-14 不同状态站立图像

值两个参数。其中，惩罚系数即对误差的宽容度，惩罚系数越高，说明越不能容忍出现误差，容易过拟合；惩罚系数越小，容易欠拟合。gamma值隐含地决定了数据映射到新的特征空间后的分布，gamma值越大，支持向量越少，gamma值越小，支持向量越多。模型训练过程需要调节这两个参数，使姿态分类模型准确率高且具备较强的泛化能力。

7.2.3.5 3D坐标转换

为获得原始数据中彩色图像与深度图像的坐标间映射关系，采用IntelRealSense提供的pyrealsense2工具包进行图像匹配，实现目标区域由像素坐标向世界坐标的转换。具体转换关系如图7-15所示，世界坐标(X, Y, Z)变换计算公式为：

$$\begin{cases} X = \dfrac{(u - c_x) d_{(u,v)}}{f_x} \\ Y = \dfrac{(v - c_y) d_{(u,v)}}{f_y} \\ Z = d_{(u,v)} \end{cases} \quad (7\text{-}9)$$

式中，c_x为图像中心点横坐标像素位置，单位为像素；c_y为图像中心点纵坐标像素位置，单位为像素；f_x为横向像素焦距，单位为像素；f_y为纵向像素焦距，单位为像素；$d_{(u,v)}$为图像点(u,v)深度，单位为米（m）。

本研究深度相机c_x=948.963像素，c_y=534.896像素，f_x=1 371.98像素，f_y=1 372.58像素。

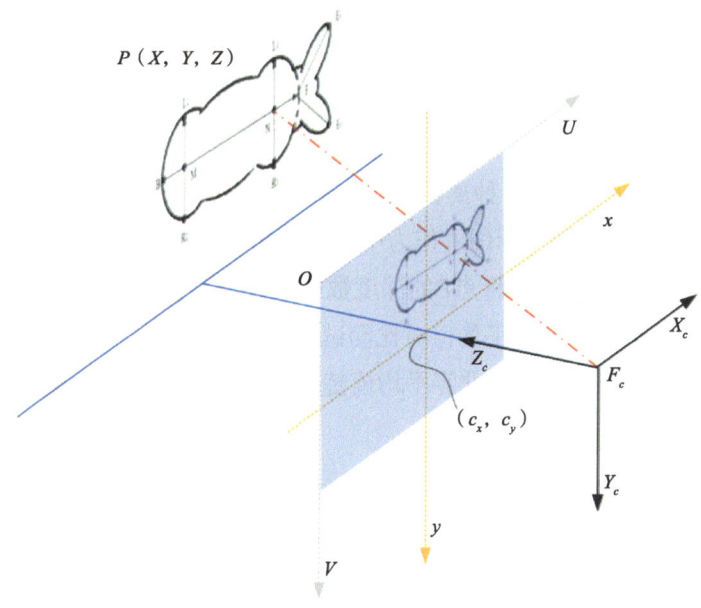

图7-15 图像坐标与世界坐标转换关系

7.2.3.6 离群特征点坐标优化

实际应用中，由于RealSense L515自身激光扫描方式特点，部分深度信息会存在丢失情况，尤其是猪只边缘与地面交接处的深度数据丢失更为严重，还有通过DeepLabCut算法获取的靠近身体边缘区域特征点的微小偏差都会造成猪只体尺的大幅误差。

已知摄像头与地面距离，将深度信息划分为地面区域G、猪体区域B、未获取深度区域O。如图7-16所示，图7-16（a）通过带通分割方式将深度图分成3个区域，红色为猪体区域，绿色为地面区域，蓝色为未得到深度数据区域[9]。通过DeepLabCut算法得到特征点的图像位置与真实标记位置无明显差异，将特征点以3D形式呈现，明显看出点E_l、B深度为0 mm，点L_1映射在地面区域。因此，需要对离群点位置进行优化，从而计算猪只体尺数据。

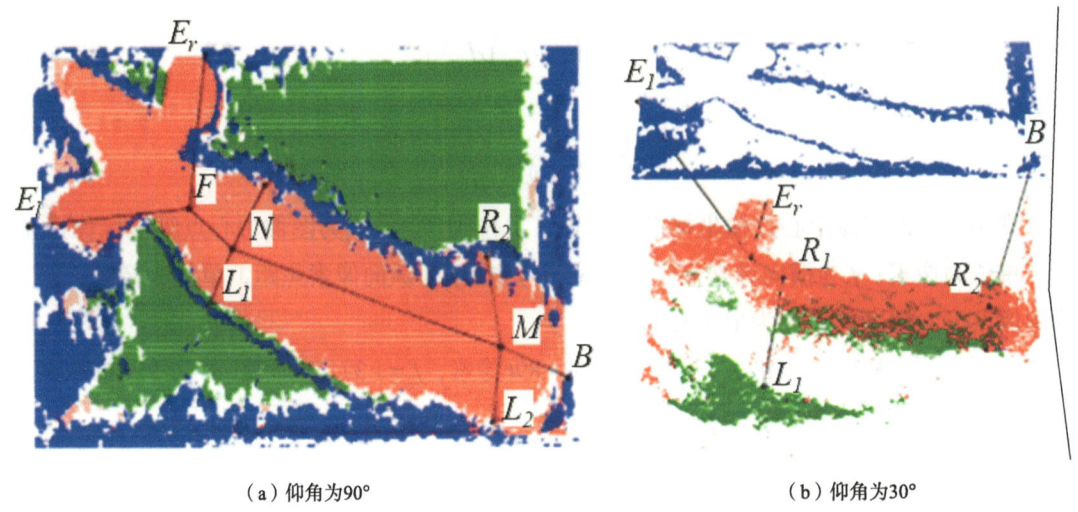

（a）仰角为90°　　　　　　　　　　（b）仰角为30°

图7-16　深度数据不同仰角3D图

为解决这一问题，设计了一种离群特征点邻近区域深度值替换算法，对于离群特征点P，在深度图上以该点图像坐标位置作为中心点，向外扩张成$(2d+1)\times(2d+1)$像素矩阵区域，获取该区域深度数据集合，将点P的深度数据替换成该集合非零最小值。选用矩形区域中非零最小值与矩形区域非零平均值对比测试，最终选择矩形区域非零最小值替代离群点深度值，此方式相对于矩形区域非零平均值替代方法更符合实际测量点位置。

7.2.3.7 体尺计算

获得猪只背部各特征点世界坐标以后，计算猪只体长（从点F到点B猪体背脊曲线长度）、体宽（L_1-R_2直线距离）、臀宽（L_2-R_2直线距离）、体高（N点距地面高度）和臀高（M点距地面高度）。其中猪只体长为颈部中点到尾跟点间的脊背曲线长度，如图7-17所示，即为蓝色曲线长度[9]。须对蓝色区域经过的离散点世界坐标进行多项式函数拟合，应用弧微分法计算该曲线长度。

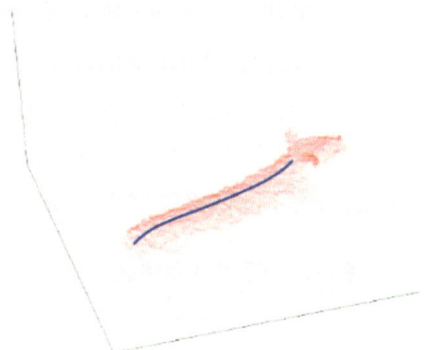

图7-17 猪只体长曲线提取效果

7.2.4 结构与讨论

7.2.4.1 模型训练与评估

为了对DeepLabCut算法中的网络模型进行训练，同时评估10个主干网络模型的运算速度与准确度，针对模型进行离线训练与测试，试验环境：Intel Core i9-10900X型号CPU，TITAN RTX型号GPU，Ubuntu18.04操作系统，Python3.7编程语言。为了量化基于DeepLabCut算法的特征点检测方法针对小样本量数据模型训练效果和预测能力，随机抽取150幅图像进行标记，将图像数据集随机分成训练集和测试集（分别为80%和20%），并在测试图像上评估DeepLabCut的性能模型。训练过程中选取Adam优化器，设置批处理为1幅，学习率为0.02，迭代次数为50 000次。

10个主干网络模型训练过程的Loss曲线如图7-18所示[9]。由图可知，10个模型在迭代40 000次时均收敛，且网络损失值由小到大呈现为EfficientNet系列、ResNet系列和MobileNet系列，其中，EfficientNet-b6模型在整个训练过程中一直保持最低的损失值。

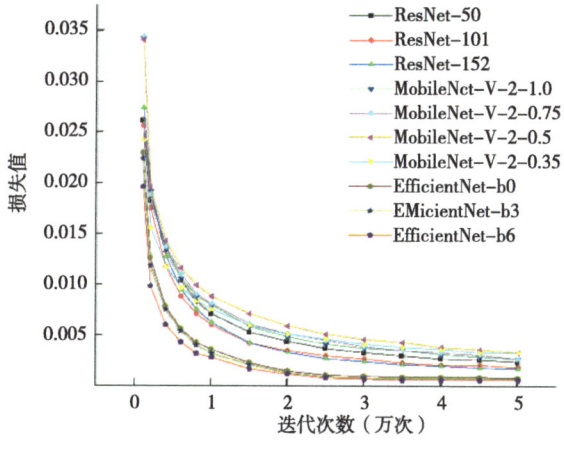

图7-18 模型训练过程loss曲线

10个主干网络模型的性能参数如表7-2所示,从处理速度上比较,MobileNet-V2-0.35模型内存占用量为3.0 MB,检测速度最快,达到16.5帧/s,但其在测试集误差较高,更适合于时效性要求高于准确度要求的检测领域。EfficientNet-b0模型尺寸为14.9 MB,检测速度与均方根误差在10个模型中表现不错,检测速度和准确度较为均衡。EfficientNet-b6模型为159.1 MB,帧率为3.8帧/s,其在测试集上的误差最小,适合用于高精度线测量,需要更高的检测准确度,因此选用EfficientNet-b6网络模型作为DeepLabCut算法的主干网络。

表7-2 不同主干网络模型

网络模型	模型内存占用量（MB）	帧率（帧/s）	训练集误差（像素）	测试集误差（像素）
ResNet-50	96.5	10.5	2.98	10.73
ResNet-101	172.6	9.4	3.06	23.25
ResNet-152	235.4	6.8	2.80	14.71
MobileNet-V2-1.0	10.4	14.2	5.49	13.26
MobileNet-V2-0.75	6.9	16.5	5.39	13.40
MobileNet-V2-0.5	4.2	15.6	6.01	12.16
MobileNet-V2-0.35	3.0	16.4	5.97	15.26
EfficientNet-b0	14.9	12.2	3.92	12.64
EfficientNet-b3	41.2	8.5	3.77	14.18
EfficientNet-b6	159.1	3.8	5.70	5.13

7.2.4.2 站立姿态分类模型分析

为了得到更为精确的站立姿态分类模型,采用网格搜索法通过惩罚系数与gamma值参数调节训练姿态检测模型。使用288组数据进行训练,其中,自然站立姿态182组,非自然站立姿态106组。实验中将数据随机打乱,80%数据作为训练集,20%数据作为测试集。经测试与验证分析,选用惩罚系数为1、gamma值为0.011训练的自然站立姿态检测模型,识别准确率为94.82%。

7.2.4.3 离群特征点优化

为了验证本研究提出的离群特征点优化效果,随机抽验一组带有离群特征点的图像进行误差分析,其中E_1、L_1、B点在点云图中发生明显偏移。针对这3点,利用前文所述的离群特征点的邻近区域深度值替换算法,进行测试与分析。图7-19为d取不同值情况下,特征点在点云图的分布情况[9]。图7-19（a）为未针对离群特征点进行优化分布情况,其中

E_1、B点由于深度值缺失，记为0，对其转换成世界坐标体系后，该两点坐标均为(0,0,0)；点L_1在图像中轻微向猪体外侧偏移，该点对应了地面区域，由于该点深度值与实际点L_1深度值差异明显，导致转换后的世界坐标和实际位置相差较大。图7-19（b）为原始图像中离群特征点向外扩张成21像素×21像素区域（$d=15$），优化后其特征点在点云图位置分布，可以看出，E_1、L_1点依然处于离群区域，点B和真实尾跟测量点无明显差异，经计算该点与人工标记点的距离为2.8 cm。图7-19（c）为原始图像中离群特征点向外扩张成31像素×31像素区域（$d=15$），优化后其特征点在点云图位置分布情况可以看出，E_1、L_1分别较真实左耳尖、体宽左测量点无明显差异，点B较真实尾跟测量点有偏移，经计算该点与人工标记点的距离为8.1 cm。图7-19（d）为原始图像中离群特征点向外扩张41像素×41像素区域（$d920$），优化后其特征点在点云图位置分布情况可以看出，E_1、L_1分别与真实左耳尖、体宽左测量点无明显差异，点B与真实尾根测量点存在明显偏移，经计算该点与人工标记点的距离为10.4 cm。

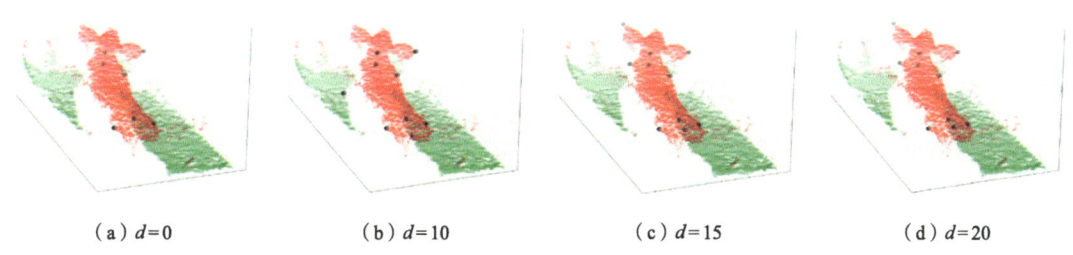

(a) $d=0$　　　　(b) $d=10$　　　　(c) $d=15$　　　　(d) $d=20$

图7-19　不同扩张范围下离群特征点优化后的点云图

试验结果发现，d取不同值时，结果存在很大差异。d过小，无法在扩张区域找到符合猪体深度范围的深度值；d过大，造成优化后的位置与真实位置差异较大。为让离群特征点进一步优化，采用d值动态调节方法，从$d=1$开始进行计算，对于每一个离群特征点，若扩张后矩形区域无法找到符合猪体深度范围的非零最小值，则d值加1，直到找到符合猪体深度范围的深度数据为止，表7-3展示了手动标记点与动态调整后离群点结果对比。手动标记特征点结果与动态调节离群特征点结果如图7-20所示[9]。

表7-3　手动标记点与动态调整后离群点结果对比

离群点	手动标记坐标	调整后坐标	距离（m）
E_1	(-0.379 2, 0.022 6, -1.236 0)	(-0.398 4, 0.029 2, -1.248 0)	0.023 6
B	(0.366 5, 0.185 2, -1.323 0)	(0.376 8, 0.195 2, -1.339 0)	0.021 5
L_1	(-0.167 8, 0.104 8, -1.331 0)	(-0.176 9, 0.123 9, -1.349 0)	0.027 8

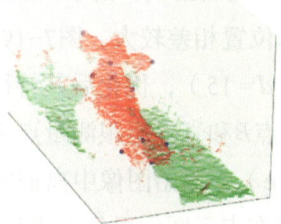 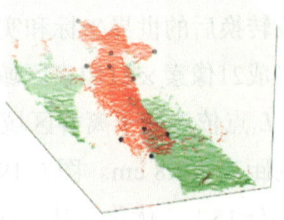

（a）手动标记特征点分布　　（b）动态优化后特征点分布

图7-20　手动标记特征点与动态调节离群特征点对比图

采用动态调节d值方式对离群特征点进行测试，经过优化后离群特征点及骨架模型如图7-21所示[9]。

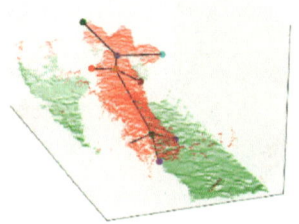

图7-21　猪只特征点与骨架3D图

7.2.4.4　体尺测量测试

为了验证本研究方法的有效性，对日龄40～70 d的长白猪进行现场测试，共采集140组RGB-D图像数据用于测试。部分体尺测量结果如图7-22所示，结果显示，在DeepLabCut关键点置信度设置为0.6时，基于DeepLabCut算法的特征点检测算法均可检测猪只背部图像的10个特征点[9]。

图7-22　猪只体尺测量结果

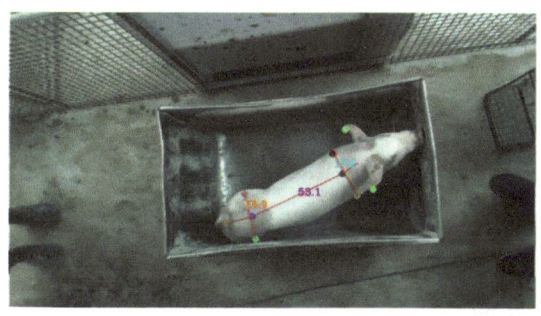
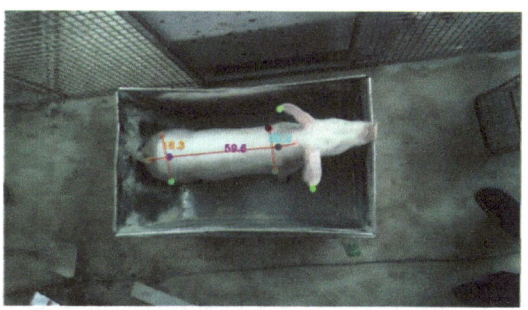

图7-22 （续）

表7-4展示了部分猪只实际体尺与预测体尺数据及误差，经计算体长、体宽、体高、臀宽、臀高的均方根误差分别为1.79 cm、1.07 cm、0.72 cm、1.25 cm、1.46 cm；计算结果发现均方根误差不超过1.8 cm，符合体尺测量误差范围内。体宽、臀宽均方根误差小于1.3 cm，但这两项参数基数较小，其误差与体长、体高及臀高相比误差略大。在上述实验环境下测试，体尺测量处理速度为0.27 s，符合在线测量应用要求。

表7-4　实际测量结果与算法计算结果对比　　（单位：cm）

猪只编号	体长		体宽		体高		臀宽		臀高	
	实际值	预测值	实际值	预测值	实际值	预测值	实际值	预测值	实际值	预测值
001	60.10	59.20	19.30	17.90	41.20	40.90	17.80	18.90	43.50	43.10
002	54.10	62.30	15.00	16.50	42.00	42.60	18.00	18.90	41.00	40.10
003	59.90	52.90	16.90	16.00	39.60	37.60	17.20	18.60	40.40	40.00
004	59.30	58.80	16.90	18.00	41.70	41.60	18.30	20.20	37.80	37.80
005	63.10	64.90	17.90	19.50	43.20	43.20	20.60	20.10	40.10	40.00
006	62.00	63.90	18.60	19.70	44.30	44.00	18.00	17.00	41.40	42.80
007	66.00	66.10	19.10	20.40	45.40	45.60	17.40	17.40	43.10	41.70
008	64.10	67.00	19.30	19.30	40.90	40.70	20.10	22.00	43.70	42.10
009	53.30	54.10	18.90	18.60	38.10	38.10	18.50	18.30	37.10	38.50
010	51.80	54.60	18.70	19.00	36.20	36.90	15.50	17.30	36.90	37.40

7.2.5　结论

第一，针对猪只体尺测量位置特征与数据集规模程度，选取DeepLabCut算法进行10个主干网络模型训练与分析，经验证选用EfficientNet-b6网络模型作为猪只背部特征点提取的最优模型。

第二，使用离群特征点邻近区域深度值替换算法进行动态优化，有效解决了深度值缺失与不合理问题。

第三，通过现场真实环境测试，本算法适用于部署在边缘计算单元实现猪只体尺实时精准测量的各项体尺参数，各项体尺数据均方根误差均未超过1.8 cm，体尺测量处理速度为每帧0.27 s。

7.3 基于MTCNN面部检测的牛身份识别

MTCNN中的"MT"是指多任务（Multi-Task），"CNN"是指卷积神经网络（Convolutional neural networks），MTCNN是一个级联的多任务神经网络，其中包括3个步骤的多阶段深度卷积网络[10]。其过程如图7-23所示。

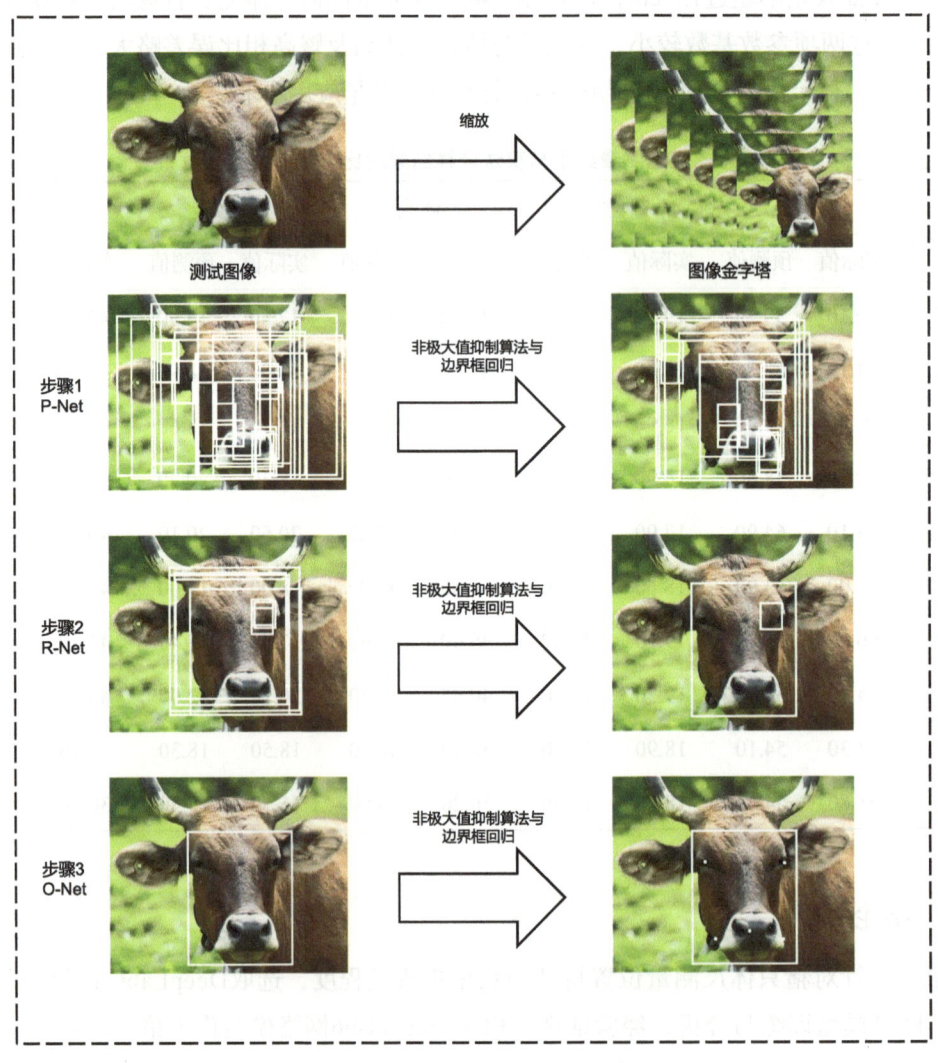

图7-23　MTCNN网络过程示意

制作图像金字塔（Image、pypamid）：将尺寸从大到小的图像堆叠在一起，类似金字塔形状，故名图像金字塔，对输入图像缩放到不同尺寸，为输入网络作准备。由于实际检测中，面部有大有小，将原始图像缩放到不同的尺寸再送入网络训练，以增强网络对不同尺寸大小牛脸的鲁棒性。

（1）步骤1

将金字塔图像输入提议网络（Proposal network，P-Net），获取大量候选框，并通过非极大值抑制算法去除冗余框，这样便初步得到一些牛脸检测候选框。

（2）步骤2

将P-Net输出的牛脸图像输入精炼网络（Refine network，R-Net），对牛脸检测框坐标进行进一步的细化，通过NMS算法去除冗余框，此时得到的牛脸检测框更加精准且冗余框更少。

（3）步骤3

将R-Net输出得到的牛脸图像输入输出网络（Output network，O-Net），一方面对人脸检测框坐标进行进一步细化，另一方面输出牛脸5个关键点（左眼、右眼、鼻子、左嘴角、右嘴角）坐标。

7.3.1 MTCNN网络结构

（1）候选网络（P-Net）

P-Net是一个全卷积神经网络，快速生成大量的候选窗，计算Bounding box回归向量，并根据交并比（IoU）和非极大值抑制筛选掉一大部分候选框。

其标准输入为12×12×3的图像，经过卷积后得到1×1×32的特征图（图7-24）[10]。

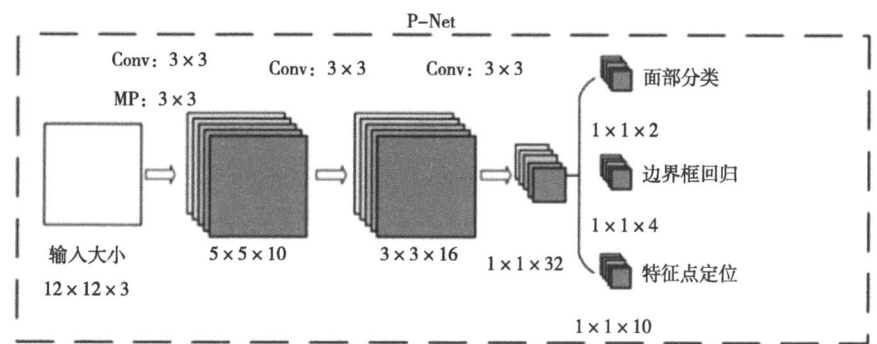

图7-24 P-Net网络结构

（2）精炼网络（R-Net）

位于模型中间层的R-Net相较于P-Net要复杂一些，模型容量也更大，但输出格式与P-Net是基本相同的。R-Net将进一步对候选框进行筛选，拒绝大量的错误候选框，利用边界框的回归与NMS对边界框进行校准（图7-25）[10]。

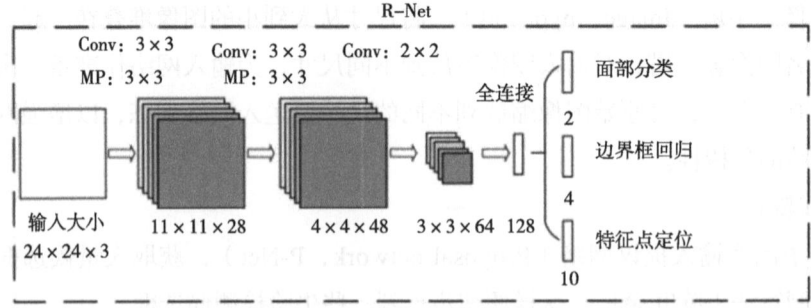

图7-25　R-Net网络结构

（3）输出网络（O-Net）

O-Net输出最终的边界框以及5个特征点的位置（图7-26）[10]。

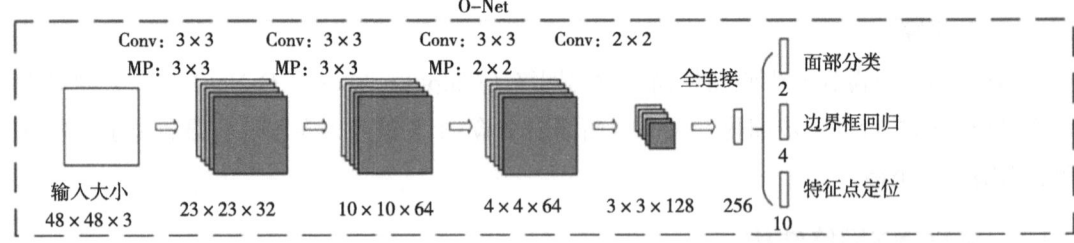

图7-26　O-Net网络结构

位于模型最后一层的O-Net是整个模型中深度最大的网络，但数据处理流程与R-Net完全一样。O-Net的输入为$48\times48\times3$，模型经4次卷积、3次最大池化后，通过全连接层变为长为256的向量，再用3个全连接层分别输出面部分类、边界框回归、特征点定位3项信息。R-Net与O-Net的作用都是对P-Net输出的大量候选框进行精筛。

7.3.2　损失函数

在MTCNN中执行的多任务为脸部分类问题、边界框回归问题和关键点定位问题，这三个任务有各自的损失函数。

首先，牛脸分类问题被表述为一个二分类问题，即判断是否为脸部。对于每个样本，用交叉熵损失函数表示为：

$$L_i^{det} = -\{y_i^{det}\log(p_i) + (1-y_i^{det})[1-\log(p_i)]\} \quad (7-10)$$

式中，p_i为网络生成的对象为脸部的概率，$y_i^{det} \in \{0,1\}$表示对象是否为脸部。

其次，边界框回归问题中预测每个候选框与最接近的真实框（Ground truth box）之间的偏移量（即左上点的坐标、宽度与高度），该问题为一个回归问题，对每个样本采用欧式距离：

$$L_i^{\text{box}} = \left\| \hat{y}_i^{\text{box}} - y_i^{\text{box}} \right\|_2^2 \tag{7-11}$$

式中，$\hat{y}_i^{\text{box}}$ 为网络预测的边界框坐标，y_i^{box} 为真实值。

再次，关键点定位问题与边界框回归问题相似，表示为回归问题，对候选点采用欧氏距离：

$$L_i^{\text{landmark}} = \left\| \hat{y}_i^{\text{landmark}} - y_i^{\text{landmark}} \right\|_2^2 \tag{7-12}$$

其中 $\hat{y}_i^{\text{landmark}}$ 为网络预测的关键点坐标，y_i^{landmark} 为真实值。在牛脸的问题上，通常选取左眼、右眼、两个嘴角和鼻尖作为关键点。家畜脸部可以选取左耳尖、右耳尖、左眼、右眼和鼻子作为关键点。

最后，由于在网络中进行不同的任务训练，因此在学习过程中存在不同类型的训练图像，如脸部图像（正样本）、部分脸图像和背景图像（负样本）。因此，以上介绍的3种损失函数并不总是能够用到，总损失函数表示为：

$$\min \sum_{i=1}^{N} \sum_{j \in \{\text{det},\text{box},\text{landmark}\}} \alpha_j \beta_i^j L_i^j \tag{7-13}$$

式中，N 为训练样本的数量；α_j 为任务的权重，其中，P-Net和R-Net的 $\alpha_{\text{det}} = 1$，$\alpha_{\text{box}} = 0.5$，$\alpha_{\text{landmark}} = 0.5$，O-Net中 $\alpha_{\text{det}} = 1$，$\alpha_{\text{box}} = 0.5$，$\alpha_{\text{landmark}} = 1$；$\beta_i^j \in \{0,1\}$ 表示样本的类型。

7.3.3 样本选取

在生成训练数据的时候，可先从原始数据集的真实牛脸框周围随机生成切片（Crop patches），根据其与真实标注框的IoU进行裁剪，生成正样本（Positives）、负样本（Negatives）、部分样本（Part Faces）三类数据集，并结合原始数据集中的真实框和关键点（Landmarks）生成Landmark faces类数据用于关键点检测的训练。然后将所有数据的尺寸修改到P、R、O三个网络的输入尺寸（12、24、48）。

这三类样本由与真实标注框（Ground truth box）的IoU确定。①Negatives：与GTBox IoU < 0.3；②Positives：与GTBox IoU > 0.65；③Part Faces：0.4 < GTBox IoU < 0.65；④Landmark Faces：标注5个牛脸特征点坐标。

三个任务的训练使用了不同数据：①脸部分类任务使用Negatives+Positives数据；②边界框回归使用Positives+Part Faces数据；③特征点定位使用Landmarks数据。

在训练过程中应该先训练P-Net，再训练R-Net和O-Net时，可直接使用P-Net的预测结果与真实牛脸框计算，来生成Positives、Negatives、Part Faces三类数据，这样更符合模型的真实预测情景，有助于提高模型在实际应用场景中的精度。

7.3.4 MTCNN牛脸与关键点检测实现

7.3.4.1 数据准备

除了牛脸数据外，还需要用到牛的关键点数据，选取牛的左耳尖、右耳尖、左眼、右眼和鼻子作为关键点，在Labelme中完成关键点的标注，如图7-27所示。

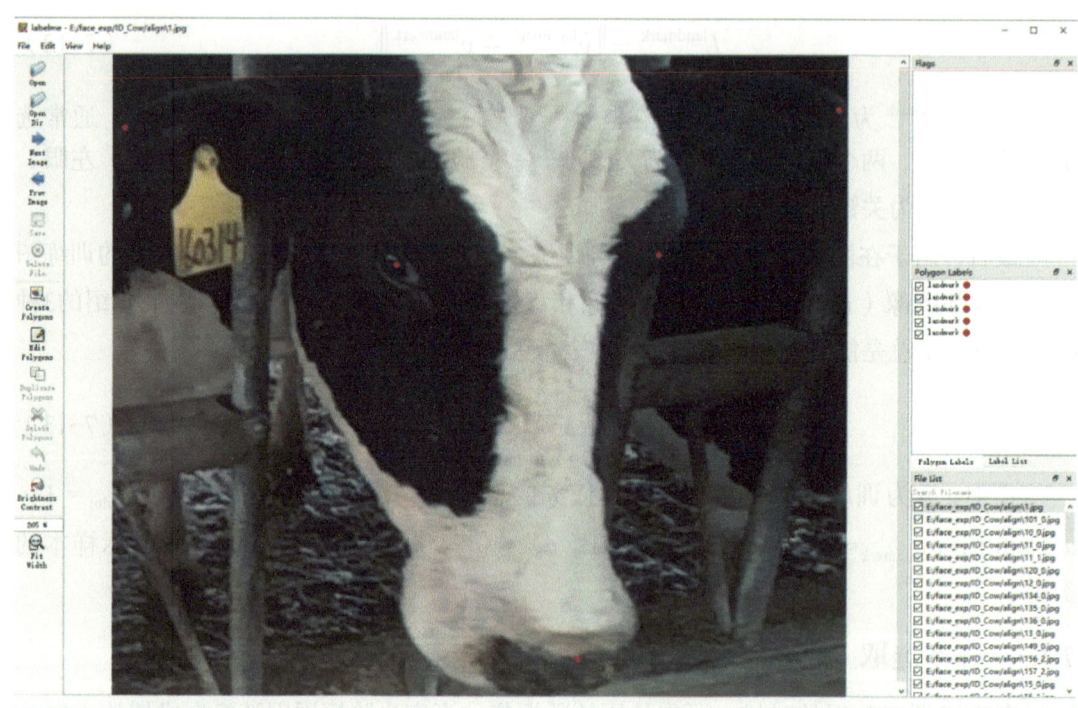

图7-27 在Labelme中完成标注

实验中需要的标注文件为文本文件（.txt），对Labelme输出的xml标注文件需要进行转换，可以通过代码工具中的annochange.py完成。正确的标注格式如图7-28所示。

anno_train_cow.txt - 记事本

文件(F) 编辑(E) 格式(O) 查看(V) 帮助(H)

```
1.jpg 698 183 1127 548 3 181 225 497
10.jpg 285 295 602 543 669 127 955 403
100.jpg 399 464 712 720
101.jpg 425 228 738 475
102.jpg 471 225 759 448
103.jpg 484 219 759 450
104.jpg 478 214 745 446
105.jpg 1 224 418 598 489 372 814 720 848 234 1280 576
106.jpg 465 309 723 533
107.jpg 559 215 807 467
108.jpg 861 190 1280 704
109.jpg 2 252 284 656 296 198 755 591 754 251 1085 570
11.jpg 284 309 536 544 618 119 910 389
110.jpg 556 174 824 528
111.jpg 633 181 885 518
```

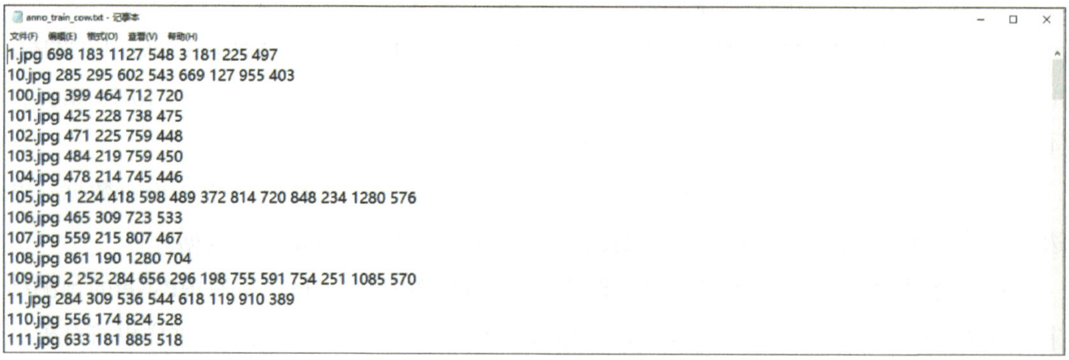

图7-28 标注格式

将训练用到的图像放在mtcnn-master/dataset/cowface/facedetection中，标注文件放在

mtcnn-master/anno_store中。

7.3.4.2 数据预处理

在MTCNN这个级联的深度学习网络中，每个网络的训练数据都需要经过数据预处理，其中PNet的训练数据通过运行gen_Pnet_train_data.py生成，其生成的数据为随机产生；RNet的训练数据通过运行gen_Rnet_train_data.py生成，其中产生的训练数据利用PNet训练的模型选取；ONet的训练数据通过运行gen_Onet_train_data.py生成，其中产生的训练数据利用PNet和RNet训练的模型选取。这一过程如图7-29所示，体现了MTCNN网络从生成海量候选框到利用级联网络进行精练的训练过程。

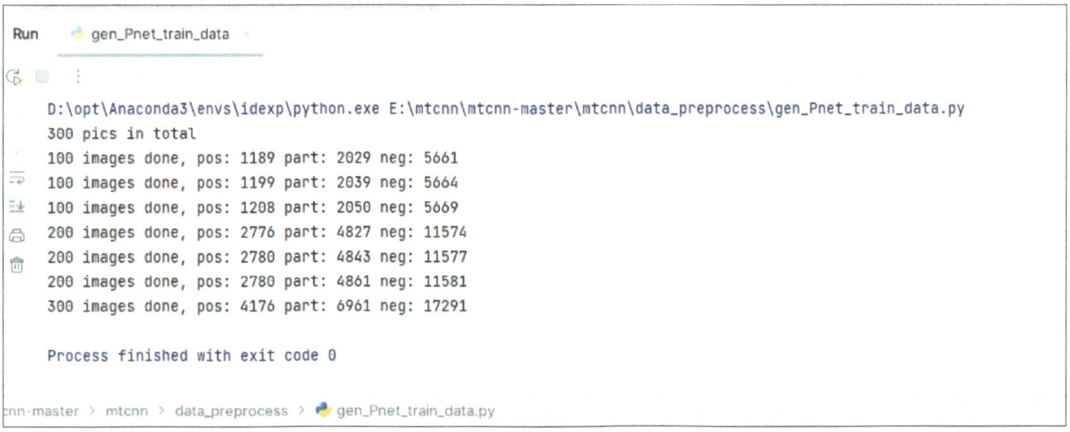

图7-29　P-Net训练数据生成

7.3.4.3 训练过程

MTCNN的整个训练过程已经保存在myexp.ipynb中，按照顺序依次执行即可。为方便读者理解，简单地梳理训练过程如下。

（1）生成P-Net训练数据（positive、negative、part）

run＞python mtcnn/data_preprocessing/gen_Pnet_train_data.py

run＞python mtcnn/data_preprocessing/assemble_pnet_imglist.py

（2）训练P-Net

run＞python mtcnn/train_net/train_p_net.py

（3）生成R-Net训练数据（positive、negative、part）

run＞python mtcnn/data_preprocessing/gen_Rnet_train_data.py

run＞python mtcnn/data_preprocessing/assemble_rnet_imglist.py

（4）训练R-Net

run＞python mtcnn/train_net/train_r_net.py

（5）生成O-Net训练数据（positive、negative、part及landmark）

run＞python mtcnn/data_preprocessing/gen_Onet_train_data.py

run＞python mtcnn/data_preprocessing/gen_landmark_48.py

run＞python mtcnn/data_preprocessing/assemble_onet_imglist.py

（6）训练O-Net

run＞python mtcnn/train_net/train_o_net.py

注意在训练过程中替换模型与标注文件的路径。

7.3.4.4 实验结果

图7-30是将牛脸检测模型作为预训练模型，在牛脸数据集上训练后得到的检测结果。

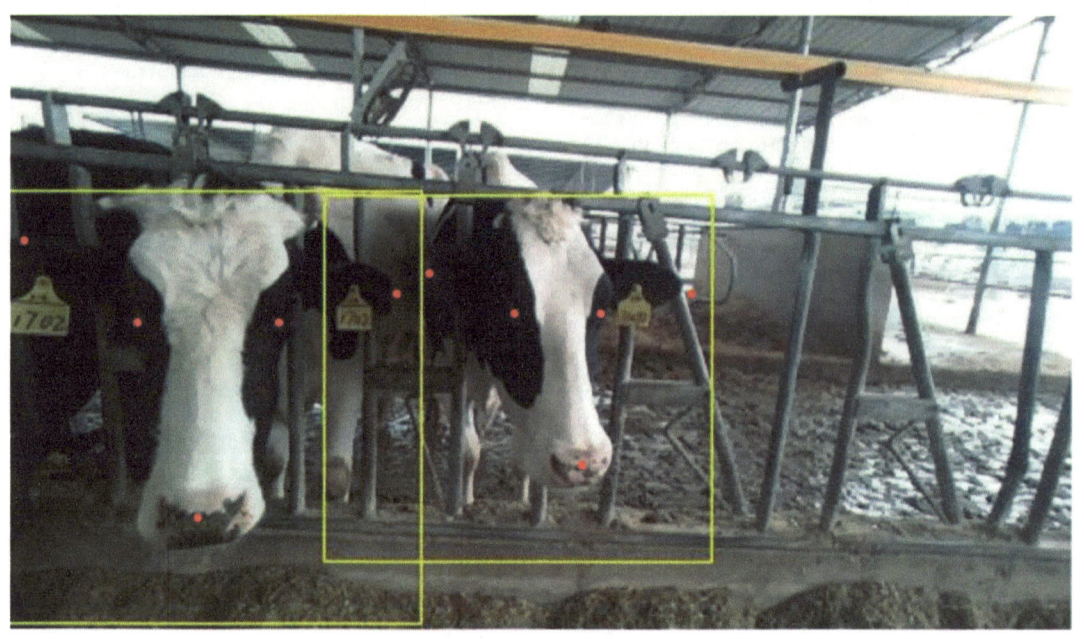

图7-30　检测结果

7.4 基于YOLOX与KSVD的牛识别

大数据、物联网、云计算、人工智能等新一代信息技术与各传统领域间深度融合，智慧畜牧业（Smart livestock farming）这一概念随之诞生。如图7-31所示，智慧畜牧业意味着通过对牲畜的图像、声音、追踪数据、体重和身体状况以及生物指标的实时分析，实现连续自动远程检测和监测动物的健康和福利状况[11]。

7 畜牧养殖目标检测技术典型应用案例

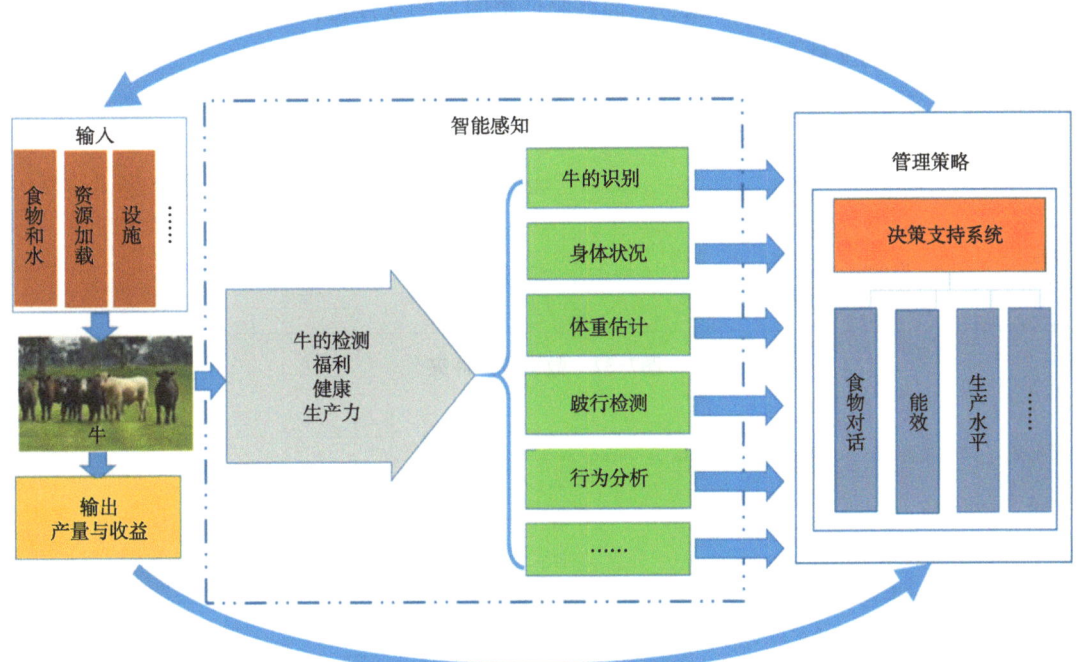

图7-31 智慧畜牧业

智慧畜牧要求实现对牲畜个体信息进行采集、记录与分析，因此牲畜的身份识别是信息自动采集和处理的前提和基础。传统的农牧场识别动物身份的方法通常是使用耳后刺墨、液氮烙印或耳标。随着芯片产业的发展，基于射频识别的RFID电子耳标识别技术逐渐成为现代畜牧业的主流技术。这种电子耳标可以在动物运动时进行识别，解决了人工识读的困难。但包括电子耳标在内的可穿戴设备均存在如下缺陷：①容易刺激动物甚至造成伤害；②穿戴设备容易丢失或损坏；③胃标和皮下芯片等维修困难；④设备安装成本较高。

目前利用计算机视觉与深度学习已经成为动物身份识别的主流趋势，其成本较低、随着运算速度提高与算法优化能够实现实时身份识别。常见的动物身份识别可以利用的生物特征包括畜脸、鼻纹和身体花纹（如奶牛）等。本部分将分别介绍基于YOLOX与KSVD的牛脸识别实例。

7.4.1 牛脸数据集制作

本研究使用的数据是从奶牛场采集的奶牛正面图像，共计300张。参考VOC数据集的建立方式，将其制作成自己的数据集，如图7-32所示，包括如下3个文件夹。①JPEGImages，存储训练与测试的图像。②Annotations，存储对应每一张图片的标注文件，命名格式为<图片名.xml>。③ImageSets，该文件夹下本研究只需要Main文件夹，如图7-33所示，此文件夹中有4个文本文件：test.txt——测试集图片的文件名；train.txt——

训练集图片的文件名；trainval.txt——训练验证集图片的文件名；val.txt——其中分别存放的是验证集图片的文件名。

图7-32　数据集文件夹

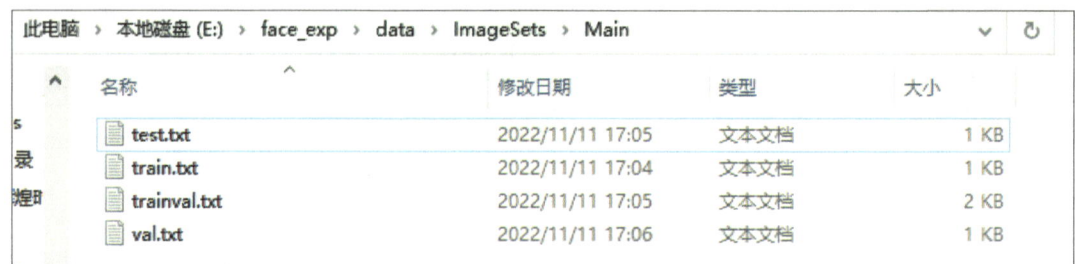

图7-33　ImageSets文件

利用Labelimg工具完成标注，如图7-34所示。标签设置为Cowface，注意标签需区分大小写。

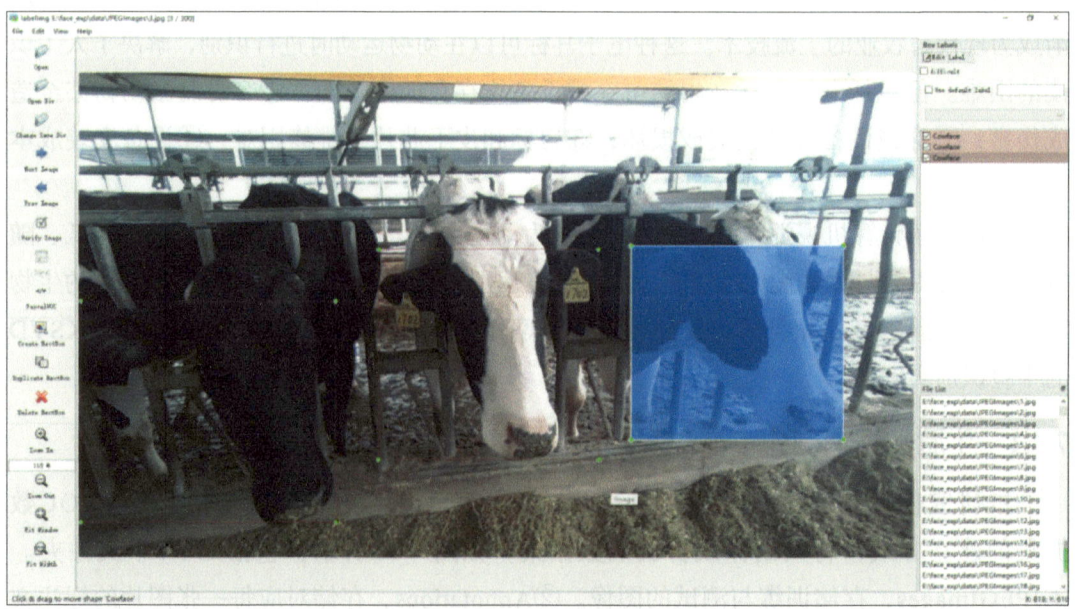

图7-34　Labelimg标注

7.4.2 基于YOLOX的牛脸检测

选用YOLOX作为深度学习模型,YOLOX在YOLO V3的基础上将探测器转换为Anchor-Free,并且加入了解耦头(Decoupled head)、先进的标签分配策略(SimOTA)等内容进行改进优化。

实验环境推荐使用PyTorch-1.8.0框架配合Cuda-11.1,下载YOLOX代码(github连接:https://github.com/Megvii-BaseDetection/YOLOX)。

7.4.3 基于KSVD字典学习的牛脸识别

该算法的核心是利用原始样本数据,通过字典学习生成一个过完备字典对原始样本数据进行稀疏表示。K-SVD是Aharon等提出的一种有效的字典训练算法,该算法将K-Means与奇异值分解(Singular value decomposition,SVD)思想进行有机结合,可以视为K-Means算法的一种泛化方式,以训练数据重构误差最小化为原则,通过K次迭代更新字典原子和稀疏系数后得到一个能够稀疏表示训练数据的字典。其可以用数学模型表示为:

$$\min_{D,X}\{\|Y-DX\|_F^2\} = \min_{D,X}\sum_{i=1}^{N}\{\|y_i-DX\|_F^2\} \quad s.t. \forall i, \|x_i\|_0 \leq L \quad (7-14)$$

式中,$Y \in R^{d \times N}$表示输入信号矩阵,y_i为Y中的第i列;$D=[d_1,\cdots d_i,\cdots,d_K] \in R^{d \times K}$为字典,$d_i$表示字典$D$的第$i$列,$K$是字典原子数;$X=[x_1,\cdots x_i,\cdots,x_K] \in R^{K \times N}$表示稀疏系数矩阵,$x_i$表示稀疏系数矩阵的第$i$列;$\|Y-DX\|_F^2$表示重构误差,通过最小化重构误差并满足稀疏性约束,即$\|x_i\|_0 \leq L$,来实现D的构造。

在K-SVD算法模型的求解过程中,将其分为稀疏编码和字典更新两个阶段,利用这两个阶段不断的交替优化来求满足要求的过冗余字典D和数据对应的稀疏表示矩阵X。具体过程如下:①根据输入数据的大小和设置的字典原子数初始化字典D_0。②固定字典,通过正交追踪(OMP)算法求解稀疏表示系数矩阵X。③以求解得到的最佳稀疏编码矩阵X为基础,逐列更新自适应字典D。

重复②③两步,直到达到最大迭代次数或满足误差约束完成过冗余字典D的训练,表示稀疏系数矩阵X即为识别的特征。最后,将待识别数据Y'输入训练完成的K-SVD牛脸识别模型,生成字典D上的稀疏矩阵X',再通过SVM分类器(Support machine classifier)完成识别。

7.5 基于侧面Part-leve特征的肉牛身份识别

7.5.1 基于侧面特征提取的身份识别基本框架

本研究针对家畜的侧面视频数据,通过关键点检测方法构建家畜的骨架,并利用各像素到骨架的欧式距离计算基于高斯核函数的属于该区域的置信度,结合外部模型提供的整体掩膜,生成用于部分级(Part-level)分割的热力图。通过BPB(Body-part based)网络[12]利用部分级分割的热力图提取家畜的侧面部分级特征,并结合网络计算的部分可见性分数完成家畜的身份识别。

在家畜的身份识别实际应用场景中,尤其是针对奶牛、肉牛的个体管理中,其丰富的身体花纹提供了比面部更多的识别特征,并且在放牧场景下具有应用潜力。近年来,在奶牛场通过挤奶步道上方部署摄像头采集奶牛背部影像用于身份识别的方法已有应用。但是背部影像在非限制场景下(如室外)难以捕获,而家畜的侧身影像最容易获取并且能提供的可识别特征更加丰富,因此本研究利用家畜侧面影像提取特征进行身份识别。

针对家畜在行走过程中的姿态变化问题,在家畜的身份识别研究中创新性地引入基于部分级对齐的思路,其整体识别过程包括以下步骤。①关键点检测:对采集的侧面影像进行关键点检测,用于构建骨架以进行后续的部分区域定义与分割。②像素级区域热力图生成:基于关键点检测结果定义区域划分并利用像素与骨架的相对位置通过高斯核函数计算其属于该区域的置信度,生成像素级区域热力图用于部分分割。③整体家畜掩膜提取:利用实例分割模型提取家畜的整体掩膜以滤除背景,排除背景带来的噪声干扰。④整体特征提取:利用CNN作为骨干网络(Backbone)提取输入影像的整体特征。⑤部分注意力图生成:以整体特征与部分分割掩膜为输入,训练身体部分注意力模块,在推理阶段用于预测部分注意力图。⑥部分级特征分割:利用部分注意力图生成基于身体部分的特征和身体前景特征。⑦部分可见性分数评估:为了检测被遮挡的部分,为每个部分区域计算一个二进制可见性分数,根据阈值设置,令被遮挡的部分可见性分数为0。⑧部分—部分身份匹配:根据部分—部分的匹配策略,利用可见性分数、基于身体部分的特征和身体前景特征计算待识别目标与注册集的距离,输出识别结果。

本研究采用的数据集为在肉牛称重时拍摄的侧面视频,肉牛品种为三河牛。数据集中包含67头牛,模型性能验证将使用未用于模型训练的视频片段中抽取的图像,保证实验的严谨性。

7.5.2 家畜的部分级分割与对齐

本研究使用的原始数据为视频数据,通过DeepLabCut工具进行关键点检测,利用关键点构建骨架并定义部分区域划分,利用像素与骨架的相对位置通过高斯核函数计算其属于该区域的置信度生成像素级区域热力图。

7.5.2.1 基于DeepLabCut的家畜关键点检测

DeepLabCut是一个用于生物学行为追踪的开源工具,采用深度学习技术对视频中的动物或其他对象进行关键点检测。其使用了监督学习的方法,在视频中抽取部分帧进行标注,以卷积神经网络作为主干,在ImageNet上完成了内部模型的预训练,从而减少了使用时训练所需的时间与数据量。在预训练模型的基础上,DeeplabCut通过一个全连接层输出关键点检测的结果，包括关键点坐标与置信度。

本研究定义了牛只侧面17个关键点，包括眼睛、鼻子、脖颈、背部2个点、每条腿3个点，在DeepLabCut中标注如图7-35所示。

图7-35　牛只侧面关键点

在DeepLabCut中，通过K-means聚类法对67段视频进行抽帧，每段视频抽取20帧作为训练数据，主干网络选用ResNet-50。训练完成后，将模型用于67段训练视频数据与11段测试视频数据的关键点检测，测试视频数据的检测结果如图7-36所示。

图7-36　侧面关键点检测结果

7.5.2.2　基于高斯核函数的像素置信度计算

在实例分割的一般过程中需要进行像素级的分类，即判断该像素是否属于分割对象。本研究通过分析像素与关键点之间的距离构建用于部分级分割的热力图，通过高斯核函数（Gaussian kernel）生成的热力图能够反应该位置存在目标特征的概率密度。中心区域的值较高，随着距离目标真实位置越远，像素值逐渐减小，且过渡平滑，能够很好地描述估计的不确定性。其数学表达式如下：

$$K(x,y) = exp\left(-\frac{\|x-y^2\|}{2\sigma^2}\right) \quad (7-15)$$

利用DeepLabCut检测的17个关键点构建牛只侧面骨架，并将牛只侧面划分为7个区域，包括头部、脖颈、躯干和四条腿，分区如图7-37所示。

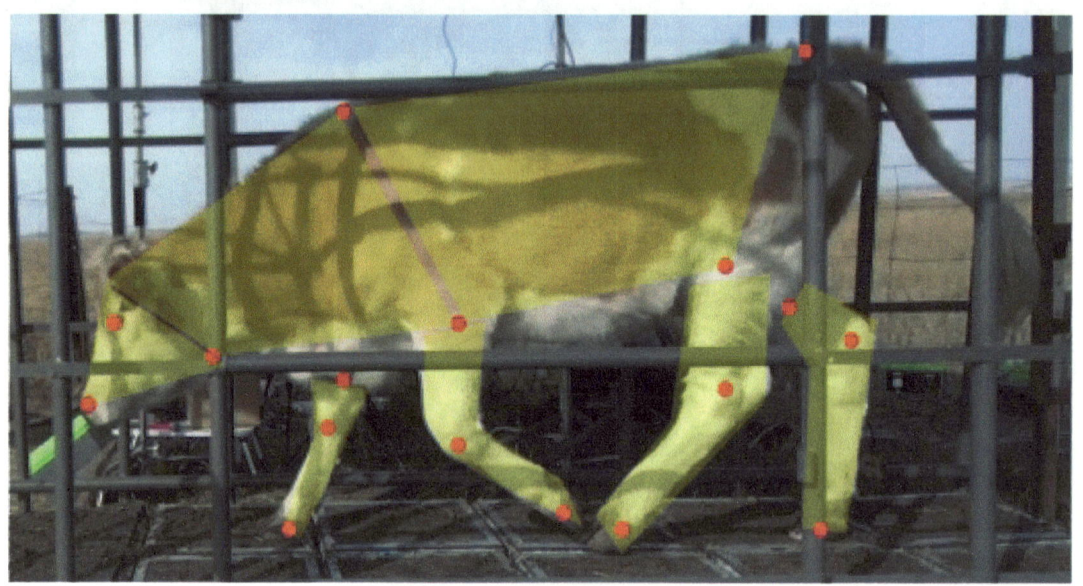

图7-37　家畜侧面分区示意

与普通的高斯核函数的应用不同的是，将像素到骨架的最短欧式距离d作为输入，则有式7-16。其中σ为标准差，它决定了高斯分布的宽度或扩散的程度，具体实验中设置为0.3。

$$C = exp\left(-\frac{d^2}{2\sigma^2}\right) \quad (7-16)$$

通过射线法判断像素是否在骨架包围的区域R内，若在区域R内，令其置信度为1。因此本研究的像素置信度计算可用式7-17表示，其中d为像素到构成区域骨架的最短欧式距离：

$$C = \begin{cases} exp\left(-\dfrac{d^2}{2\sigma^2}\right) & (x,y) \notin R \\ 1 & (x,y) \in R \end{cases} \quad (7-17)$$

7.5.2.3 基于Detectron2的家畜整体掩膜提取

为排除背景干扰，获取更精确的部分掩膜用于分割，借助开源工具Detectron2提取侧面影像中家畜的完整掩膜，使用的预训练模型为在COCO（Common objects in context）实例分割数据集上训练的Mask-RCNN模型，该数据集中有包括牛在内共91个类别，经过测试能够为本研究的数据集提供可靠的实例分割结果，整体掩膜提取结果如图7-38所示，其中红框所示为图像裁剪框。

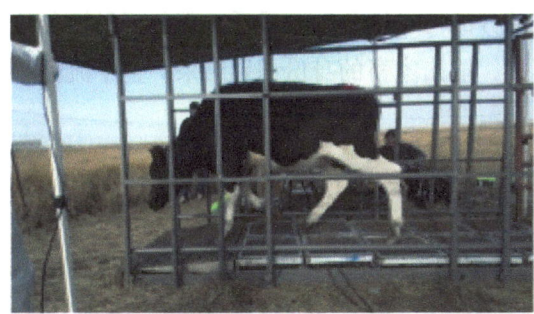

图7-38　家畜整体掩膜提取结果

7.5.2.4 部分分割掩膜获取

将部分区域热力图与整体掩膜结合，并降采样，获得尺寸为［7，9，16］的部分分割掩膜，其中7为划分的部分数量，每一个维度对应一个身体部分，可视化分割掩膜如图7-39所示。

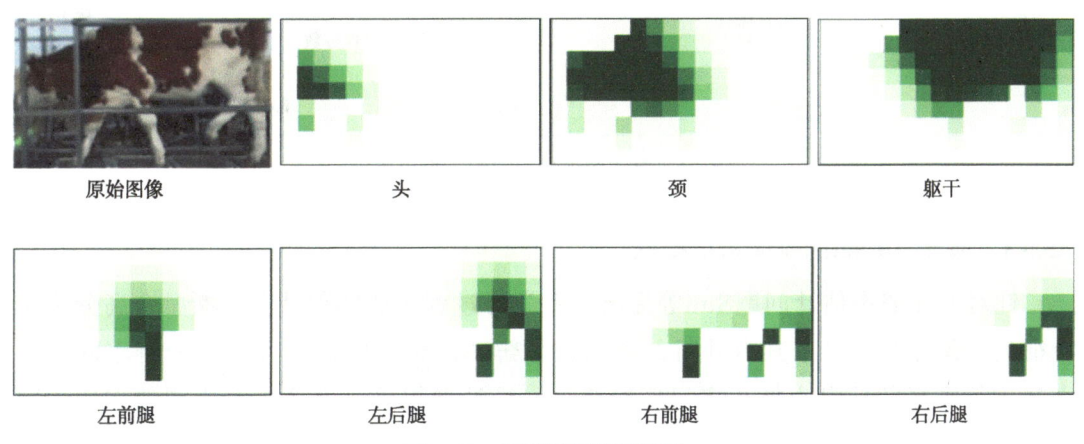

图7-39　家畜侧面分割掩膜

关键点检测过程中，腿部掩膜存在相互覆的情况，导致腿部关键点检测混淆，本研究提出的基于部分特征的家畜侧面身份识别框架表现出良好的鲁棒性，在可见性分数评估与注意力加权模块的支持下，拥有较高的识别精度。

7.5.3 基于BPB的部分级特征提取

BPB网络以图像和对应的部分级分割掩膜作为输入，包含了3个模块：特征提取模块，身体部分注意力模块和全局—局部表示学习模块。特征提取模块中通过一个CNN作为骨干网络提取输入图像的全局特征；身体部分注意力学习模块中包含一个像素级的部分分类器，以骨干网络提取的特征图和部分级分割掩膜作为输入，输出一组突出显示身体部位的注意力图；全局—局部表示学习模块将全局特征和身体部分注意图作为输入，输出整体特征和基于身体部分的特征，以及每个部分的可见性分数。最后，部分可见性分数和基于身体部分的特征将用于部分—部分的匹配，输出家畜的身份识别结果。整个流程如图7-40所示。

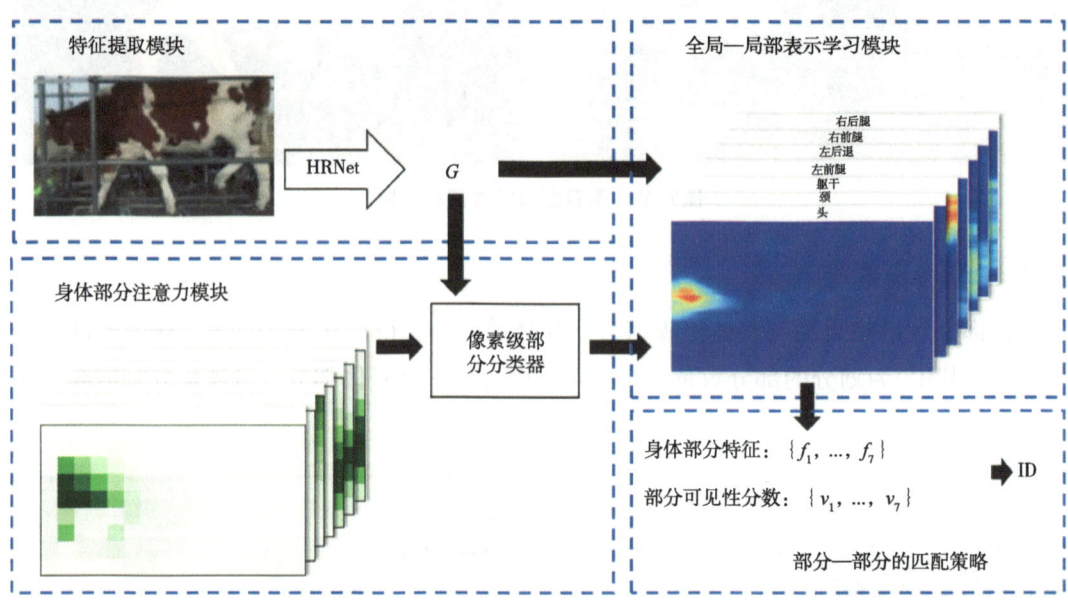

图7-40 基于BPB的家畜侧面身份识别

7.5.3.1 基于HRNet的整体特征提取

针对人体姿态估计问题Sun等提出了在学习过程中能够保持并不断融合高分辨率特征的网络结构[13]。其由并行的高到低分辨率的子网组成，并在多分辨率的子网之间进行重复的信息交换（多尺度融合）。设计者提供了两个大小不同的实例化网络——HRNet-W32和HRNet-W48，分别代表最后3个阶段高分辨率子网络的宽度为32通道和48通道。本研究使用HRNet-W32作为特征提取的骨干网络，其网络结构如图7-41所示。

为保证本研究家畜身份识别方法的实际应用价值与可推广性，本研究使用肉牛侧面影像数据集经过预处理后输入网络的高为72像素，宽为128像素，放弃了高清图像可能提供的更精细、判别性更强的特征。因此，HRNet提供的更高分辨率的特征图保留了更丰富的特征，符合本研究的需求。

本部分提取的全局特征记为G，为一个尺寸为$[H, W, C]$的张量，其中$H=92$，$W=32$，C的大小取决于输入的一批数据量大小。

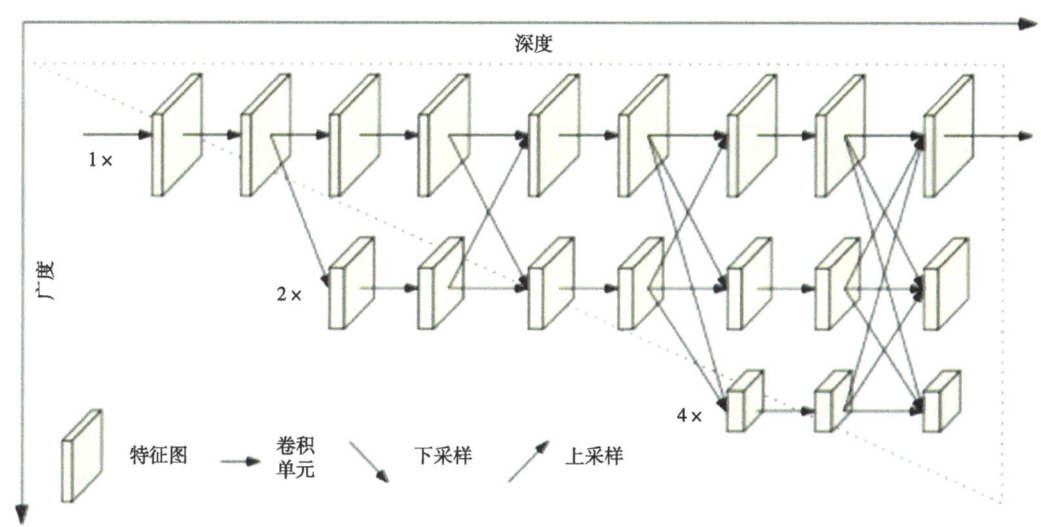

图7-41　HRNet网络结构

7.5.3.2　身体部分注意力模块

通过一个像素级的部分分类器预测输入的全局特征G中的每一个像素（$H \times W$），是否属于背景或者属于7个身体部分中的一个，背景部分的索引记为0。Softmax函数是一种在多类别分类问题中广泛应用的激活函数，常被用来计算每个类别的概率分布，确保所有输出的概率和为1，对于一个K维的向量$[z_1,\cdots,z_K]$，Softmax函数的数学表达如式7-18所示。

$$\mathrm{Softmax}(z_i) = \frac{\exp(z_i)}{\sum_{j=1}^{K}\exp(z_j)} \qquad (7\text{-}18)$$

在G上应用一个参数为$P \in R^{(K+1) \times C}$的1×1卷积层，然后通过一个Softmax函数完成归一化，得到分类分数$M \in R^{H \times W \times (K+1)}$，其可以用式7-19表示。

$$M = \mathrm{Softmax}(GP^T) \qquad (7\text{-}19)$$

训练本部分像素级的部分分类器采用标签平滑处理的交叉熵损失，将其记为L_{pa}，用数学公式表示如式7-20所示，其中$Y(h,w)$为输入的部分分割掩膜，N为批处理大小，ε为标签平滑正则率，$M_k(h,w)$为第k部分在空间位置(w,h)的预测概率，由式7-20计算得到。

$$L_{pa} = -\sum_{k=0}^{K}\sum_{h=0}^{H-1}\sum_{w=0}^{W-1} q_k \cdot \log\left[M_k(h,w)\right] \qquad (7\text{-}20)$$

其中，$q_k = \begin{cases} 1 - \dfrac{N-1}{N}\varepsilon & Y(h,w) = k \\ \dfrac{\varepsilon}{N} & Y(h,w) \neq k \end{cases}$

通过身体部分注意力模块生成8个概率映射图（注意力图）用来表示像素是否属于某一身体部分或背景，如图7-42所示，其中第一幅图为背景的注意力图。

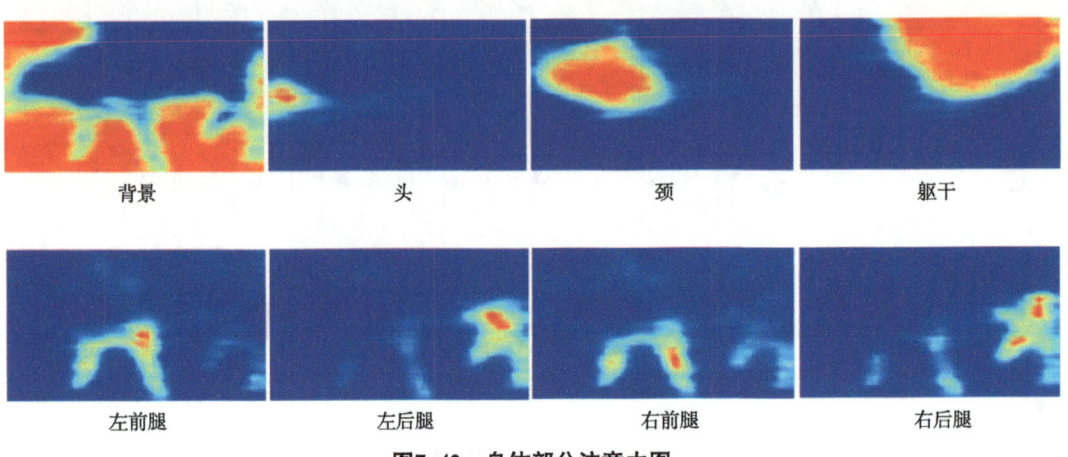

图7-42 身体部分注意力图

7.5.3.3 全局—局部表示学习模块

全局—局部表示学习模块将特征提取模块提取的全局特征G和上一个模块生成的身体部分注意力图作为输入，输出待识别目标的整体特征和基于身体部分的特征，以及每个部分的可见性得分。

将7个身体部分注意图$\{M_1,\cdots,M_7\}$组合为一个单独的身体前景热力图$M_f \in R^{H+W}$，这一过程用式（7-21）表示为：

$$M_f(h,w) = \max[M_1(h,w),\cdots,M_7(h,w)] \quad (7-21)$$

利用这8个注意图$\{M_1,\cdots,M_7,M_f\}$对全局特征G进行全局加权平均池化（Global weighted average pooling，GWAP），获得前景嵌入f_f和7个基于身体部分的嵌入$\{f_1,\cdots,f_7\}$，如式7-22所示。

$$f_i = \frac{\sum_{h=0}^{H-1}\sum_{w=0}^{W-1}G(h,w)M_i(h,w)}{\sum_{h=0}^{H-1}\sum_{w=0}^{W-1}M_i(h,w)} \quad \forall i \in \{f,1,\cdots,7\} \quad (7-22)$$

同时，本研究还将生成两个不用于推理的全局嵌入。在初始的全局特征G上应用全局平均池化（Global average pooling，GAP）得到$f_g = GAP(G)$，以及串联7个基于身体部分的嵌入得到$f_c = \text{concat}(f_1,\cdots,f_7)$。因此，全局—局部表示学习模块产生了3个整体嵌入$\{f_f, f_g, f_c\}$和7个基于身体部分的嵌入$\{f_1,\cdots,f_7\}$。

为了检测被遮挡的身体部位，本部分为每个嵌入计算一个二进制可见性分数v_i，用0表示不可见的身体部分，1表示可见的身体部分。在整个基于BPB的识别过程中，仅有推理阶段需要用到可见性分数，训练过程中不需要。对于3个整体嵌入，其可见性分数设置为1，即$v_f = v_g = v_c = 1$。对于基于身体部分的特征，可见性分数$\{v_1, \cdots, v_7\}$在M_i中至少有1个像素的值大于阈值λ_v时被设置为1，根据实验测试，λ_v的值被设置为0.4，如式7-23所示。

$$v_i = \begin{cases} 1 & \max_{h,w}[M_i(h,w)] > \lambda_v \\ 0 & \max_{h,w}[M_i(h,w)] \leq \lambda_v \end{cases} \quad (7\text{-}23)$$

7.5.3.4 整体训练策略

在整个训练过程中，优化网络的总体目标函数如式7-24所示。

$$L = \lambda_{pa} L_{pa} + L_{GiLt} \quad (7\text{-}24)$$

式中，L_{pa}为身体部分注意力损失，用于控制身体部分注意力损失的贡献，在测试过程中设置为0.35。L_{GiLt}（Global-identity local-triplet loss）为身份标签监督的损失，由常用的身份分类损失和批硬式三元组损失（Batch hard triplet Loss）的变体——部分平均三元组损失（Part-averaged triplet loss）构成，如式7-25。

$$L_{GiLt} = L_{id} + L_{tri} = \sum_{i \in \{g,f,c\}} L_{CE}(f_i) + L_{tri}^{parts}(f_1,...,f_7) \quad (7\text{-}25)$$

式中，L_{CE}为一个应用了标签平滑策略和BNNeck的交叉熵损失（Cross-entropy loss），通过引入一个BN层融合不同的损失，能够避免在一个损失减小时另外一个在震荡或增大，使融合损失能够更好地收敛。L_{tri}^{parts}为部分平均三元组损失，由使用所有基于身体部分的特征$\{f_1, \cdots, f_7\}$共同计算的，其大小取决于依赖于两个样本i和j之间成对的部分的平均欧式距离d_{parts}^{ij}，如式7-26所示，其中的$K = 7$。

$$d_{parts}^{ij} = \frac{\sum_{k=1}^{K} \text{dist}_{eucl}(f_k^i, f_k^j)}{K} \quad (7\text{-}26)$$

与批硬式三元组损失的计算一致，通过最难的正样本和负样本部分平均距离d_{parts}^{ap}和d_{parts}^{an}进行计算，如式7-27，其中α为三元组损失边界。

$$L_{tri}^{parts}(f_0^a,...,f_K^a) = \left[d_{parts}^{ap} - d_{parts}^{an} + \alpha\right]_+ \quad (7\text{-}27)$$

通过部分平均三元组损失优化了对应部分之间局部距离的平均值，这一设计使训练过程中的每个步骤都会更加关注最鲁棒和最具判别性的部分，反过来减轻了遮挡和非判别性局部特征的影响。

7.5.3.5 部分—部分的匹配策略

对于给定的查询样本q和注册样本g，部分成对距离是使用基于身体部分的嵌入$\{f_1,\cdots,f_7\}$和前景特征f_f通过基于可见性的部分匹配策略计算的，如式7-28所示。

$$\mathrm{dist}_{\mathrm{total}}^{qg} = \frac{\sum_{i\in\{f,1,\ldots,7\}}(v_i^q \cdot v_i^g \cdot \mathrm{dist}_{\mathrm{eucl}}(f_i^q, f_i^g))}{\sum_{f,1,\ldots,7}(v_i^q \cdot v_i^g)} \quad (7-28)$$

可见，分数的引入保证了只有互相可见的部分被比较，如果两个样本之间没有互相可见的部分，则它们的距离设置为无穷大。

7.5.4 实验结果

本研究中肉牛的侧面影像身份数据集如表7-5所示。

表7-5 实验数据集

项目	身份数（个）	图像数（个）
训练集	67	2 468
测试集	67	352
验证集	66	226
总数	67	3 046

经过下采样后，输入网络的图像尺寸为［72，128］。训练过程中损失曲线变化如图7-43所示。

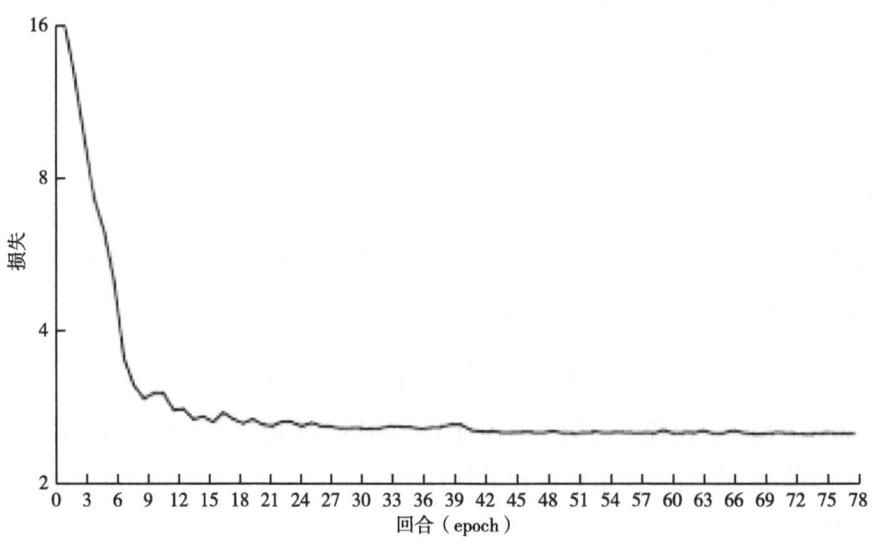

图7-43 训练过程损失变化曲线

该模型mAP（mean average precison）为93.53%，R-1匹配率为92.48%，这表明，该模型用于家畜的侧面身份识别效果良好，并且对于实际应用场景下的遮挡与行走姿态变化等问题具有较强的鲁棒性。

参考文献

[1] SCHNABEL R，WAHL R，KLEIN R. Efficient RANSAC for Point - Cloud Shape Detection. Computer Graphics Forum，2007，26（2）：214-226.

[2] DESHAZER J A，MORAN P，ONYANGO C M，et al. Imaging systems to improve stockmanship in pig production. UK：AFRC Institute of Engineering Research：Bedfordshire，1988.

[3] WHITE P，SCHOFIELD C P，GREEN D M，et al. The effectiveness of a visual image analysis（VIA）system for monitoring the performance of growing/finishing pigs. Animal Science，2004，78（3）：409-418.

[4] DOESCHL-WILSON A B，WHITTEMORE C T，KNAP P W，et al. Using visual image analysis to describe pig growth in terms of size and shape. Animal Science，2004，79（3）：415-427.

[5] 李卓，杜晓冬，毛涛涛，等. 基于深度图像的猪体尺检测系统. 农业机械学报，2016，47（3）：311-318.

[6] PEZZUOLO A，GUARINO M，SARTORI L，et al. On-barn pig weight estimation based on body measurements by a Kinect v1 depth camera. Computers and Electronics in Agriculture，2018，148：29-36.

[7] 司永胜，安露露，刘刚，等. 基于Kinect相机的猪体理想姿态检测与体尺测量. 农业机械学报，2019，50（1）：58-65.

[8] MATHIS A，MAMIDANNA P，CURY K M，et al. DeepLabCut: markerless pose estimation of user-defined body parts with deep learning. Nature Neuroscience，2018，21（9）：1281-1289.

[9] 赵宇亮，曾繁国，贾楠，等. 基于DeepLabCut算法的猪只体尺快速测量方法研究. 农业机械学报，2023，54（2）：249-255，292.

[10] ZHANG K，ZHANG Z，LI Z，et al. Joint Face Detection and Alignment Using Multitask Cascaded Convolutional Networks. IEEE Signal Processing Letters，2016，23：1499-1503.

[11] QIAO Y，KONG H，CLARK C，et al. Intelligent perception for cattle monitoring：A review for cattle identification，body condition score evaluation，and weight

estimation. Comput Electron Agric. Compag,2021,185:106143.
［12］SOMERS V,VLEESCHOUWER CD,ALAHI A. Body part-based representation learning for occluded person re-identification. IEEE/CVF Winter Conference on Applications of Computer Vision（WACV）,2023:1613-1623.
［13］SUN K,XIAO B,LIU D,et al. Deep high-resolution representation learning for human pose estimation. IEEE/CVF Conference on Computer Vision and Pattern Recognition（CVPR）,2019:5686-5696.

附录　代码资源

本书中的代码资源请扫描以下二维码获取。